◆ 생물 1타강사 **노용관**

편입생물
비밀병기

출제되는 생물의 모든 것 **심화편 4 권**

노용관 편저

도서
출판 **오스틴북스**

목 차
CONTENTS

비밀병기

심화편 ④

(진화, 분류, 식물, 생태)

PART **01**

생물의 진화

01 진화론적 생물관

1 주요 진화론 정리

(1) 라마르크의 진화론

생명체가 하등한 상태에서 고등한 상태로 점진적으로 변화함과 동시에 서로 유연관계를 가진 다는 것에 주목하고, 원시 생물은 그 차제 내부의 요인, 즉 더 복잡해지려는 타고난 본능에 의하여 고등생물로 진화한다고 생각함

ⓙ 용불용설: 잘 사용되지 않는 신체 부분은 퇴화하는 반면, 많이 사용되는 신체 부분은 커지 고 강해진다는 입장

ⓛ 획득형질 유전: 한 개체가 일생동안 획득한 모든 특성은 자손에게 전해질 수 있다는 입장

(2) 다윈의 진화론

[종의 기원]이라는 저서에서 진화론을 전개하였으며, 자연선택이라는 개념을 통해 진화를 설명함

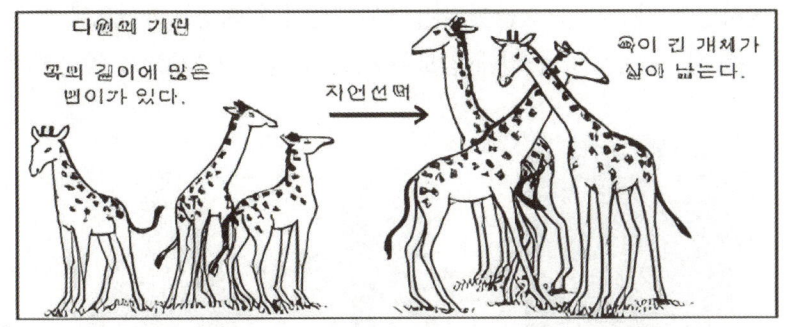

ⓐ Darwin의 진화론의 개요: 생물은 기하급수적으로 많은 자손을 퍼뜨리고 개체들은 구조나 습성에 변이를 나타내기 때문에 이들 사이에 생존경쟁이 일어날 때, 환경에 가장 알맞게 적응한 유리한 변이성을 가진 개체들만이 살아남을 수 있고, 따라서 그들만이 자신을 닮은 자손을 퍼뜨릴 수 있다고 생각하였으나 변이성에 대한 유전적 기초가 뒷받침되지 못한 것이 한계로 지적됨

ⓛ Darwin의 진화론의 특징

ⓐ 진화의 주체는 개체가 아니라 개체군임

ⓑ 자연선택은 한 생명체에서 자손으로 전해지는 형질인 유전형질의 빈도를 늘리거나 줄일 수 있을 뿐임

ⓒ 환경요인들은 장소와 시간에 따라 변하며, 어떤 형질이 유리한지는 환경에 좌우됨

2 진화의 증거

(1) 화석 기록

오랜 시간의 단위를 두고 새로운 주요 생물군의 기원을 기록으로 남긴 것을 말하며, 이는 시간에 따라 지구 위의 생명체가 변화해온 양상을 설명해 줄 뿐만 아니라 다른 종류의 증거들로부터 나온 진화에 대한 가설을 시험해 보는 데에도 이용이 됨

「진화의 연속성을 암시하는 화석기록」

Ⓐ 말의 화석: 몸의 크기는 증가하고 발가락 수가 줄어드는 방향으로 진화가 일어남을 알 수 있음

Ⓑ 시조새: 파충류와 조류의 중간 단계로 새처럼 깃털을 지니고 있지만 파충류처럼 날개 끝에 발톱이 있다는 것을 알 수 있음

ⓐ 화석의 종류: 화석을 통하여 생물들이 살던 시대 및 환경을 알 수 있음

ⓐ 표준화석: 시대를 알려주는 화석 ex. 선캄브리아대(스트로마톨라이트; 아래의 가장 왼쪽 그

림이며 원시형 남세균의 퇴적물이고 35억년 전의 원핵생물화석으로 가장 오래된 화석), 고생대(삼엽충, 필석, 전갈), 중생대(암모나이트, 공룡, 시조새), 신생대(화폐석, 맘모스 이빨)

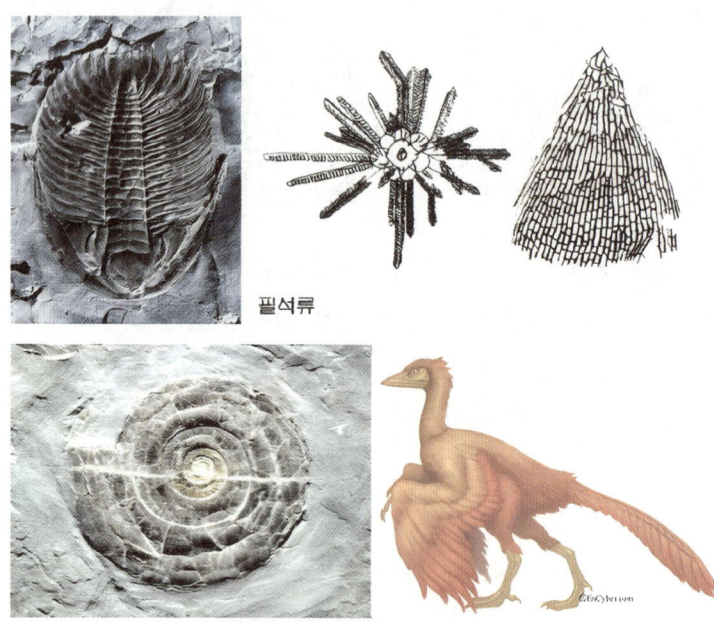

필석류

ⓑ 시상화석: 환경을 알려 주는 화석. ex. 산호: 수온이 18~25°C이며 빛이 닿는 수심 50m 이내의 얕은 곳에서만 서식하므로 그 당시의 환경을 짐작할 수 있음

ⓛ 화석의 연대를 측정하기 위해 각 방사성 동위원소의 특징적인 반감기를 이용한 방사성 연대측정법(radiometric dating)을 이용함

「**방사성 연대측정법**」

Ⓐ 화석의 절대연대를 결정하는데 이용됨. 암석층에서의 화석의 순서는 화석의 상대적인 형성 순서는 알려주지만 실제 절대적 연대를 알려주지는 못함

Ⓑ 반감기(half-life: 원래 원소의 50%가 붕괴하는데 걸리는 시간)를 이용해 절대연대를 알아냄. 예를 들어 생명체가 죽으면 ^{12}C의 양은 일정한데 ^{14}C는 천천히 붕괴되어 ^{14}N이 됨. 따라서 화석에 있는 ^{12}C와 ^{14}C의 비율을 측정하여 화석의 연대를 결정함

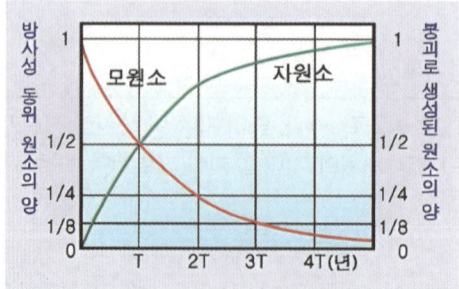

Ⓒ 몇몇 원소의 반감기: ^{239}U(45억년), ^{40}K(13억년), ^{14}C(5730년)

(2) 생물지리학적 증거

지구상의 생물 분포를 지리학적으로 연구하여 생물진화 에 대한 증거를 확보함

- ㉠ 생물지리학적 증거에 대한 주요 내용: 대륙이 모두 붙어 있었을 때에는 생물 군집의 이동이 가능하여 동일성을 유지했으나 대륙이 이동하고 큰 바다를 경계로 대륙이 구분되면서 생물 군집의 이동에 제한이 되고 지역에 따라 먹이의 종류와 생활 방식이 달라져 각 대륙의 생물들은 서로 다른 방향으로 진화하게 됨. 이는 환경이 매우 다른 지역에 사는 생물들간의 유사성을 이해하는 토대가 됨

- ㉡ 생물지리학적 증거의 예
    - ⓐ 유대류의 분포: 유대류는 원시적 태반 포유류로 태반이 아예 없거나 불완전한 동물을 가리킴. 오스트레일리아에 많은 캥거루나 코알라가 유대류에 속하는 대표적인 동물인데 아시아나 유럽에서 유대류가 발견되지 않는 이유는 태반 포류류로 진화하기 전에 대륙이 분리되면서 진화의 방향이 달라졌기 때문
    - ⓑ 핀치새의 예: 갈라파고스 군도의 핀치새는 서식하는 섬의 환경에 따라 먹이가 달라 부리의 모양이 각기 달라지게 됨

(3) 발생학적 증거

개체가 발생하는 동안 나타나는 구조의 변화를 비교분석하 여 생명체가 공통의 조상으로부터 진화하여 왔다는 사실을 증명해 줌 cf. Haeckel의 발생반복설: "개체발생은 계통발생을 반복한다":고 주장함

- ㉠ 진화상으로 연관되어 있는 개체들은 배 발생과정이 매우 유사함
    ex. 척추동물의 배

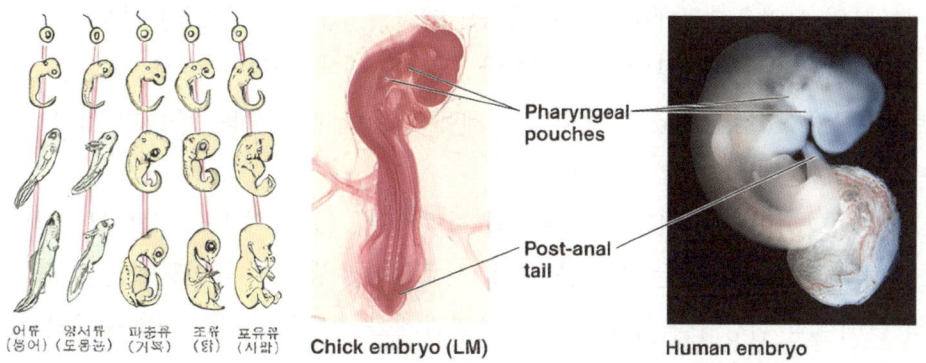

- ㉡ 유생의 공통성: 유생의 모양이 비슷한 종들은 서로 유연관계가 더 가깝다고 할 수 있음
    ex. 트로코포라: 갯지렁이(환형동물)와 조개(연체동물)의 유생으로 서로의 유연관계를 확인할 수 있음

(4) 비교해부학적 증거

서로 다른 생명체의 해부학적 유사함은 이들 구조가 각 각 새롭게 발생했다기보다는 공통조상의 한 가지 기원형으로부터 서로 다른 방식으로 진화됨을 통해 가능했던 것임

㉠ 상동기관(Homologous organ): 외형은 달라도 발생기원이 같은 기관으로 발산진화의 산물임

ex. 사람의 팔, 고양이의 앞다리, 고래의 옆 지느러미, 박쥐의 날개

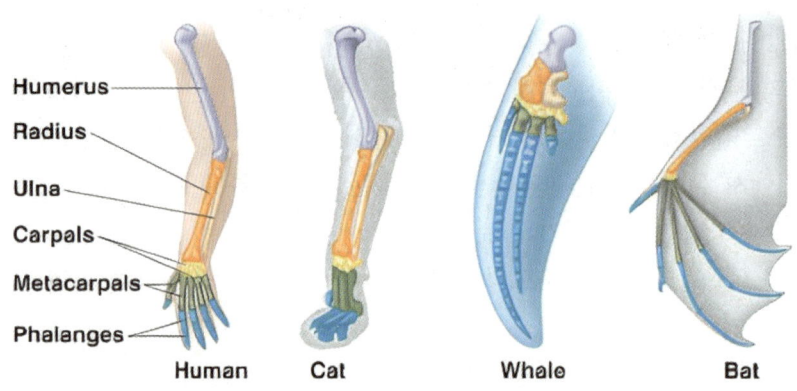

㉡ 상사기관(analogous organ): 해부학적 기원이 매우 이질적이지만, 외형적으로 유사한 모습을 나타내는 기관으로 수렴진화의 산물임 ex. 새의 날개와 곤충의 날개, 고래의 지느러미와 상어의 지느러미

(5) 비교 생화학

㉠ 헤모글로빈(α 사슬 2개, β 사슬 2개로 구성): 사람의 헤모글로빈과 고릴라의 헤모글로빈의 아미노산의 서열은 1군데서만 차이가 남. 돼지는 10곳, 말은 26곳에서 차이가 남. 사람과의 유연관계를 볼 때, 고릴라는 말이나 돼지에 비해 가깝다는 사실을 알 수 있음

㉡ 시토크롬 c(cytochrome c): 전자전달계에서 운반체로 작용, 동물의 집단에 따라 조금씩 아미노산 서열에 차이가 존재함

㉢ DNA 혼성화: 근연종의 DNA 비교분석 시 사용됨. DNA의 뉴클레오티드 서열이 유사할수록 혼성화 정도가 높다는 사실을 통해 서로 다른 생물의 유연관계를 추정함

㉣ 혈청 단백질의 침강량을 통해 생물의 유연관계를 추정함. 예를 들어 사람의 혈청 단백질을 추출하여 토끼에게 주사한다면 항원이 들어온 것을 인식한 토끼는 그에 대한 항체를 생성하게 되는데, 이렇게 형성된 항체가 포함된 토끼의 혈청을 다른 동물들의 혈청과 섞었을 때 사람과 유연관계가 깊은 동물의 혈청일수록 침강되는 정도가 높다는 것을 알 수 있음

02 개체군의 진화

1 유전적 변이

(1) 집단 내의 유전적 변이

㉠ 집단 내 유전적 변이를 나타내는 형질들은 불연속 형질이거나 양적 형질임

    ⓐ 불연속 형질(discrete character): 상호 구분된 표현형을 암호화하는 단일 유전자 좌위상의 서로 다른 대립유전자들에 의해서 결정되며, 이것 아니라 저것이라는 방식에 의해 분류될 수 있음 ex. 보라색 꽃과 흰색 꽃 등

    ⓑ 양적 형질(quantitative character; 연속 형질): 집단 내에서 연속된 구간을 두고 변화하는 형질들로 구성되며, 유전되는 양적 형질들의 변이는 대개 단일 표현 형질에 둘 이상의 유전자가 영향을 주어 형성됨

㉡ 집단 내 유전적 변이의 측정: 한 집단의 유전적 변이는 전체 유전자 수준(유전자 변이성)과 DNA 분자 수준(뉴클레오티드 변이성)에서 측정할 수 있음. 유전자의 변이성은 이형접합성을 나타내는 유전자 좌위의 평균 백분율값인 평균 이형접합성(average heterozygosity)으로 정량화할 수 있으며 뉴클레오티드 변이성은 두 개체간 DNA 염기서열을 비교하여 측정됨

    ⓐ 평균 이형접합성 측정: 유전자 산물인 단백질 전기영동이 이용되지만, 침묵 돌연변이의 경우는 감지할 수 없기 때문에 평균 이형접합성 측정에 침묵 돌연변이까지 포함시키기 위해서는 PCR, 제한효소절편분석 등의 방법을 반드시 사용해야 함

「평균 이형접합성 계산의 예」

노랑초파리의 경우, 초파리 유전체는 13700개의 유전자 좌위를 갖는데, 평균적으로 초파리는 약 1920개의 유전자 좌위에서 이형접합성이며, 나머지의 모든 유전자 좌위에서 동형접합성임. 따라서 노랑초파리 집단은 14%의 평균 이형접합성을 갖는다고 할 수 있음

    ⓑ 뉴클레오티드 변이성을 측정: 두 개체간 DNA 염기서열을 비교하며, 이와 같은 비교를 여러 개체들 간에 수행한 다음 평균을 구함.

「뉴클레오티드 변이성 계산의 예」

노랑초파리의 유전체는 약 1억 8000만 개의 뉴클레오티드를 가지고 있는데, 서로 다른 두 초파리의 DNA서열은 평균적으로 약 180만 개의 뉴클레오티드가 다름. 따라서 노랑초파리 집단의 뉴클레오티드 변이성은 약 1%임

ⓒ 유전자 변이성이 뉴클레오티드 변이성보다 훨씬 큰 경향을 가지는 이유: 하나의 유전자는 수천 개의 뉴클레오티드로 구성되어 있고, 단 하나의 뉴클레오티드 차이도 두 대립유전자의 차이를 만들기에 충분하기 때문임

(2) 집단 간의 변이

분리된 집단들 사이의 유전적 구성의 차이인 지리 적 변이를 나타냄

㉠ 우연성에 의한 집단 간의 변이: 대서양 마데이라 섬의 집쥐의 경우, 몇 개의 집단들로 고립된 채 진화해 왔는데 격리된 집단들이 서로 다른 방식으로 염색체 융합이 일어나게 되어 핵형이 달라지게 됨. 이러한 염색체 돌연변이는 유전자를 손상하지 않았기 때문에 돌연변이 효과가 중립적이었던 것으로 추측됨

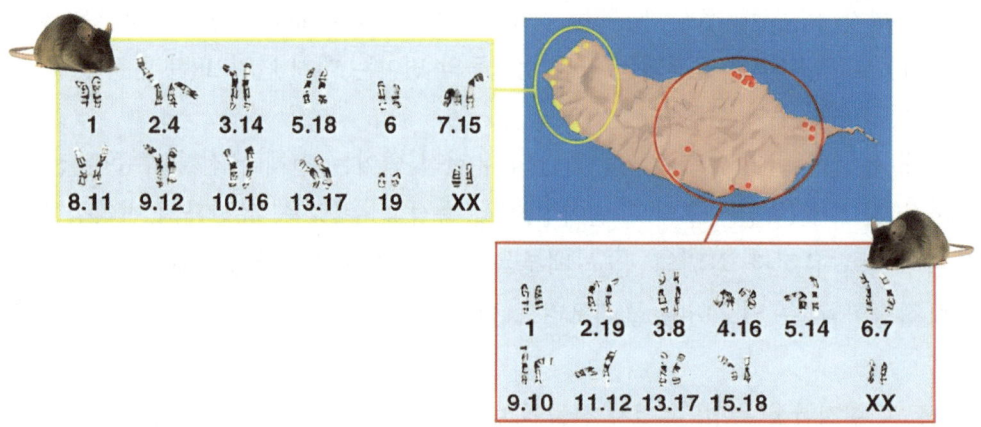

㉡ 자연선택에 의한 집단 간의 변이: 킬리피스 일종인 머미초크 물고기에서 나타난 저온에 적응적인 대립유전자 빈도에 대한 온도의 영향을 예로 들 수 있음

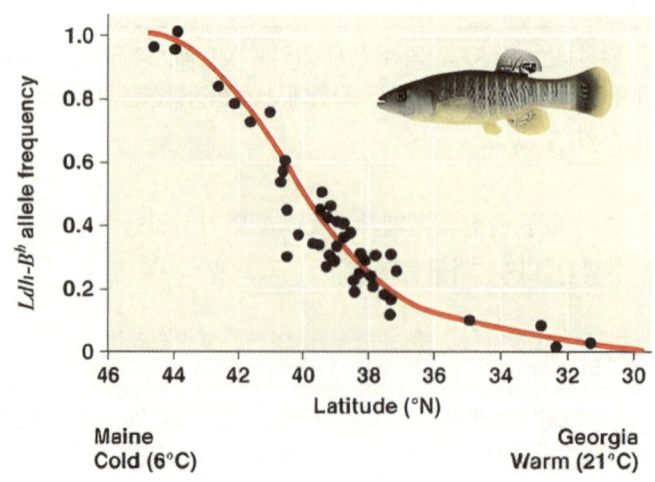

(3) 돌연변이

새로운 대립유전자들의 궁극적 원천임

㉠ 돌연변이의 수준에 따른 구분

    ⓐ 점돌연변이: 대부분의 점돌연변이는 해로운 편이나, 비암호화 부위에서의 돌연변이, 침묵 돌연변이, 중립 돌연변이의 경우는 아무런 표현형의 변화가 없고, 일부의 돌연변이는 생식 성공률을 높여 환경에 더욱 적합하도록 하게 함

    ⓑ 유전자의 수나 염기서열의 변화에 의한 돌연변이: 유전자 자체의 서열을 변화시키는 돌연변이는 확실히 해로울 것이나 유전자를 원래의 상태로 남겨두는 경우에는 그 효과가 중립적일 수도 있음. 아주 드문 경우에는 오히려 이로울 수도 있음. 대표적인 경우는 DNA 복제 미끄러짐, 또는 전위인자의 활성 등에 의한 유전자 중복인데, 유전자 중복은 해로울 수 있으나 유전자의 중복에 의한 후각 유전자 수의 증가가 포유류의 후각 능력 향상에 기여하게 된 것은 유전자 중복의 긍정적 효과로 간주됨

㉡ 돌연변이율: 식물과 동물에 비해 원핵세포에서의 돌연변이율이 낮은 편이지만 세대가 짧기 때문에 단시간 동안에 많은 유전적 변이체들이 등장할 수 있음. 바이러스의 경우에는 세대가 짧기도 하지만 RNA를 유전체로 지닌 HIV의 경우에는 RNA 복구기작이 숙주세포에 존재하지 않기 때문에 DNA를 유전체로 지니는 경우보다 훨씬 더 높은 돌연변이율을 지님

2 개체군 유전학(population genetics)

(1) 유전자 풀과 대립유전자 빈도

㉠ 개체군(집단; population): 진화의 가장 작은 단위로서 같은 시기, 같은 장소에 서식하고 있는 동일한 종 개체의 집단을 가리킴. 한 집단은 중심부에서부터 주변부로 퍼져있으며 주변부에서는 인접한 다른 개체군과 일부 지역이 겹쳐서 분포하기도 함

㉡ 유전자 풀(gene pool): 지리적 개체군 내에서 국지적으로 교배가 일어난 집단을 멘델집단(Mendelian population)이라 하는데, 특정 시기에 한 집단 내에 존재하는 모든 유전자좌에 위치한 모든 대립유전자인 유전자 풀을 측정함으로써 해당 집단이 지니는 유전적 특성을 파악할 수 있음

㉢ 대립 유전자 빈도 계산: 개체수가 500인 개체군에 대한 대립 유전자 빈도 계산

유전자형	AA	Aa	aa
개체수	320	160	20
대립 유전자 수	640A	160A, 160a	40a
빈도	0.64	0.32	0.04

대립유전자 A의 총 수 = 640+160=800
대립유전자 a의 총 수 = 160+40=200
$f(A)=p=800/1000=0.8$, $f(a)=q=200/1000=0.2$

(2) 하인-바인베르크 원리(Hardy-Weinberg principle)

㉠ 내용: 대립유전자 분리와 재조합이 멘델의 유전방식으로만 일어날 때 그 집단의 대립유전자 빈도와 유전자형 빈도가 세대가 지나도 항상 일정하게 유지된다는 주장임. 여러 세대에 걸쳐 동일한 대립유전자와 유전자형의 빈도를 가진 개체군을 하디-바인베르크 평형(Hardy-Weinberg equilibrium) 상태에 있다고 함. 유성생식 개체군에만 적용하는 개념임

「하디-바인베르크 평형의 수식적 증명」

하디-바인베르크 평형 조건이 유지되면 한 유전자 좌위에서의 대립유전자의 빈도는 세대를 거치면서 일정하게 유지됨. 첫 세대의 A 대립인자 빈도를 p, a 대립인자 빈도를 q라 하면 아래 표와 같이 나타나게 됨

	A(p)	a(q)
A(p)	$AA(p^2)$	$Aa(pq)$
a(q)	$Aa(pq)$	$aa(q^2)$

$p^2+2pq+q^2=1$이며, 실제 유전자형의 빈도가 한 가지 동형접합성은 p^2, 이형접합성은 $2pq$, 다른 한 가지 동형접합성이 q^2으로 나타나는 집단에서 하디-바인베르크 평형 상태로 이루어진 것으로 판단함. 다음 세대의 A대립인자의 빈도$(p^1)=p^2+pq=p(p+q)=p$로서, 세대가 거듭되어도 특정 대립유전자의 빈도는 변하지 않으며 한 세대동안 무작위적인 교배 후에 유전자형 빈도는 동일한 비율로 유지됨

㉡ 하디-바인베르크 평형을 위한 조건
ⓐ 개체군이 아주 커야 함. 집단의 크기가 작을수록, 세대가 지나면서 대립유전자 빈도는 우연에 의해 더욱 잘 변할 것이기 때문
ⓑ 교배는 무작위적이어야 함. 근친교배와 같이 개체군내 일부와 짝짓기를 선호한다면, 배우자는 무작위적으로 섞이지 않아 유전자형 빈도가 별할 것이기 때문
ⓒ 개체군간의 이동(유전자 흐름)이 없어야 함. 개체군 안으로 혹은 밖으로 대립유전자를 이동시킴으로써 유전자 흐름은 대립유전자 빈도를 변화시킬 것이기 때문
ⓓ 돌연변이가 일어나지 않아야 함. 돌연변이는 대립유전자를 변화시키거나 또는 제거함으로써,

또는 하나의 유전자를 전체를 중복시킴으로써 유전자 풀을 변화시킬 것이기 때문

ⓔ 자연선택이 작용하지 않아야 함. 서로 다른 유전자형으로 인한 다른 표현형을 소유한 개체들의 차등적인 생존 및 번식적 성공도는 대립유전자 빈도를 변화시킬 수 있기 때문

ⓒ 하디-바인베르크 원리의 적용을 위한 간단한 문제

1. 어떤 집단의 10,000명 중 Rh⁻형인 혈액을 가진 사람의 수가 100명으로 나타났다. 이 집단에서 Rh⁺형의 이형접합자와 동형접합자의 비는 얼마인가?

2. 어느 도시의 PKU(페닐케토뇨증)의 유전병을 가지고 태어나는 신생아의 수는 만 명당 1명의 비율이라고 한다. 이 도시의 인구수가 5만 명이라고 할 때 이 도시에 있는 보인자의 수는 얼마인가?

3. 100명 중 A형이 27명, O형이 9명, AB형이 24명일 경우, 유전자형이 AO인 사람은 몇 명이겠는가?

3 소진화와 자연선택

(1) 진화의 잠재적 원인 - 소진화의 원인 5가지

㉠ 유전적 부동(genetic drift): 우연한 사건들에 의해 집단의 크기가 작아지고 세대를 거치면서 대립유전자의 빈도가 예측할 수 없게 되는 과정

ⓐ 병목현상(bottlenect effect): 화재나 홍수와 같이 갑작스런 환경의 변화에 의해 집단의 크기가 급격하게 줄어드는 것. 생존자들 가운데 우연히 어떤 대립유전자는 비율이 증가하고 다른 일부는 줄어들며 또다른 일부는 아예 없어지게 됨

ⓑ 창시자효과(founder effect): 한 개체군의 일부가 원래의 개체군으로부터 분리되어 새로운 지역에서 새로운 개체군을 형성할 때, 새로운 거주지에서의 유전적 부동을 말함

㉡ 선택적 교배(nonrandom mating): 선택적 교배는 특정 대립유전자의 빈도를 증가시키거나 감소시킴

㉢ 유전자 흐름(gene flow): 동일 종의 다른 개체군과 완전히 격리되는 경우는 드물기 때문에 보통 일부 개체군 간의 이동이 일어남. 이동한 개체가 새로운 장소에서 번식하면 유전자 흐름(gene flow)이 일어나게 됨. 대립유전자가 집단들 사이에서 교환되기 때문에, 유전자 흐름은 집단들 간의 차이를 줄이는 경향이 있음. 유전자 흐름이 광범위하게 일어나면 이웃하는 집단들이 공통의 유전자 풀을 가지는 하나의 큰 집단으로 합쳐질 수 있음

㉣ 돌연변이(mutation): 성공적인 돌연변이가 드물기 때문에 변화의 주된 원인으로 생각할 수 없지만 적응도에 심각한 영향을 미치는 돌연변이는 대립유전자 빈도에 궁극적으로 커다란 영향을 주게 됨

ⓜ 자연선택(natural selection): 서로 다른 유전적 변이 가운데 특정 환경에서 특정한 유전적 변이체가 더욱 선호되는 것

(2) 자연선택의 특징과 양상

㉠ 상태적 적응도(relative fitness): 한 개체가 다음 세대의 유전자풀에 기여하는 정도는 다른 개체들의 기여도와 비교해 상대적인 값으로 나타낸 것이며 상대적 적응도가 높은 개체들이 자연선택적으로 유리한 개체들임

㉡ 자연선택의 특징

ⓐ 자연선택은 배후에 존재하는 유전자형이 아니라 개체의 표현형을 대상으로 적용함. 그러므로 특정 대립유전자에 의해서 이루어지는 상대적 적응도는 그 대립유전자가 발현되는 유전체의 성격과 환경적 맥락에 의존함

ⓑ 환경을 구성하는 물리적, 생물학적 요소는 시간에 따라 변할 수 있는데, 자연선택만이 이러한 변화하는 환경에서 생물체로 하여금 적응 진화로 일관되게 인도하는 유일한 진화기작이 됨

ⓒ 성적 선택과 같은 상대적 적응도를 높이려는 일련의 행동적, 표현형적 적응이 일어나기도 함

「성적 선택(sexual selection)」

Ⓐ 성적 선택의 의미: 특정 유전형질을 가진 개체들이 그렇지 않은 개체들에 비해서 더 많은 짝을 얻을 가능성이 있다는 내용의 자연선택

Ⓑ 성적 선택의 구분

1. 동성내 선택(intrasexual selection): 같은 성 안에서의 선택을 의미하며, 같은 성을 가지는 개체들이 다른 성의 짝을 놓고 직접적인 경쟁을 벌이는 것. 직접 싸우는 경우도 있지만 종종 부상을 피할 수 있는 잠재적인 의식화된 행동을 통해서 심리적인 승리를 쟁취하는 경우도 있음

2. 이성간 선택(intersexual selection): 한쪽 성의 개체들이 반대편 성을 가진 그들의 짝을 고르는 것. 많은 경우 암컷의 선택은 수컷의 외양이나 행동의 화려함에 의존함

ⓒ 자연선택의 3가지 양상

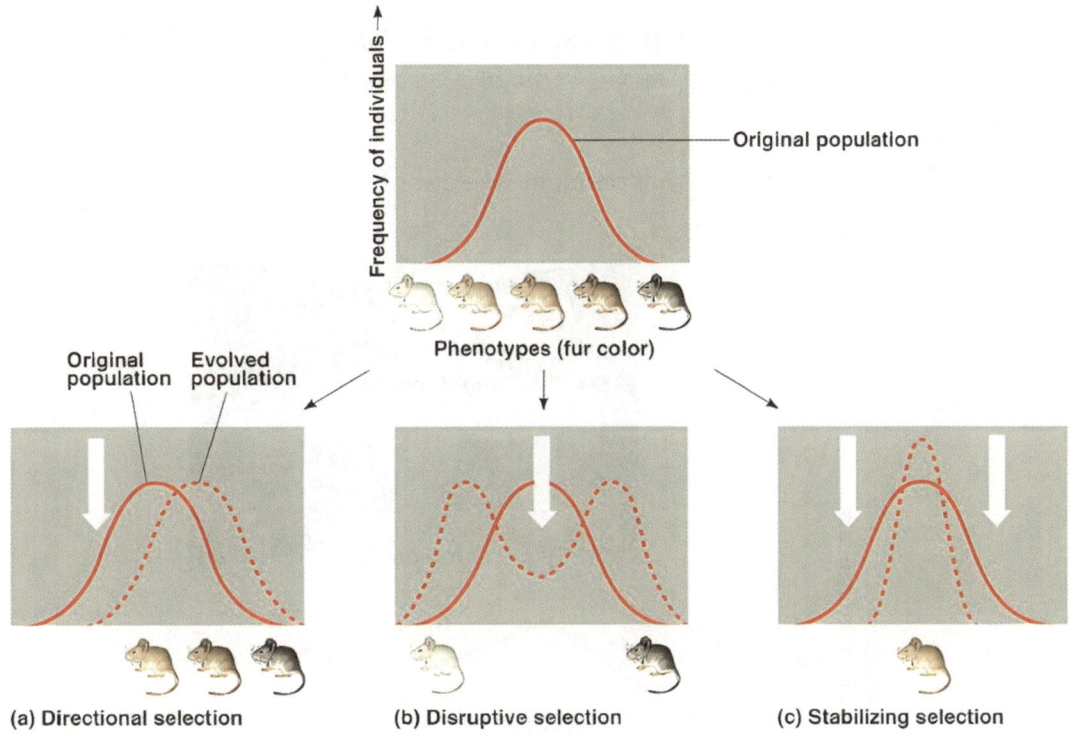

ⓐ 방향성 선택(directional selection): 표현형 분포 범위 안에서 한 쪽 극단에 있는 표현형의 개체들이 선호되는 자연선택 양상으로서, 방향성 선택은 한 집단의 환경이 변할 때나 집단의 구성원들이 다른 환경 조건들을 가진 새로운 서식지로 이주하는 경우에 흔히 나타남

ⓑ 분단성 선택(disruptive selection): 표현형 분포의 중간형 개체들보다 양 극단의 개체들이 더욱 선호되는 자연선택 양상

ⓒ 안정화 선택(stabilizing selection): 양 극단의 표현형을 제거하는 쪽으로 작용하고 중간형을 선호하는 자연선택 양상으로서 변이를 줄이고 특정 표현형의 현재 상태를 그대로 유지하게 함

(3) 유전적 변이의 보존

자연선택에 의해 유전적 변이가 줄어드는 경향이 대한 보전 및 회복 기작에 의해 상쇄됨

㉠ 이배성(diploidy)

ⓐ 이배체의 경우 열성형질은 동형접합자가 아닌 한 자연선택의 작용을 받지 않음. 따라서 자연선택에 반하는 형질을 암호화하는 유전자라 할지라도 개체군에서 지속될 수 있음

ⓑ 이형접합자 보호를 통해 현재는 불리한 것이지만 환경이 변할 때 새로운 이로움을 줄 수 있는 대립유전자 풀을 유지할 수 있음

ⓛ 균형 선택(balancing selection): 한 집단에서 둘 이상의 표현형들이 자연선택에 의해서 유지되는 경우 일어남

   ⓐ 이형접합자 이점(heterozygote advantage; 잡종강세): 어떤 유전자 좌위에서 이형접합자 개체들이 동형접합자에 비해 상대적 적응도가 높은 경우임 ex. 겸상적혈구 빈혈증의 말라리아 감염 시의 유리함

   ⓑ 빈도의존성 선택(frequency-dependent selection)

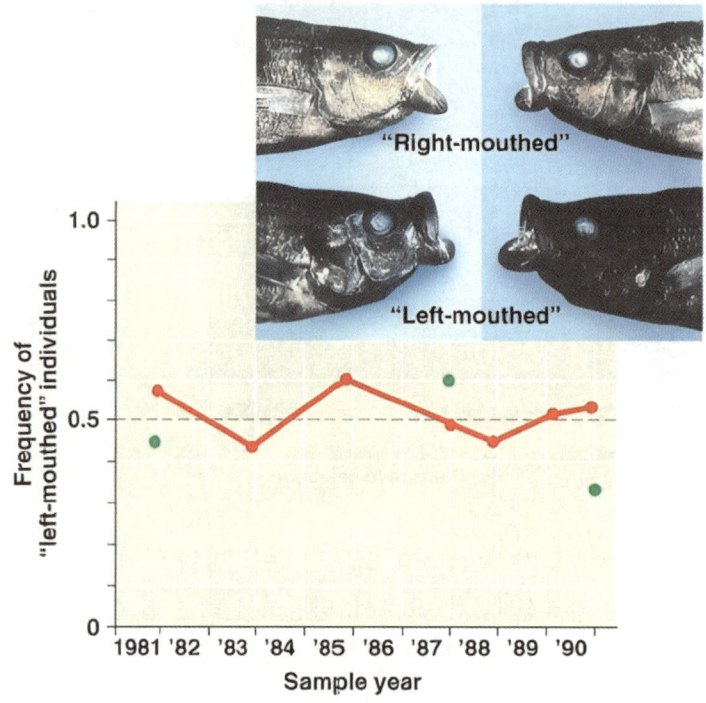

1. 유전자형의 생식적인 성공이 개체군내의 빈도에 의해 결정되는 것으로 그 결과 안정된 다양성을 유지함
2. 한 유전자형이 희귀할 때는 이점이 되고, 보편적이 될 때는 불리한 요소가 됨. 즉, 희귀한 경우에 이점이 되는 대립유전자가 그 이점으로 인해 빈도가 증가하게 되면, 그 유전자형이 덜 희귀해져서 그 이점이 감소하게 됨

ⓒ 중립적 변이(neutral variation): 번식 성공도에 영향을 거의 주지 않는 변이로서 단백질 비암호화 부위에서의 어떤 변이도 그 어떠한 선택적 유리함을 제공하지 않으며 시간이 지나도 자연선택에 영향을 받지 않는 대립유전자의 빈도는 유전적 부동에 의해 증가할 수도, 감소할 수도 있음

03 종의 기원

1 종에 대한 여러 가지 정의

(1) 형태학적 종(morphological species)

몸의 형태 및 여타의 구조적 특징으로 종을 규정함. 유성생식과 무성생식 생물에 모두 적용될 수 있으며 유전자 흐름에 대한 정보가 없이도 적용될 수 있다는 장점이 있으나 어떠한 구조적 특징을 기준으로 종을 구별해야 할 것인지에 대해 주관적 이견이 있을 수 있다는 단점 또한 존재함

(2) 생태학적 종(ecological species)

종의 생태적 지위(생물공동체 안에서 차지하고 있는 지위)를 기준으로 적용되는 개념. 유성생식은 물론 무성생식을 하는 종에도 적용될 수 있으며 생물이 서로 다른 환경에 적응하게 되었을 때 나타나는 분단성 자연선택의 작용을 강조함

(3) 계통발생학적 종(phylogenetic species)

공통조상이 있는 개체들의 가장 작은 무리를 종이라고 규정하며 생물 계통수의 한 가지를 이룸. 형태나 분자서열 같은 특징을 다른 생물과 비교하여 한 종의 계통발생사를 추적함. 별개의 종으로 규정할 수 있는데 요구되는 차이의 정도를 결정하는 것이 어려운 점임

(4) 생물학적 종(biological species)

Emst Mayer가 정의한 것에 따르면, 종은 구성원들이 자연에서 서로 교배하여 생식 능력이 있는 자손을 낳을 수 있는 잠재성이 있는 한 무리의 집단을 가리킴. 한 종의 구성원들은 유전자 흐름으로 높은 수준으로 또는 낮은 수준으로 연결되어 있음을 알 수 있으며 다른 종 간에는 유전자 흐름이 존재하지 않는 것으로 규정함. 하지만 화석종이나 무성생식종에 대해서는 적용될 수 없다는 점이 단점이며 형태적으로나 생태적으로 뚜렷이 구분되지만 유전자 흐름이 일어나는 종들에 대해서는 적절하게 적용될 수 없다는 한계가 존재함

「Linne의 이명법에 따른 종의 명명법」

Ⓐ 속명, 종명, 명명자 순으로 기입
Ⓑ 속명과 종명은 이탤릭체로 표기하며 속명의 첫글자는 대문자, 종명의 첫글자는 소문자로 표기함
ex. Homo sapiens Linnaeus

2 생식적 격리(reproductive isolation) − 생물학적 종에 바탕을 둔 개념

(1) 생식적 격리의 특성

ㄱ 종 간의 유전자 흐름을 막고, 종간교배로 생기는 자손인 잡종의 형성을 제한함

ㄴ 하나의 장애 요인이 모든 유전자 흐름을 막지 못한다 할지라도 여러 장애 요인들의 조합은 한 종의 유전자 풀을 효과적으로 격리할 수 있음

(2) 생식적 격리의 구분

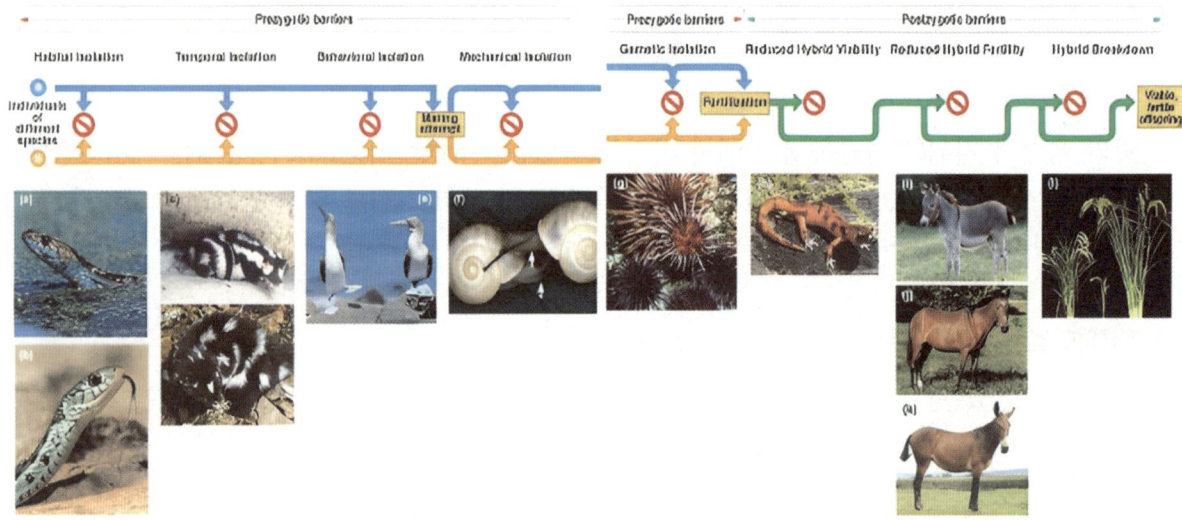

ㄱ 수정 전 장벽(prezygotic barrier): 수정이 일어나지 못하게 하는 생식적 격리 기작

ⓐ 서식처 격리(habitat isolation): 서식장소나 교배장소가 다름

ⓑ 시간적 격리(temporal isolation): 짝짓기의 시기나 개화의 시기가 다름

ⓒ 행동적 격리(behavioral isolation): 구애행동이나 기타 행동의 차이로 인해 교배가 이루어지지 않는 것

ⓓ 기계적 격리(mechanical isolation); 형태적 격리): 생식기의 구조가 서로 달라 교미나 수분이 일어나지 않는 것

ⓔ 배우자 격리(gametion isolation): 두 종의 개체가 성공적으로 교배를 한다고 하더라도 난자와 정자의 불화합성 때문에 수정이 일어나지 않는 것

ㄴ 수정 후 장벽(postzygotic barrier): 잡종이 형성된 후의 생식적 격리에 기여함

ⓐ 잡종 치사(hybrid inviability): 잡종개체가 발생도중이나 생식력을 갖기 전에 죽게 됨

ⓑ 잡종불임(hybrid sterility): 잡종개체가 수정가능한 배우자를 생산하지 못함

ⓒ 잡종약세(hybrid weakness): 잡종개체가 매우 허약하거나 잡종세대가 거듭될 경우 생식력이 없어짐

3 종분화(speciation)

(1) 종분화 기작의 구분

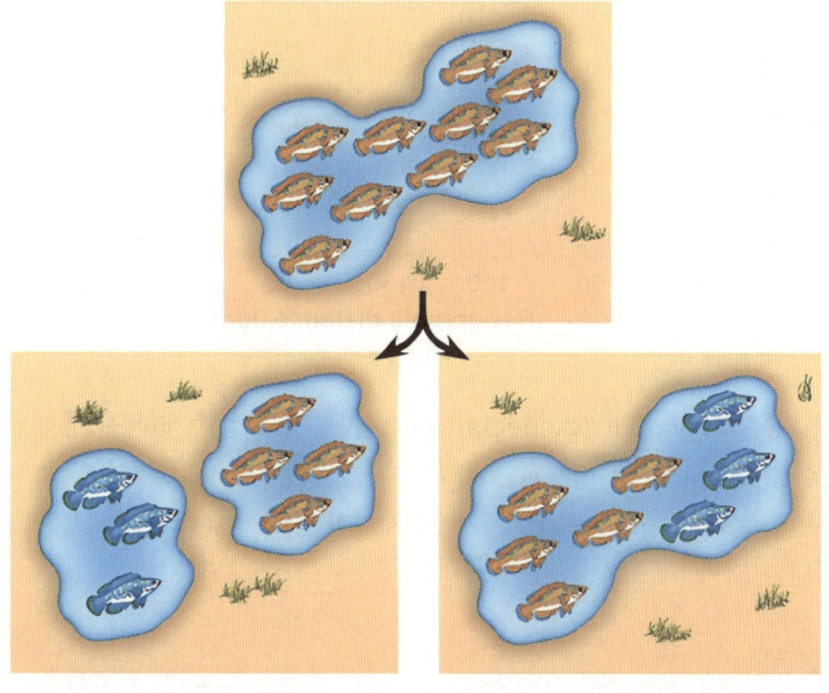

(a) Allopatric speciation　　　　**(b) Sympatric speciation**

㉠ 이지역성 종분화(allopatric speciation): 한 개체군이 지리적으로 격리된 두 작은 집단으로 분리되었을 때 유전자 흐름이 차단되어 일어나는 종분화로서 지질학적 재편성 없이도 일어날 수 있으며 유전자의 흐름을 차단할 수 있는 장벽의 강력함은 생물의 이동 능력에 따라 다름

ⓐ 이지역성 종분화의 과정
　1. 지리적 장벽이 형성됨
　2. 지역적으로 격리된 각 집단에서 서로 다른 돌연변이가 일어나고 서로 다른 자연선택이 작용한 다음 유전적 부동이 대립 유전자 빈도를 서로 다르게 변화시킴
　3. 자연선택이나 유전적 부동의 부산물로 생식적 격리가 일어나게 됨

ⓑ 이지역성 종분화의 증거

1. 지리적 장벽이 많은 지역은 지리적 장벽이 적은 지역보다 더 많은 종이 존재함
2. 두 집단의 생식적 격리가 일반적으로 둘 사이의 거리가 멀어짐에 따라 증가하는 것이 입증됨. 이것은 두 집단 간의 거리가 멀어짐에 따라 유전자 흐름이 감소하기 때문이라는 설명에 의해 지지됨

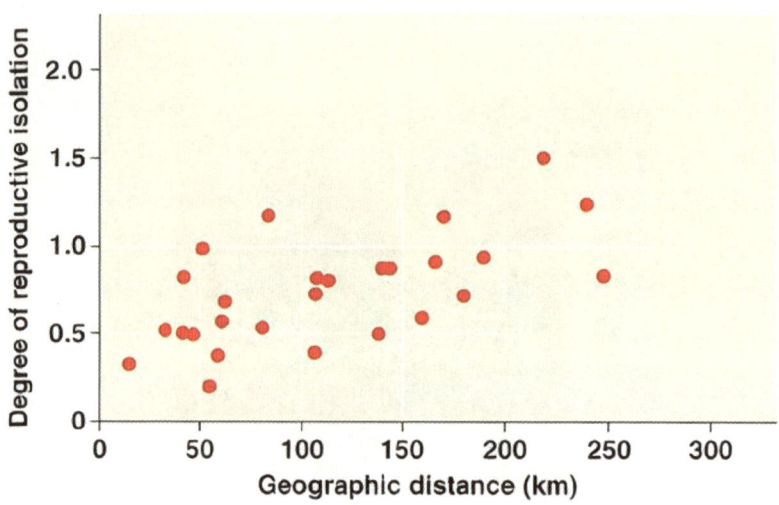

ⓒ 동지역성 종분화(sympatric speciation): 같은 지역에 존재하는 개체군에서의 종 분화

ⓐ 다배수성(polyploidy): 염색체 조합의 추가로 인한 새로운 종의 형성

1. 동질배수체(autopolyploid; 자가배수체): 한 종에서 유래된 염색체를 두 조보다 더 많이 지니는 개체

「동질배수체 형성과정」

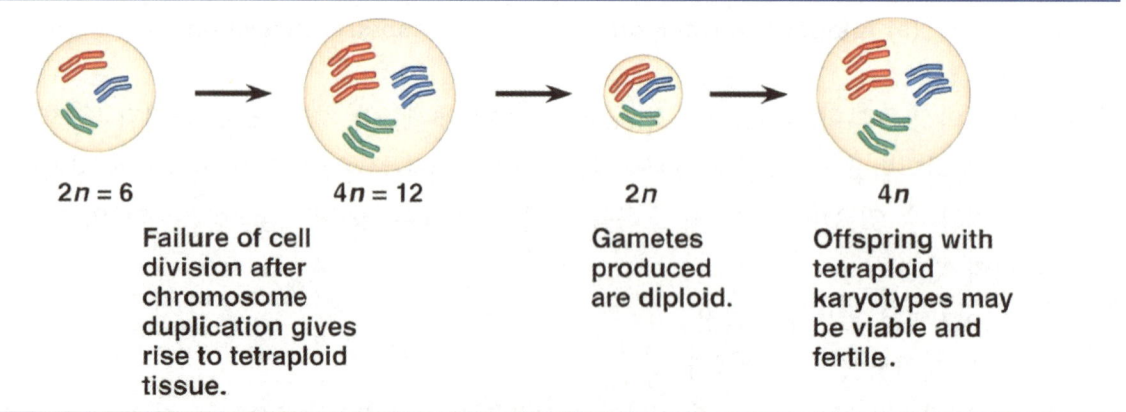

2. 이질배수체(allopolyploidl; 타가배수체): 서로 다른 두 종이 짝짓기를 하여 잡종을 형성하는 경우에 형성된 개체

「이질배수체 형성과정」

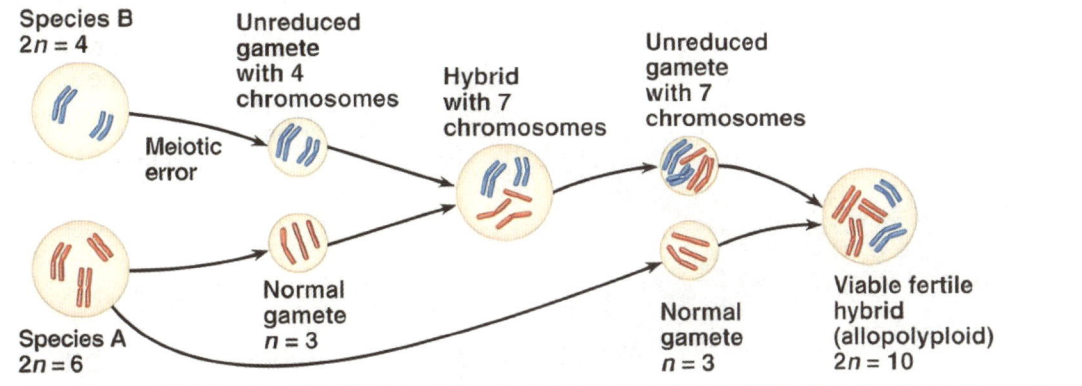

(2) 잡종지대(hybrid zone)

「*B. variegata*와 *B. bombina*의 좁은 잡종지대」

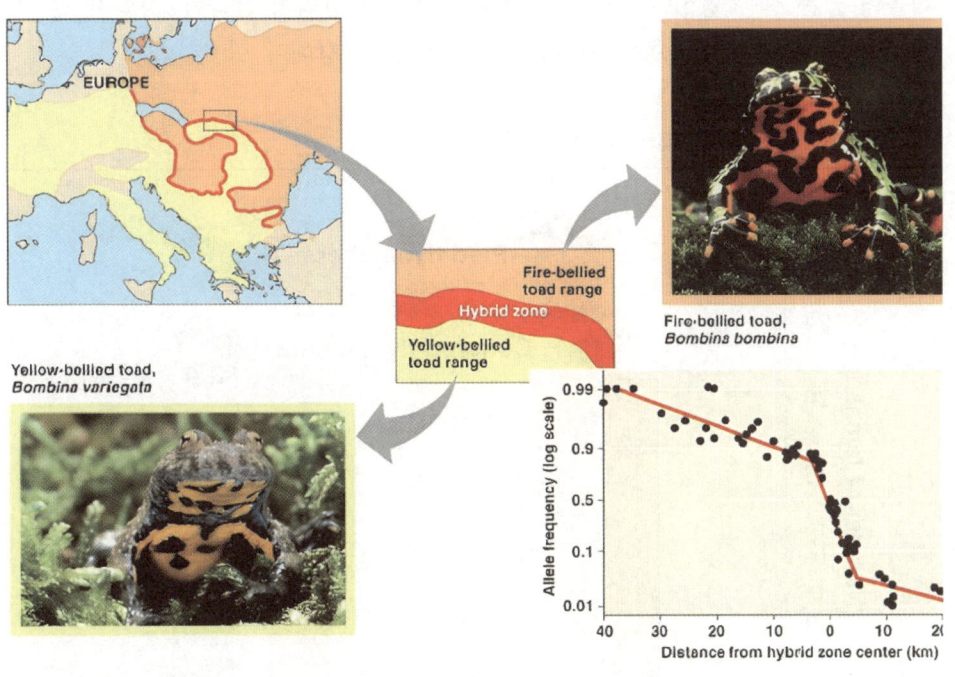

㉠ 잡종지대의 형성 과정

　① 유전자 흐름으로 연결된 동일한 종의 집단들 간에 유전자 흐름의 장벽이 형성됨

　② 서로 다른 집단들이 갈라져 나오기 시작함

　③ 종분화를 거의 마침

　④ 유전자 흐름이 다시 이루어지는 곳에서 잡종지대가 형성됨

ⓒ 잡종지대의 변화

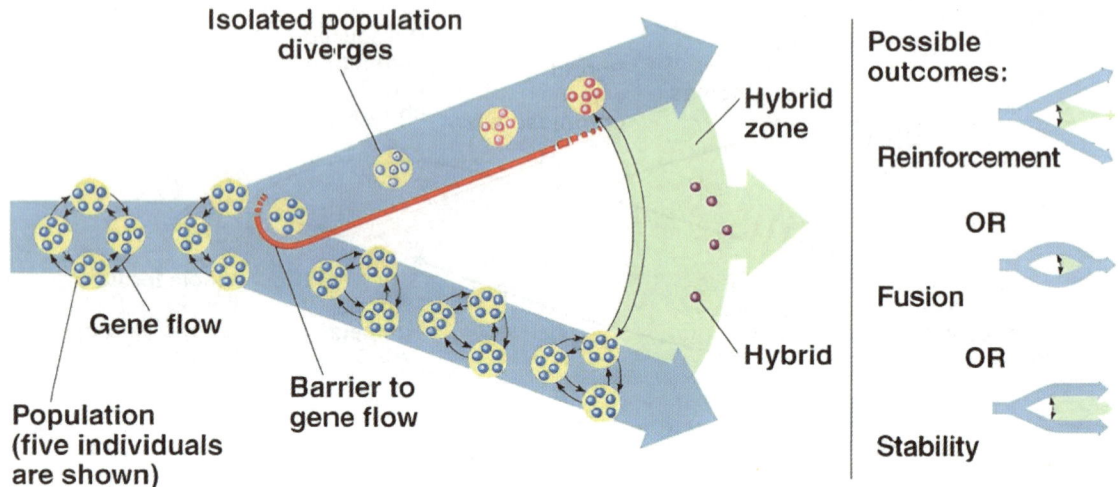

ⓐ 강화: 잡종이 부모종보다 덜 적응적이면, 자연선택으로 인해 접합전 장벽이 더욱 강화되어 적응력 없는 잡종 형성이 줄어들기 때문에 생식적 장벽이 강화됨. 강화가 일어나면 종 사이의 생식적 장벽이 이소종에서보다 동소종에서 더 강해야 할 것임

「유럽 딱새의 근연종 간의 생식장벽의 강화」

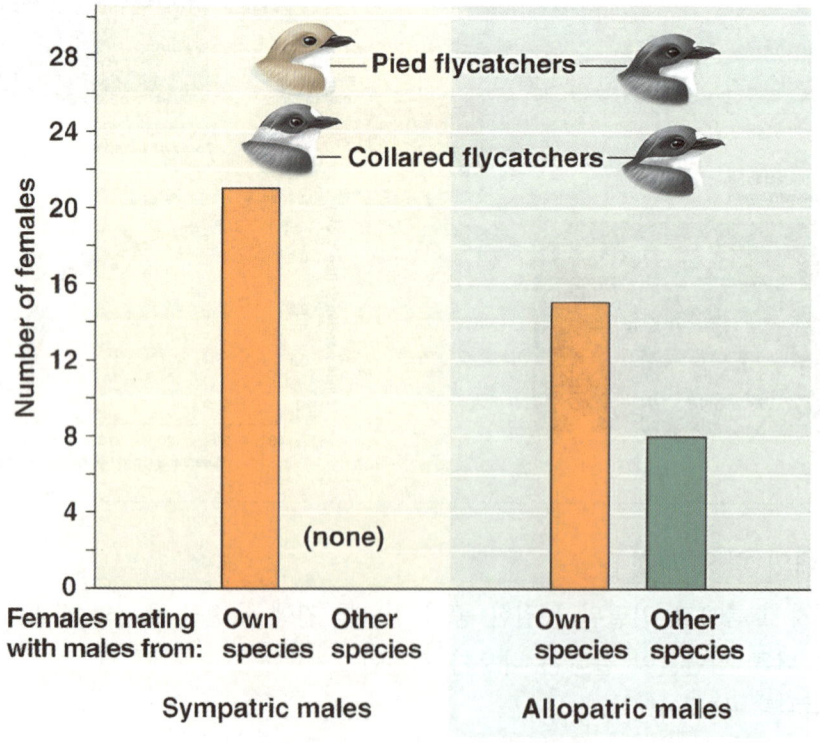

ⓑ 융합: 유전자 흐름이 원활해서 생식적 장벽이 양화되고 더 나아가 두 종의 유전자 풀이 점진적으로 동일해져 결국 잡종으로 이루어진 하나의 종으로 융합됨

ⓒ 안정: 잡종 개체가 계속적으로 형성됨

(3) 종분화율

㉠ 화석 기록에 나타나는 종분화율 패턴

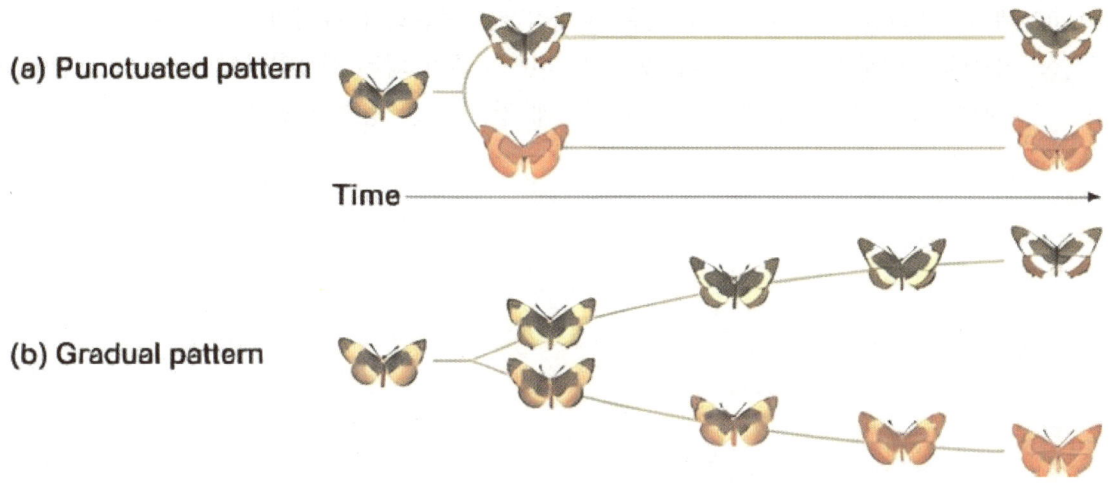

ⓐ 단속평형(punctuated equilibria): 새로운 종이 부모종에서 분리되어 나올 때 대부분의 변화가 생기고 이후 존속하는 기간 중에는 거의 변하지 않음

ⓑ 점진적 종분화: 종분화가 비교적 천천히 일어남

㉡ 종분화율에 영향을 미치는 요인

ⓐ 종풍부도(species richness): 한 계통 안에 종의 수가 많을 수록 새로운 종이 생길 기회는 높아짐. 배수성에 의한 종분화를 위해서는 한 계보에 더 많은 종이 있을수록 더 많은 종이 교배할 수 있기 때문에 새로운 종이 생길 기회는 더 많아짐. 이소적 종분화에서는 한 지역에 살고 있는 종의 수가 많을 수록 주어진 물리적 장벽에 의해서 종분화가 일어날 종의 수가 많은 것임

ⓑ 분산율(dispersal rate): 분산능력이 좋은 종의 개체는 장벽을 가로질러 분산함으로써 새로운 집단을 확립할 가능성이 낮으며 분산능력이 좋지 않은 정착성이 높은 종의 개체에게는 좁은 장벽조차도 분화에 효율적일 수 있음

ⓒ 생태적 분화(ecological specialization): 군데군데 분포되어 있는 종의 집단이 연속적인 형태로 분포하는 종의 집단보다 더욱 쉽게 분기될 것임

ⓓ 병목효과(bottleneck effect): 한 집단의 크기가 줄어들면서 생기는 유전자풀의 변화는 새로운 적응임

ⓔ 환경의 변화(environmental change): 기후 변동이 연속적으로 분포하고 있는 종의 집단의 분화를 촉진할 수 있음

ⓕ 성선택(sexual selection): 복잡한 행동을 하는 동물들은 잠재적인 교배대상을 정교하게 구별하기 때문에 빠른 속도로 새로운 종을 형성할 가능성이 높음. 이들은 다른 종과 자신의 종 간의 구성원을 구별하고 자신의 종의 구성원도 크기, 모양, 외양, 행동을 바탕으로 민감하게 그 차이를 구별함. 이러한 판별은 특정 개체의 적응도에 지대한 영향을 미칠 수 있으며 생식적 격리를 통해 빠른 강화를 이끌어 낼 수 있음

ⓖ 세대기간(generation time): 짧은 세대기간은 종분화에 유리함

ⓗ 식물에 있어서의 수분의 형태: 동물에 의해 수분이 되는 식물집단의 종 수는 바람에 의해 수분이 되는 식물집단의 종 수보다 2.4배 정도 많은 경향이 있음

04 계통발생과 계통수

1 계통발생의 진화적 관점

(1) 계층적 분류

㉠ 분류군(taxon; 이름이 지어진 분류 단위)의 포괄적 관계: 종(species)〈속(genus)〈과(family)〈목(order)〈강(class)〈문(phylum)〈계(kingdom)

「표범(*panther pardus*)의 계층적 분류」

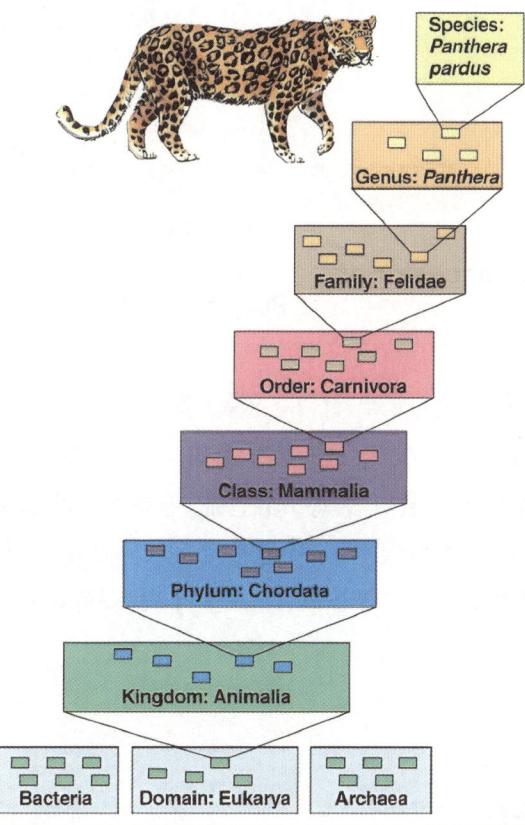

㉡ 상위의 분류 수준은 분류학자들에 의해 선택된 특정 형질에 의해 결정된 것이기 때문에 더 포괄적인 범주들에서는 흔히 다른 계통들이 서로 대등하지 않음. 즉, 서로 다른 목이 같은 정도의 형태적인 또는 유전적인 다양성을 보여주지는 않음

㉢ 반드시 진화 역사를 반영하는 것은 아님. 즉, 린네의 분류 체계는 계통발생에 대한 정보를 거의 주지 못함

(2) 계통수에 대한 이해

㉠ 생물군의 진화 역사는 계통수(phylogenetic tree; 공통조상으로부터 내려오는 생물 집단
  의 전승을 나뭇가지가 갈라지는 모양으로 그린 것)를 통해 표현됨
㉡ 계통수는 진화 관계에 대한 가설을 나타내는데, 이것은 흔히 양방향 분기점으로 그려짐

「계통수를 해석하는 방법」

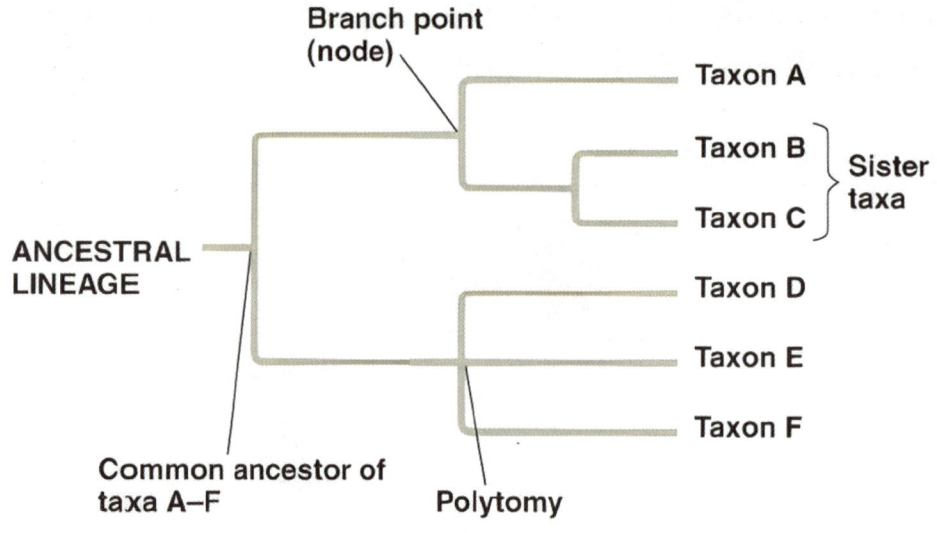

㉢ 계통수를 통해 알 수 있는 것과 알 수 없는 것
  ⓐ 계통수에서 분기하는 순서가 반드시 특정 종의 분기된 순서를 말하는 것은 아니며, 분기점은
    분기된 가지를 형성한 종들의 공통조상인데, 공통조상의 출현 순서 정도만 알 수 있음
  ⓑ 계통수의 한 분류군이 바로 옆의 분류군에서 유래되었다고 가정할 수 없음. 다만 두 분류군
    의 공통조상이 존재했고, 그 공통조상으로부터 두 분류군이 분화된 것이라는 것만 추론이
    가능함

2 계통발생의 추론

(1) 상동의 근거

일반적으로 매우 유사한 형태나 DNA 염기서열을 공유하는 생물들은 그렇지 않은 생물보다
혈연적으로 더욱 가까울 가능성이 있음
㉠ 포유류 앞다리 뼈의 수와 배치의 유사성과 같이 확증적인 형태적 유사성이나 화석 증거는

상동의 근거가 됨

ㄴ 형질의 복잡성을 비교하여 복잡한 두 구조가 많은 면에서 닮았다면 공통조상에서 분화되었을 가능성이 있음. 복잡한 구조를 이루는 단위구조가 높은 비율로 일치하는 것이 별개의 기원을 가질 확률은 상당히 낮을 것이기 때문

ㄷ 분자적 상동: 관계가 가까울수록 뉴클레오티드의 유사성이 높음. 최근에는 뉴클레오티드 길이가 다른 DNA 단편을 비교하고 정렬하는 컴퓨터 프로그램이 개발됨

(2) 상사의 배제

상동과 상사를 구별하는 것이 정상적인 계통발생 재구성에 결정적으로 중요함

ㄱ 형태적 상사: 박쥐의 날개와 새의 날개는 피상적으로 닮은 듯 보이나 더욱 자세히 관찰하면 박쥐의 날개는 새의 날개보다 다른 포유류의 앞다리와 더욱 유사함. 화석 기록에 따르면 박쥐의 날개와 새의 날개는 각기 다른 사지동물 조상의 앞다리에서 독립적으로 생긴 것으로 상동이 아니라 상사로 간주해야 함

ㄴ 분자적 상사: 가까운 관계가 아닌 것으로 보이는 생물들에서 매우 다른 서열 간에 공유된 염기들은 단순히 우연한 대응, 즉 분자 수준의 상사임

3 계통수의 구성

(1) 분기학(cladistics)

공통조상을 생물분류의 1차적 기준으로 삼는 계통분류학 접근법

ㄱ 분류군의 구분

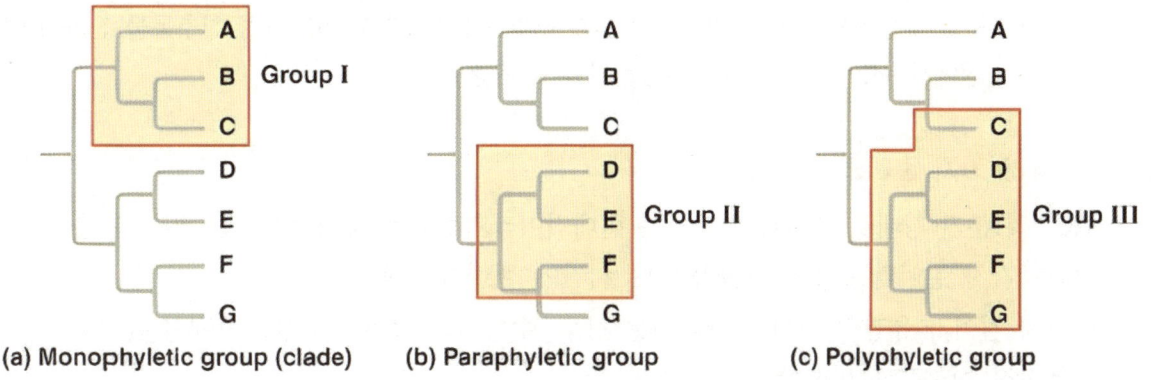

(a) Monophyletic group (clade) (b) Paraphyletic group (c) Polyphyletic group

ⓐ 단계통군(monophyletic group): 한 조상종과 모든 후손으로 구성된 분류군

ⓑ 측계통군(paraphyletic group): 한 조상종과 후손의 일부로만 구성된 분류군

ⓒ 다계통군(polyphyletic group): 조상이 다른 분류군을 포함

ⓛ 공유 조상 형질과 공유 파생 형질

ⓐ 공유 조상 형질(shared ancestral character): 분류군의 조상에서 기원된 형질 ex. 포유류에 대해서 척추

ⓑ 공유 파생 형질(shared derived character): 특정 분기군에 특이한 진화적 신형 ex. 포유류에 대해서 털

ⓒ 파생형질을 이용한 계통수 형성

「척추동물의 계통수 형성」

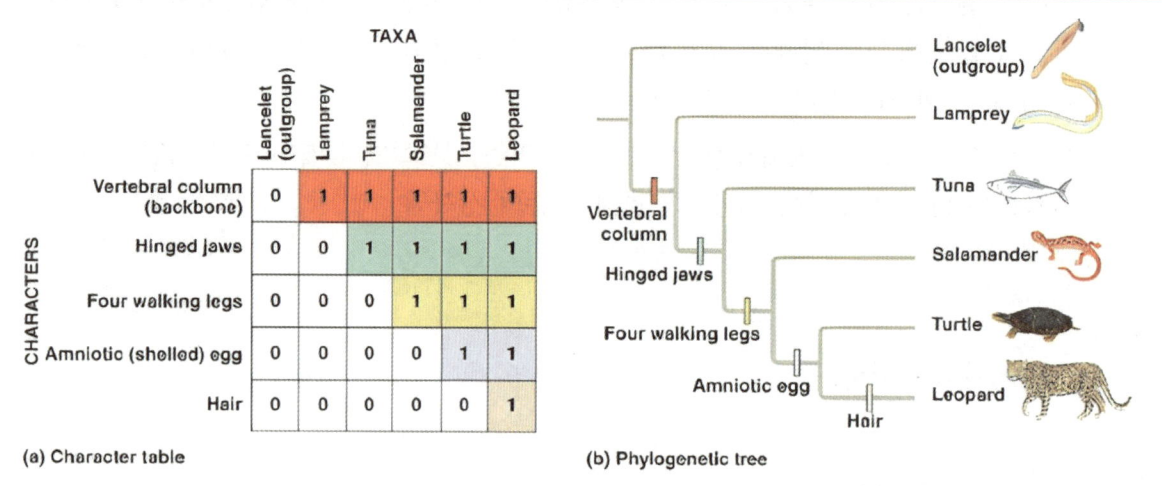

(a) Character table   (b) Phylogenetic tree

ⓐ 형태, 고생물학, 배아발생 및 유전자 서열의 증거를 바탕으로 적절한 외부군을 결정함

　1. 내부군(ingroup): 파생형질을 만족하는 집단

　2. 외부군(outgroup): 파생형질을 만족하지 못하는 집단으로 내부군 계통 이전에 분기함

ⓑ 내부군의 구성원들을 서로 비교하고 외부군의 구성원들과도 비교하여 척추동물 진화의 여러 분기점에서 어느 형질이 파생되었는지를 결정할 수 있음

(2) 비례적인 가지 길이의 계통수

계통수의 분기 형태로 표현된 연대기는 절대적이라기보다는 상대적이지만, 일부 계통수 도표에서는 가지 길이가 유전적 변화량이나 시간에 비례하게 됨

ⓛ 가지 길이가 유전적 변화를 나타내는 경우: 수평선의 길이는 공통조상에서 분기된 이후의 유전적 변화량과 비례함

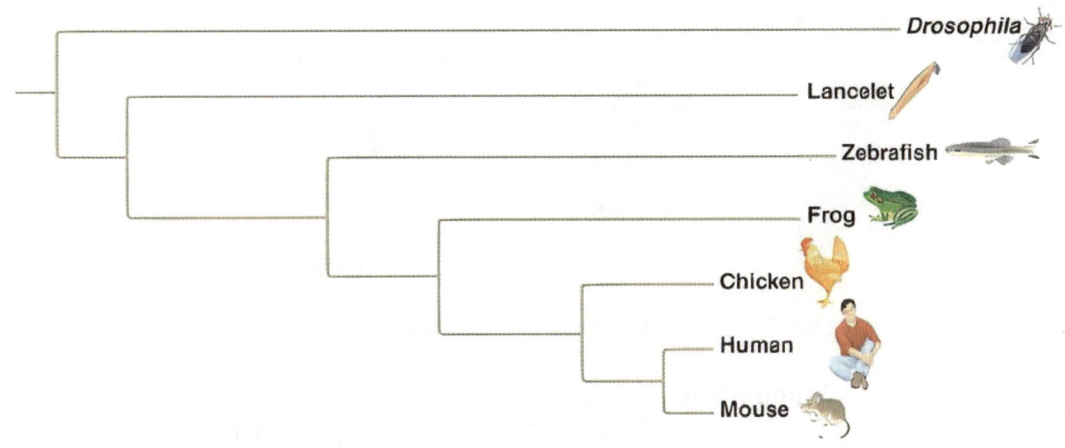

ⓛ 가지 길이가 시간의 간격을 나타내는 경우: 화석 기록에서 추론하여 지질학적 시간의 문맥에서 분기점을 배치함. 이 경우의 수평선의 길이는 시간에 비례하게 됨

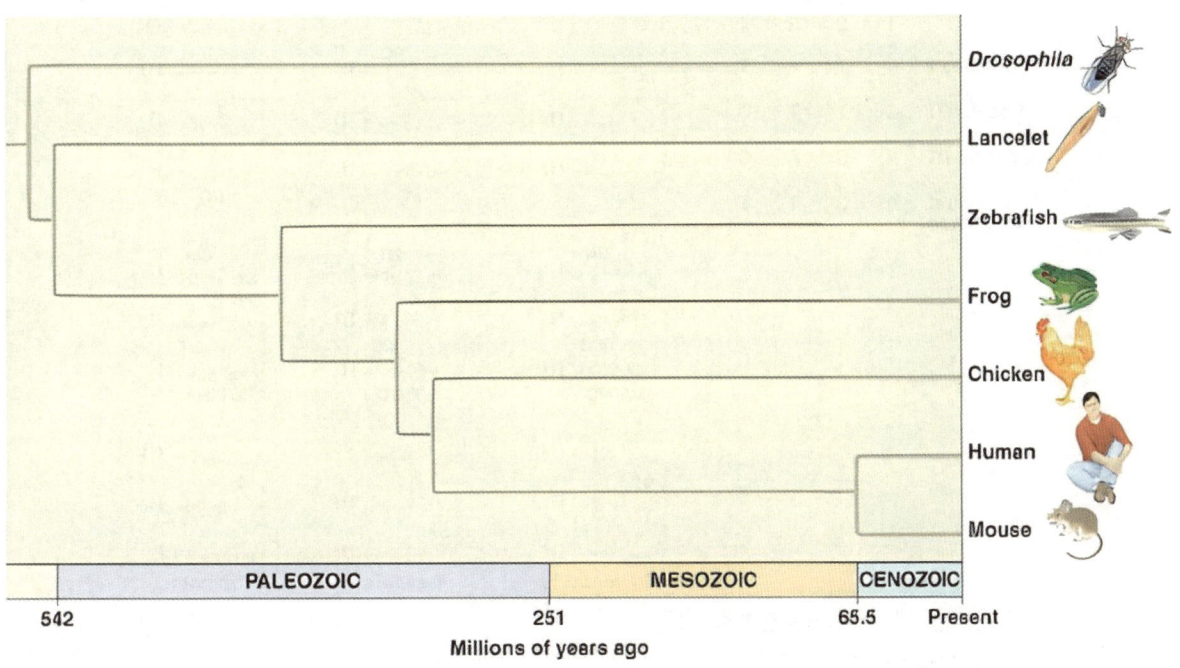

(3) 계통수 구성에서의 중요한 원칙

최대 단순성과 최대 개연성

ⓖ 최대 단순성(maximum parsimony): 우선 사실과 부합되는 가장 단순한 설명을 조사해야 함. 예를 들어 형태에 근거한 계통수의 경우 가장 단순한 계통수는 공유 파생 형질의 기원을 평가할 때 가장 적은 수의 진화 사건을 필요로 하며 DNA에 근거한 계통도의 경우에도 가장 단순한 계통수는 가장 적은 수의 염기 변화가 필요함

「계통수 구성에서의 단순성 적용하기」

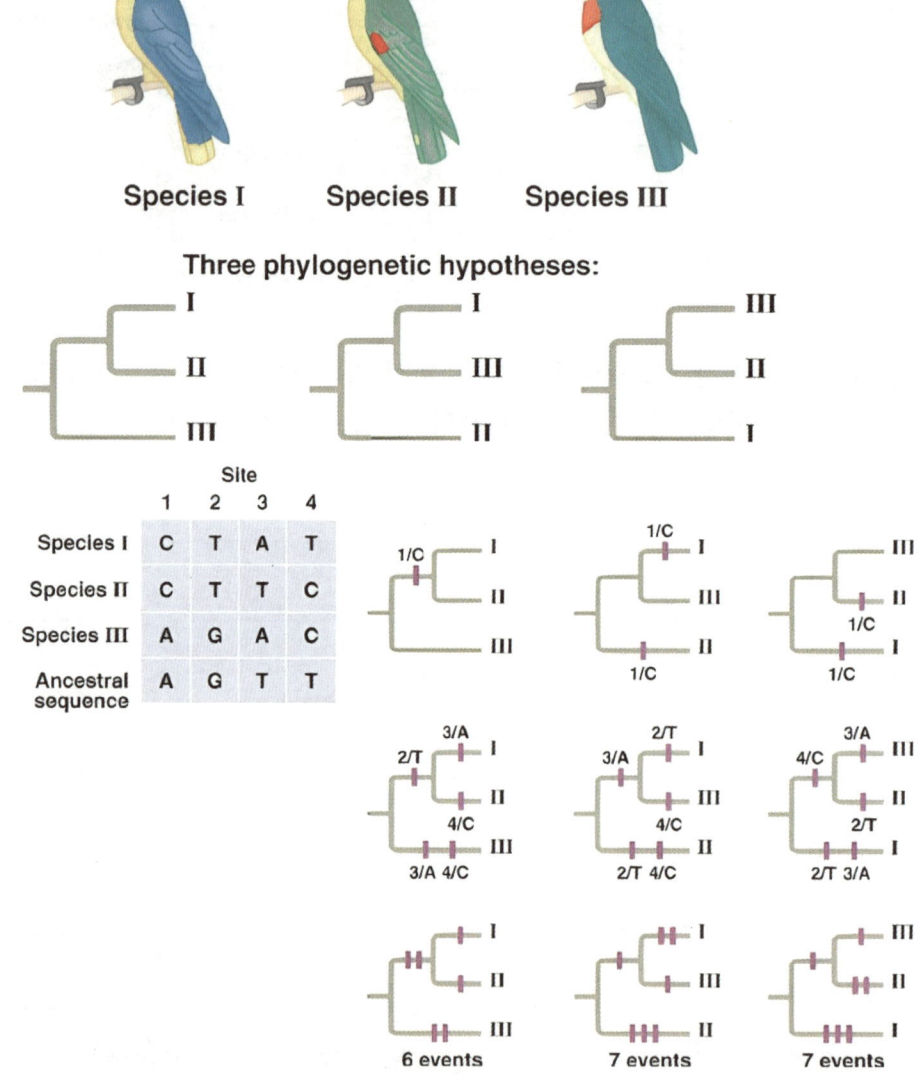

① 종들에 대해 가능한 세 가지 계통발생을 그림

② 종에 대한 분자 자료를 표로 작성함

③ DNA 서열 1번 위치에 집중함. 계통수에서 위치 1 자료를 설명하기 위해서는 종 Ⅰ과 Ⅱ로 가는 가지에 교차 표지로 표시한 단일 염기 변화 사건 하나면 충분함. 다른 두 계통수에서는 두 번의 염기 변화 사건이 필요함

④ 위치 2, 3, 4의 염기를 계속 비교하면 세 가지 계통수 각각은 총 5번의 부가적인 염기변화 사건이 요구됨

ⓛ 최대 개연성(maximum likelihood): 시간에 따라 DNA가 변화하는 방식에 대한 특정한 규칙이 주어질 때 가장 큰 확률로 일어났음직한 진화 사건의 순서를 반영하는 계통수를 찾음

	Human	Mushroom	Tulip
Human	0	30%	40%
Mushroom		0	40%
Tulip			0

(a) Percentage differences between sequences

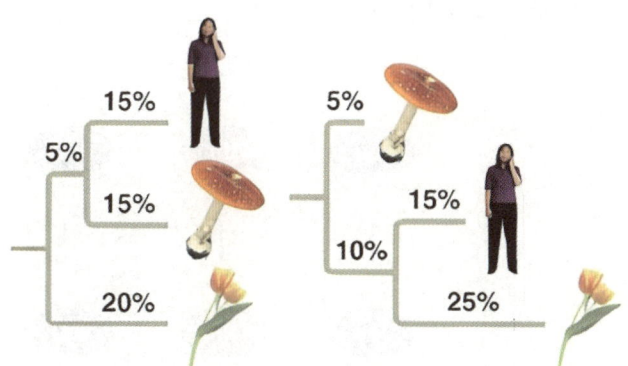

Tree 1: More likely   Tree 2: Less likely

(b) Comparison of possible trees

05 분자진화와 게놈진화

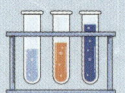

1 분자 진화

(1) 분자 진화(molecular evolution)

고분자의 진화를 조사하고 유전자와 유전자들을 가지고 있는 개체들의 진화적 역사를 재구성하는데 분자적 변화를 근거로 하며 유전적 부동과 돌연변이가 뉴클레오티도 변화의 속도와 방향에 영향을 준다는 점이 특징임

㉠ 뉴클레오티드 서열의 변화(돌연변이)

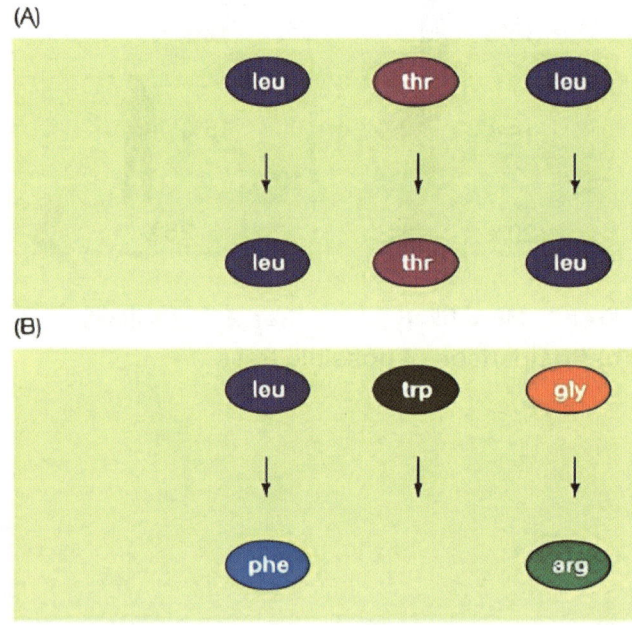

ⓐ 동의 돌연변이(synonymous mutation; 침묵 돌연변이): 아미노산 서열의 변화를 일으키지 않는 돌연변이로서 단백질 기능에 영향을 미치지 않기 때문에 자연선택의 영향을 받지 않음

ⓑ 비동의 돌연변이(nonsynonymous mutation; 미스센스 돌연변이): 단백질의 아미노산 서열의 변화를 일으키는 돌연변이로서 일반적으로 그 개체에게 해를 끼칠 가능성이 높음

㉡ 분자진화의 중립설(neutral theory of molecular evolution)

ⓐ 중립설이 대두된 배경: 자연선택은 불리한 유전자를 제거함으로써 유전적 다양성을 감소시키나, 기대했던 다양성보다 훨씬 더 큰 유전적 다양성이 존재함

ⓑ 중립설의 내용: 분자 수준에서 대부분의 돌연변이는 이롭지도 해롭지도 않아서 고분자에서 대부분의 진화적 변화와 종 내의 유전적 변이는 유리한 대립유전자의 방향성 선택이나 안정

화 선택에 의해서가 아니라 유전적 부동의 결과로 생김. 따라서 중립 돌연변이의 고정 속도는 이론적으로 일정하며 고분자들은 일정한 속도로 분기되고 그러한 분자들은 일명 분자시계(molecular clock)으로 이용될 것임

(2) 고분자의 단량체 서열의 변화와 단량체 치환 속도

ㄱ 고분자의 단량체 서열 비교

ⓐ 핵산의 염기서열 비교: PCR을 통해 증폭된 DNA 시료의 염기서열을 분석하여 서로 비교함. 뉴클레오티드의 염기 서열의 유사성이 높을수록 두 생물체간의 공통조상은 더 최근에 존재하는 경향이 있음

「DNA 단편의 정렬」

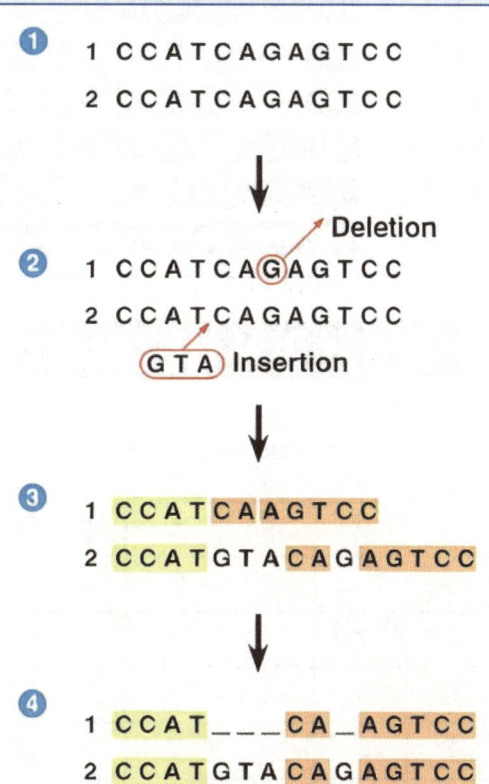

① 공통조상에서 종 1과 종 2가 갈라지기 시작했을 때 조상의 상동 DNA 부분이 동일함
② 결실과 삽입 돌연변이에 의해 두 종에서 대응되던 서열이 이동됨
③ 세 상동부위 중에서 두 상동부위(오렌지색)는 이런 돌연변이 때문에 정렬될 수 없음
④ 컴퓨터 프로그램이 서열 1에 빈틈을 더한 후에 상동 부위를 재정렬함

ⓑ 단백질의 아미노산 서열 비교: 아미노산 서열의 유사성이 높을수록 공통조상은 더욱 최근에 존재하는 경향이 있음

「아미노산 서열의 정렬」

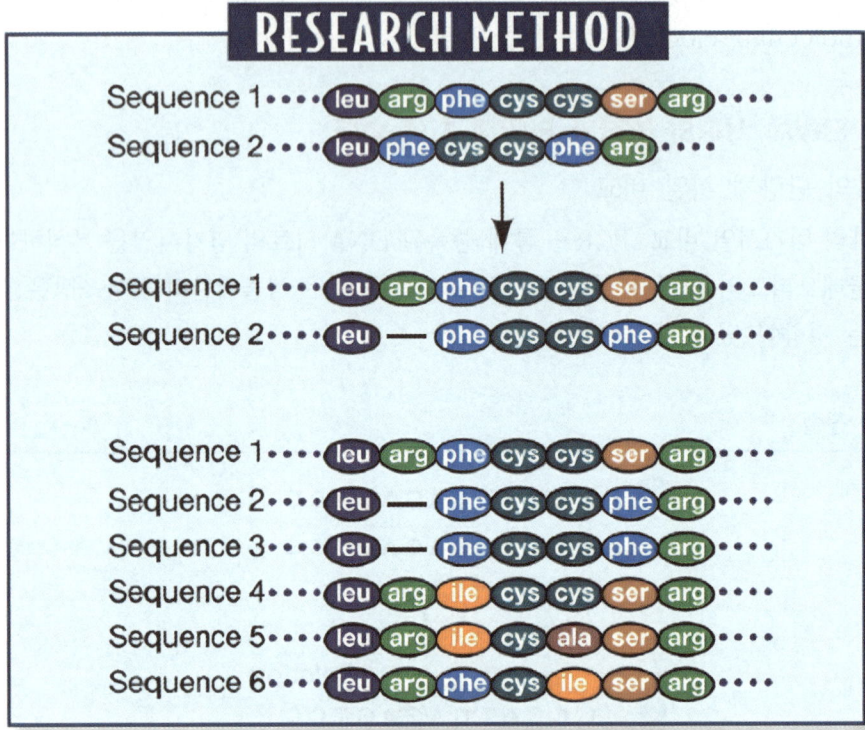

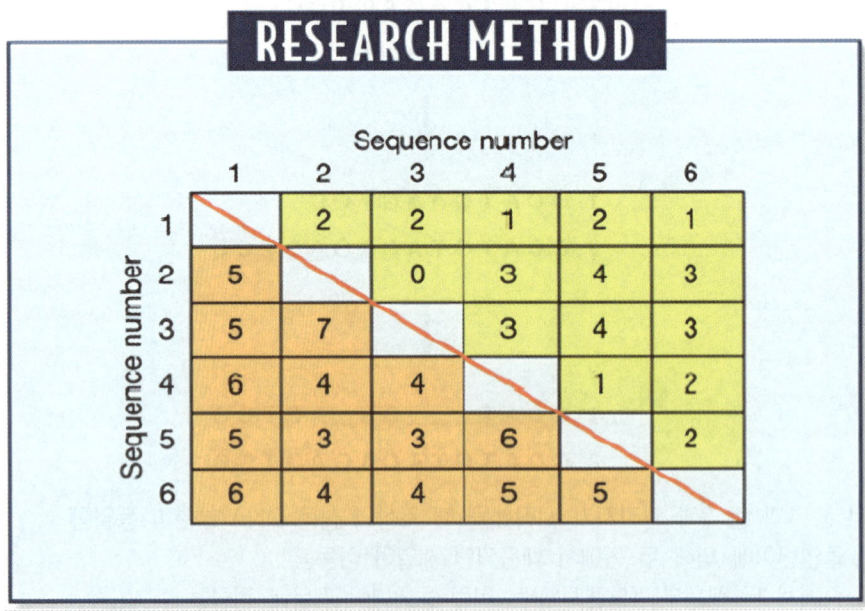

ⓛ 고분자의 단량체 치환속도: 기능적으로 중요한 부위의 치환속도는 낮음

ⓐ 핵산의 뉴클레오티드 치환속도: 아미노산의 서열 변화를 일으키지 않는 동의치환이 아미노
산의 서열 변화를 일으키는 비동의치환보다 치환속도가 높고 암호화하는 단백질의 아미노산

기능이 중요할수록 뉴클레오티드 치환속도는 낮아지는 경향이 있으며, 의사유전자 (pseudogene; 원래 기능을 수행하는 유전자가 중복되면서 변화되어 기능을 상실한 유전자)의 치환속도가 원래 기능을 담당하던 유전자보다 높다는 것을 알 수 있음

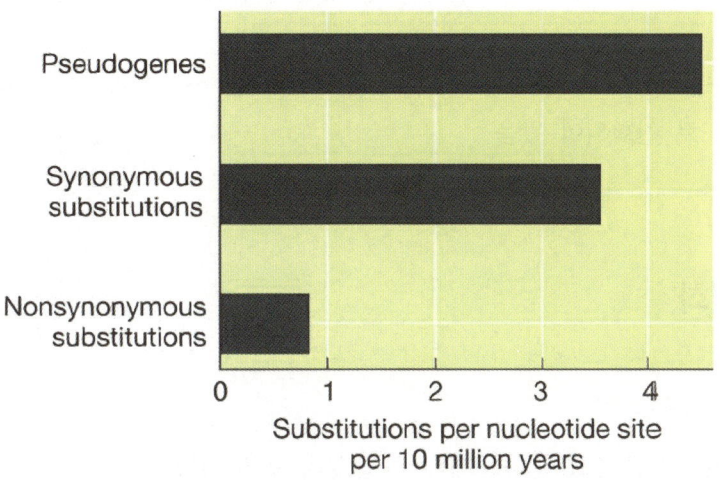

ⓑ 단백질의 아미노산 치환속도: 시토크롬 c(미토콘드리아 내의 전자전달 단백질)의 경우 효소 기능에 필수적인 철을 함유하는 헴 그룹과 상호작용하는 부위의 아미노산 치환속도는 낮지만 상대적으로 빠르게 변화가 축적되는 분위가 있음. 기능적으로 중요한 아미노산들의 변화는 시토크롬 c의 기능을 약화시키기 때문에 그러한 돌연변이가 유발된 개체는 자연선택에 의해 제거되었기 때문으로 추정함

ⓒ 분자시계(molecular clock)

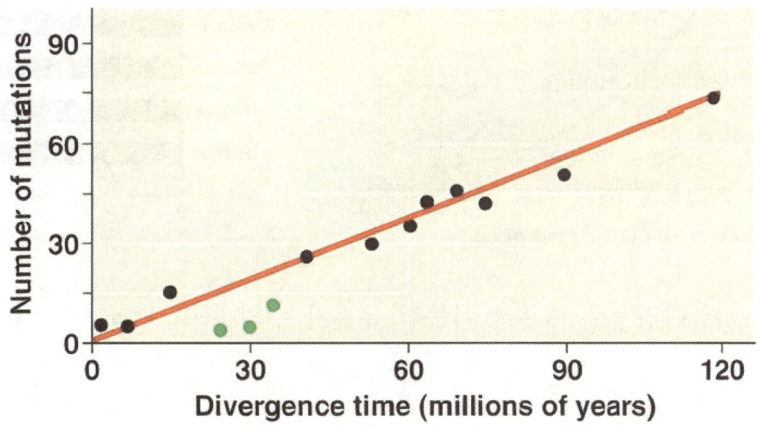

ⓐ 생물분자가 분자시계(molecular clock)로 이용되기 위해서는 그 단백질을 가지고 있는 모든 진화적 계통은 반드시 거의 일정한 속도로 진화할 필요가 있음

ⓑ 서로 다른 분자시계는 진화에 대한 기능적 제약이 서로 다르기 때문에 서로 다름. 예를 들어 특정 효소의 진화속도는 효소의 기능이 상실되었거나, 해당 효소가 발견되는 개체군의 크기가 극적으로 감소하면 극적으로 변화할 것임

ⓒ 분자진화의 속도는 긴 세대기간을 가진 생물체에서보다 세대기간이 짧은 생물체에서 더욱 빠름

ⓓ 분자시계의 예: 시토크롬 c를 들 수 있음. 시토크롬 c의 아미노산 서열의 변화는 비교적 일정한 속도로 진화되어 왔음

2 게놈 진화

(1) 유전체의 크기와 복잡성

유전체의 크기는 일반적으로 생물체의 복잡성과 관계 있음

㉠ 작고 간단한 생물체보다 크고 복잡한 생물체의 유전체와 유전자 수가 더욱 큰 경향이 있음

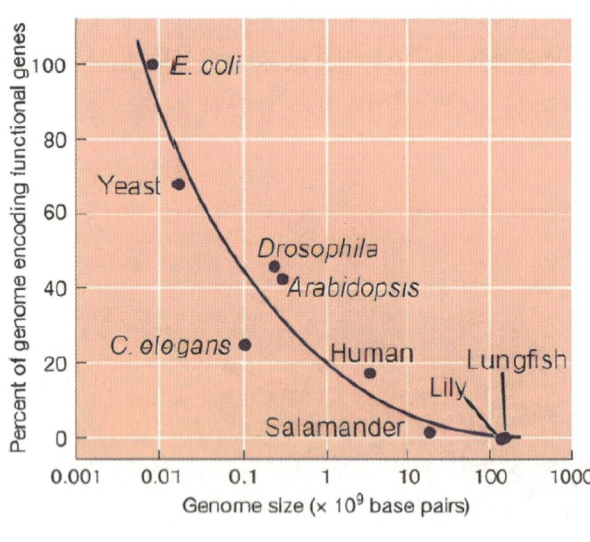
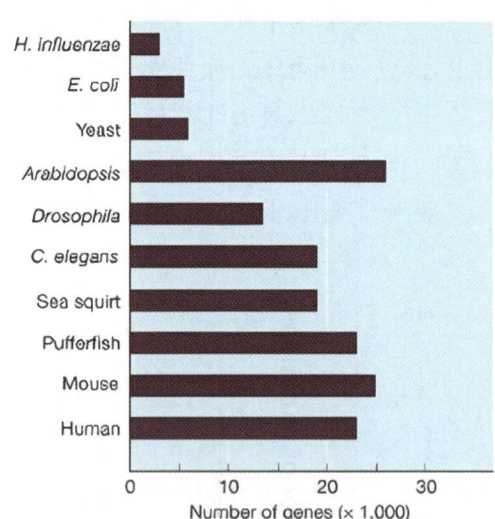

㉡ 유전체의 크기 다양성은 대부분 기능적 유전자 수의 차이가 아니라 비암호화 부위의 양에 달려 있음

(2) 유전자 중복(gene duplication)

㉠ 중복 유전자의 운명

ⓐ 두 사본 모두 원래의 기능을 가지면서, 결국 더 많은 양의 RNA 또는 단백질을 생산함

ⓑ 한 사본은 유해한 돌연변이의 축적으로 인한 기능 손실로 인해 의사유전자가 됨

ⓒ 한 사본은 원래의 기능을 가지고 있으면서 다른 사본은 돌연변이가 축적되면서 다른 기능을
　수행할 수 있게 됨

Ⓛ 유전자 중복을 통해 형성된 상동 유전자

　ⓐ 병렬상동 유전자(orthologous gene; 종간 상동 유전자): 종분화로 인해 서로 다른 종에서
　　발견되는 상동 유전자 ex. 사람과 개의 cytochtrome c

　ⓑ 직렬상동 유전자(paralogous gene; 종내 상동 유전자): 유전자 중복의 결과로 인해 생기며,
　　따라서 한 유전체에 둘 이상의 복사본으로 발견됨

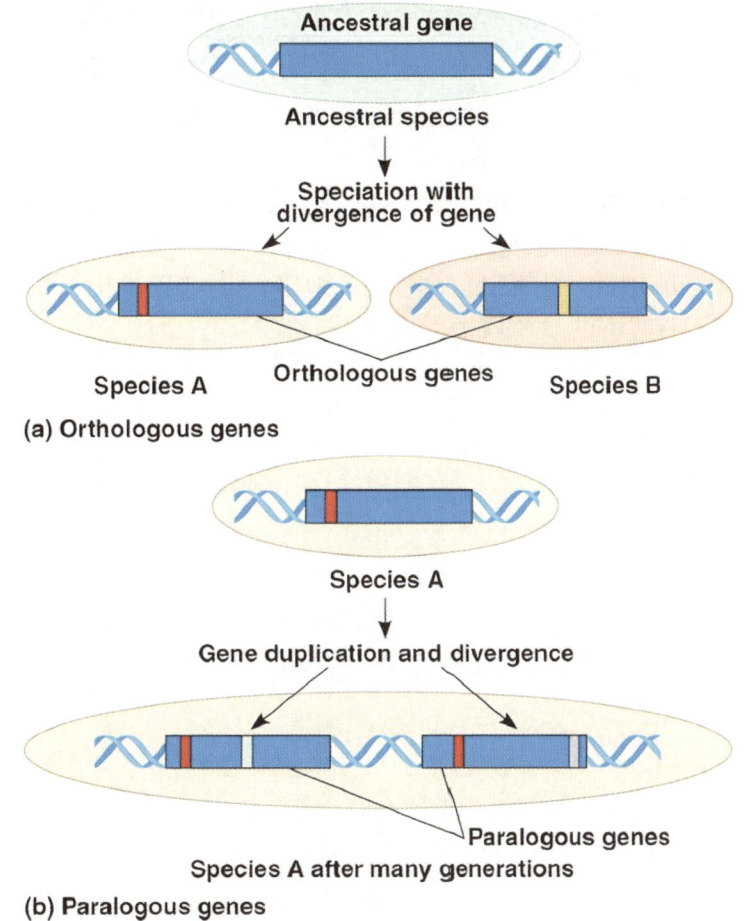

Ⓒ 유전자군(gene family): 여러번의 연속적인 중복과 변이로 인해 연관된 기능을 가진 상동
　유전자 집단이 형성됨 ex. 글로빈 유전자

「글로빈 유전자의 계통수」

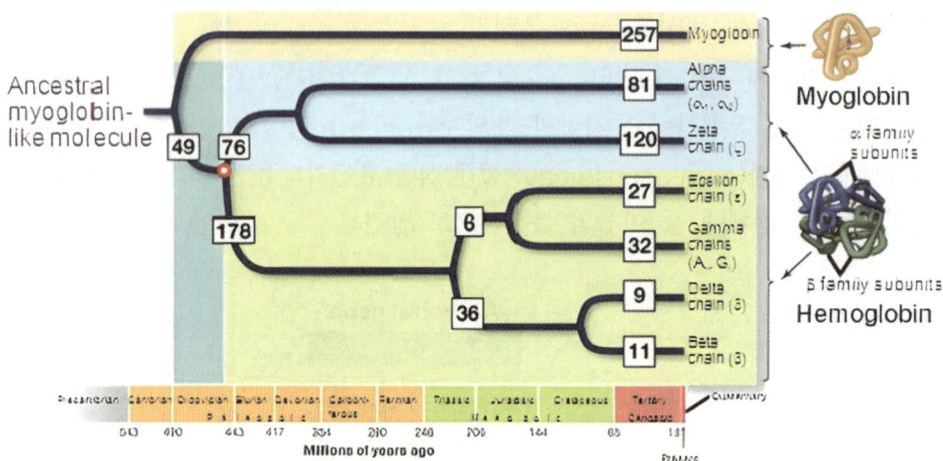

Ⓐ 글로빈 분자들 사이에서 관찰된 아미노산의 차이를 일으키는데 필요한 염기치환 수의 추정치를 기초로 하여 유전자 계통수(gene tree)를 작성함

Ⓑ 글로빈유전자의 아미노산의 치환 속도는 5억년 당 100개의 치환이 일어나는 정도로 비교적 일정함. α글로빈 과 β글로빈은 약 4억 5천만 년 전에 분리한 것으로 추정

06 지구 생물의 역사

1 생명의 기원

(1) 작은 유기화합물의 무생물적 합성

ㄱ 초기 지구의 대기 성분: 수증기, 질소, 질소산화물, 이산화탄소, 메탄, 암모니아, 수소, 황화수소, 그 밖의 화산 폭발로 인한 분출된 각종 화합물 등이 포함되며 이후 지구가 냉각되면서 수증기는 응결하여 바다를 이루고 다량의 수소는 우주로 방출됨

ㄴ 오파린(Oparin)과 홀데인(Haldane)의 가설: 지구 초기의 대기가 환원적 환경이기 때문에 무생물적으로 유기물이 만들어질 수 있다는 가설을 제시함. 유기합성이 일어날 수 있게 하는 에너지는 번개와 강력한 자외선에서 비롯됨. 특히 수증기가 응결하여 형성된 바다는 유기분자의 수용액인 "원시 수프(primitive soup)"라고 제안함

ㄷ 밀러(Stanley Miller)와 유리(Harold Urey)의 실험: 오파린과 홀데인의 가설을 검증하기 위해 초기 지구의 상태와 흡사한 실험실 조건을 구성하여 유기 분자의 무생물적 합성을 확인함

「유기분자의 무생물적 합성을 확인한 실험」

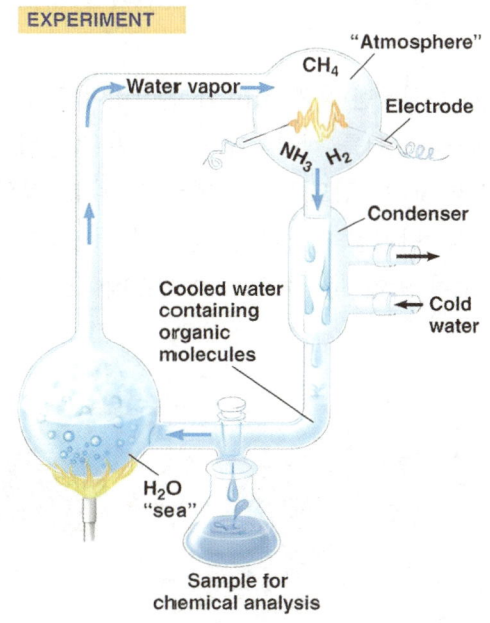

〈실험 결과〉
포름알데히드(CH_2O), 시안화수소(HCN) 등의 단순 화합물이나 아미노산과 탄화수소 등의 복잡한 분자도 형성됨

(2) 거대분자의 무생물적 합성

ㄱ 생명이 출현하기 위해서는 물질대사를 가능케 하는 거대 유기분자가 형성되어야만 함

ㄴ 아미노산 중합체의 형성: 아미노산 용액을 뜨거운 모래나 점토 혹은 암석에 떨어뜨렸더니 자발적으로 아미노산 중합체가 형성됨. 그러나 이 중합체는 아미노산 간의 교차결합이 존재하는 복합체라는 점이 현재의 단백질과의 차이점임

(3) 원시생물(protobiont)의 출현

ㄱ 프로테노이드(proteinoid): 폭스는 뜨겁고 건조한 조건하에서 200개의 아미노산으로 이루어진 중합체를 생성하는데 성공하였다. 이 자연발생적 중합체의 집합을 열성 프로테노이드(thermal proteinoid)라고 하였음. 프로테노이드를 물에 담그면 코아세르베이트와 비슷한 덩어리를 이루는데 이를 프로테노이드 마이크로스피어(proteinoid microsphere)라고 부름. 이와 같은 둥근 형체가 자동적으로 두 층의 막을 형성하여 코아세르베이트와 같이 수중환경으로부터 스스로를 격리시키며 더욱이 이 둥근 형체는 주위환경으로부터 선택적으로 분자를 받아들이고, 자라서 다른 마이크로스피어와 융합하거나 또는 분열하기도 함

ㄴ 코아세르베이트(coacervate): 코아세르베이트는 세포의 원형질과 비슷하며, 주변 환경에서 물질을 선택적으로 받아들여 계속 생장할 수 있고, 어느 정도 크기에 이르면 둘로 갈라져서 그 수가 증가하기도 함. 또한 코아세르베이트 내에 고분자 화합물이 농축되면 보통의 수용액에서 볼 수 없는 화학반응이 일어난다. 오파린은 코아세르베이트가 살아 있는 생명체와 유사한 특성을 갖고 있기 때문에 점진적인 변화를 거쳐 원시 생명체로 발절하게 되었다고 보았음

ⓐ 코아세르베이트 만들기: 젤라틴 용액 5mL와 아라비아 고무 용액 3mL를 시험관에 넣고 흔들어서 혼합한 후 온도와 pH를 적절하게 조절하면 형성됨. 일반적으로 코아세르베이트는 pH 3.4~4.0의 범위와 50℃ 정도의 고온에서 가장 잘 형성됨

ⓑ 코아세르베이트의 형성: 단백질 입자가 물 입자와 결합하여 콜로이드 입자를 형성하고, 이 콜로이드 입자들이 모여 막에 둘러싸인 코아세르베이트를 형성함

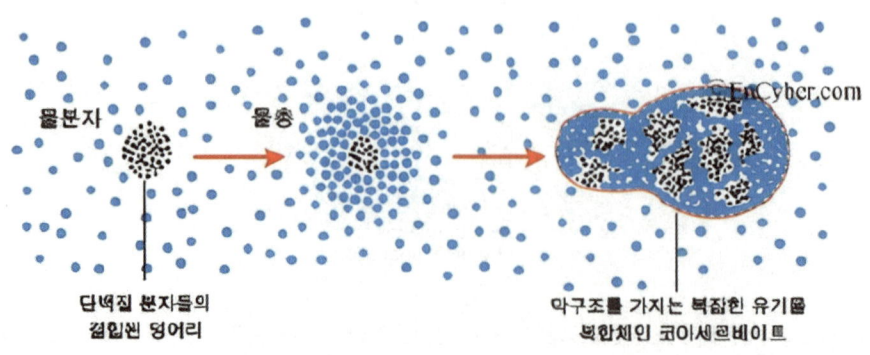

ⓒ 리포솜(liposome): 막으로 둘러싸인 작은 방울로 혼합물에 있는 소수성 분자들이 방울의 표면에서 세포막의 지질 이중층과 매우 닮은 이중층으로 구조화됨. 번식할 수 있고 이중층이 선택적으로 투과적이므로 용질 농도가 다른 용액에 있으면 삼투압으로 인해 팽창되거나 수축됨

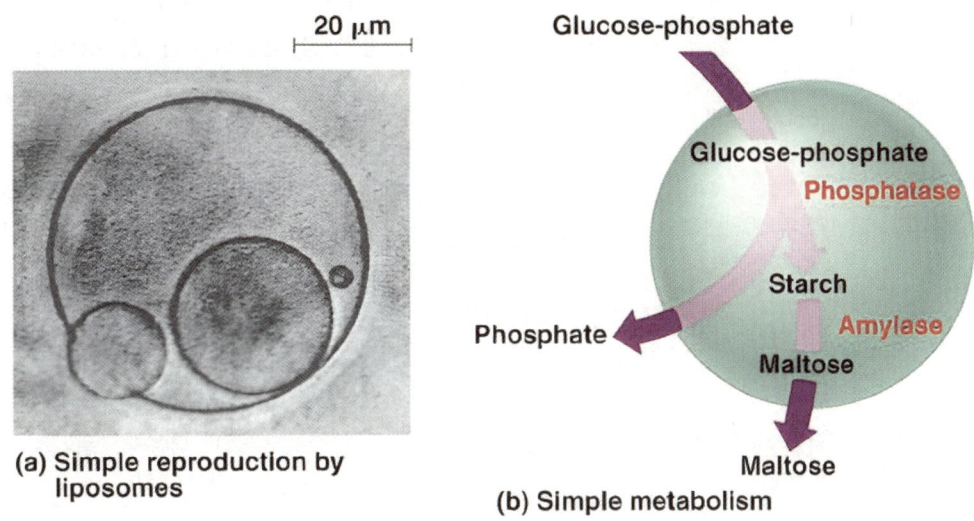

(a) Simple reproduction by liposomes

(b) Simple metabolism

(4) 자기복제분자의 출현

ⓐ 자기복제를 수행하는 RNA 분자의 출현: RNA 세계의 형성

   ⓐ 단일가닥의 RNA 분자는 뉴클레오티드 서열에 따라 결정되는 3차원 구조가 다양함

   ⓑ 특정 환경에서 특정 염기서열의 RNA 분자가 다른 서열의 RNA 분자보다 더 안정되고 더 빨리 복제하며 오류도 적음

   ⓒ 주위 환경에 가장 적합하고 자신을 복제하는 능력이 가장 큰 서열로 이루어진 RNA 분자가 자손을 가장 많이 남기게 되면서 그 후손은 단 하나의 RNA 종이 아니라 복제 오류로 인해 형성된 약간 다른 서열로 RNA들로 이루어진 RNA 가족일 것임

   ⓓ 유전정보가 존재하는 RNA가 원시생물에 나타나면서 더욱 많이 변화가 나타남: RNA는 DNA 뉴클레오티드가 조합되는 주형으로 작용하게 되었는데, 단일가닥의 RNA보다는 DNA가 더욱 안정된 유전정보의 저장소로 기능할 수 있으며 더욱 정확하게 복제될 수 있음

2 생명의 역사

(1) 지질학적 기록

대	기	개시	지구에서의 주요한 물리적 변화	생명 역사의 주요 사건
신생대	4기	180만년전	춥고 건조한 기후: 반복적인 빙하형성	인간의 진화: 큰 포유동물의 멸종
	3기	6500만년전	대륙은 현재의 위치와 유사: 기온하강	조류, 포유류, 현화식물, 곤충의 방산 진화
중생대	백악기	1억 4400만년전	북쪽 대륙이 결합: 곤드와나가 분리되기 시작: 운석이 유카탄반도에 충돌	공룡의 계속적 방산진화: 현화식물과 포유류의 다양화: 말기에 대멸종(종의 76%가 사라짐)
	쥐라기	2억 600만년전	두 개의 큰 대륙 형성: 라이라시아(북쪽)와 곤드와나(남쪽): 기후 온화	다양한 공룡: 최초의 새: 두 번의 소멸종
	삼첩기	2억 4800만년전	판게아대륙이 서서히 분리되기 시작: 무덥고 습한 기후	초기 공룡: 최초의 포유류: 해양 무척추동물의 다양화: 말기에 대멸종(종의 65%가 사라짐)
고생대	페릉기	2억 9000만년전	대륙들이 판게아로 합쳐짐: 대규모 빙하 형성: 판게아의 내부에 건조기후대 형성	파충류 방산진화: 양서류 감소: 말기에 대멸종(종의 96%가 사라짐)
	석탄기	3억 5400만년전	기후 하강: 현저한 위도상의 기후 차이	대규모 '양치류 숲': 최초의 파충류: 곤충의 방산: 최초의 현화식물
	데본기	4억 1700만년전	말기에 대륙의 충돌: 아마도 소혹성이 지구와 충돌	어류의 다양화: 최초의 곤충류와 양서류: 말기에 대멸종(종의 75%가 사라짐)
	실루리아기	4억 4300만년전	해수면 상승: 두 개의 큰 대륙형성: 무덥고 습한 기후	무악어류의 다양화: 최초의 경골어류: 동식물의 육상정착
	오르도비스기	4억 9000만년전	곤드와나가 남극으로 이동: 대규모 빙하 형성: 해수면이 50m 낮아짐	말기에 대멸종(종의 75%가 사라짐)
	캄브리아기	5억 4300만년전	O_2 수준이 현재 수준에 도달함	대부분의 동물문이 존재: 다양한 조류
	캄브리아기	5억 4300만년전	O_2 수준이 현재 수준에 도달함	대부분의 동물문이 존재: 다양한 조류
선캄브리아대		6억년전	O_2 수준이 현재 수준의 5%보다 높음	에디아카라(Ediacara)동물군
		15억년전	O_2 수준이 현재 수준의 1%보다 낮음	진핵생물의 진화: 몇몇 동물문이 나타남
		38억년전	대기에 처음으로 O_2 출현	생명의 기원: 원핵생물의 번성
		45억년전		

(2) 생명 역사에서의 핵심적 사건

㉠ 최초의 단세포 생물 출현: 생명의 최초 증거는 35억년 전으로 연대가 측정된 스트로마톨리아트임. 현재 스트로마톨라이트는 따뜻하고 얕은 염수의 만에서 발견됨

ⓐ 광합성과 산소 혁명: 오늘날의 남세균과 유사한 세균에 의한 광합성을 통해 O_2의 양이 증가하기 시작함

1. 생성된 O_2는 물에 용해된 철과 반응했는데 이렇게 형성된 산화철이 침전되고 퇴적물로 축적됨. 이 해양 퇴적물은 오늘날의 철광석의 원천으로 산화철을 함유한 붉은 암석층으로 띠를 형성하게 압축됨

2. 물에 용해된 철이 모두 침전된 후에 추가적으로 용해된 O_2가 포화된 후 마침내 O_2는 물에서 분출되어 대기로 유입되기 시작했는데 이 O_2는 철이 풍부한 육상 암석을 산화시켜 흔적을 남기게 됨

3. 대기의 O_2량 증가는 대기의 성격을 환원성에서 산화성으로 변화시켰으며 호기성 생물의 출현을 가능케 하는 환경 조성의 원인이 되었음

ⓑ 최초의 진핵생물: 가장 오래된 진핵생물의 화석은 21억년 전의 것임

1. 내부공생(endosymbiosis)의 과정: 호기성 세균과 남세균과 유사 세균이 더욱 커다란 세포 내로 들어와 숙주세포와 공생하게 되어 각각 미토콘드리아와 색소체가 됨. 모든 진핵생물에는 미토콘드리아나 미토콘드리아 잔재가 있지만 색소체가 모든 진핵생물에 존재하는 것은 아니라는 것을 볼 때 미토콘드리아가 색소체보다 먼저 내부공생하게 된 것(연속 내부공생; serial endosymbiosis)으로 추정함

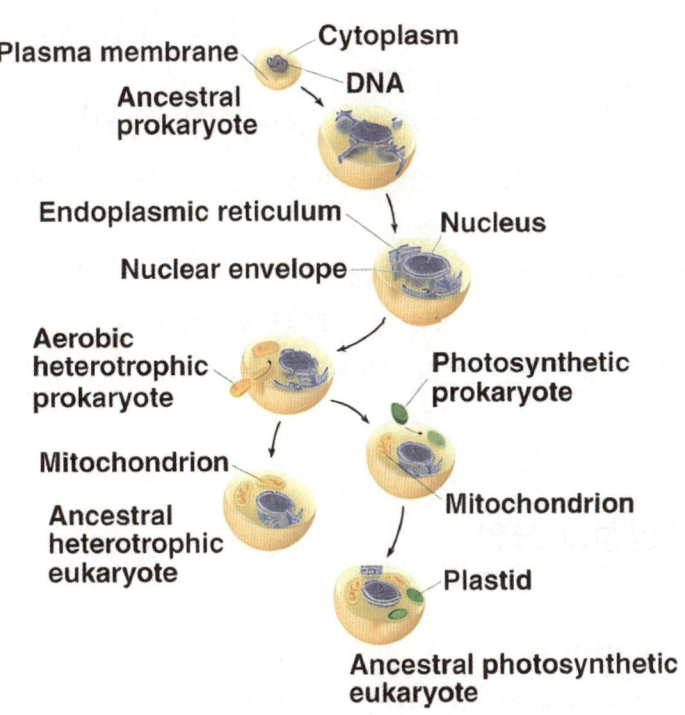

2. 내부공생의 증거: 미토콘드리아와 색소체의 내막에 현존 세균의 원형질막에서 발견되는 것과 상동인 효소와 전자전달계가 존재한다는 점, 미토콘드리아와 색소체가 이분법과 유사한 방식으로 분열한다는 점, 각 세포소기관에 세균과 유사한 단백질이 거의 결합되어 있지 않은 환형 DNA가 존재한다는 점, 미토콘드리아와 색소체에 자신의 유전정보를 단백질로 해독하는데 필요한 리보솜이 있다는 점, 미토콘드리아나 색소체의 리보솜의 크기, 뉴클레오티드 서열, 항생제 감수성 면에서 진핵세포의 세포질 리보솜보다 원핵생물의 리보솜과 더욱 유사하다는 점

ⓛ 다세포 생물의 기원

ⓐ 초기 다세포 진핵생물: 가장 오래된 다세포 진핵생물의 화석은 약 12억년 전의 것임

1. 에디아카라 생물상: 길이가 1m도 넘는 것이 있는데 연한 신체의 생물들이 속해 있으며 5억 6500만년 전에서 5억 3500만년 전 사이에 살았음

2. 후기 선캄브리아대까지 다세포 생물의 크기와 다양성이 제한적인 이유: 7억 5000만년 전부터 5억 8000만년 전까지 일련의 지독한 빙하기가 있었는데 이 시기의 여러 시점에서 빙하가 지구의 육지를 온통 뒤덮었고 바다도 대체로 얼음으로 뒤덮여 대다수 생물은 심해의 열수구와 온천 또는 얼음이 덮여 있지 않은 열대 지역의 바다에 국한되었기 때문

ⓑ 캄브리아기 폭발(Cambrian explosion): 현존하는 동물의 많은 문들이 캄브리아기 초기(5억 3000만년 전에서 5억 2500만년 전)에 형성된 화석에 갑자기 나타남

1. 캄브리아기 폭발 이전에는 모든 대형동물의 신체가 연했고 특히 동물은 육식 포식자가 존재하지 않았음

2. 캄브리아기 폭발 이후로 비교적 짧은 기간 내에 발톱과 먹이를 잡기 위한 특징이 있는 길이가 1m가 넘는 포식자가 나타났으며 날카로운 가시와 두툼한 갑옷 등 새로운 방어 적응이 피식자에게서 나타나게 됨

ⓒ 육상 진출: 남세균과 기타 광합성 세균은 10억년 이전에 습한 육지 표면을 덮었으나 식물, 균류, 동물과 같은 더욱 커다란 생물은 약 5억년 전 이후에 육상으로 진출하게 됨

ⓐ 육상생활을 가능케 하는 적응 양상

1. 식물: 방수용 왁스 피복, 관다발 체계

2. 균류: 식물의 수분과 무기염류 흡수작용에 협력하고 대신 유기양분을 얻음

ⓑ 가장 널리 퍼져 있는 동물: 절지동물(특히 곤충류, 거미류)과 사지류

3 생물의 흥망성쇠 요인

(1) 대륙 이동(continental drift)

지구의 뜨거운 중간층 위에 떠 있는 대륙판의 시간에 따른 이동

㉠ 지구의 주요 대륙판: 산과 섬의 형성 등 많은 중요한 지질학적 과정이 판의 경계에서 발생함

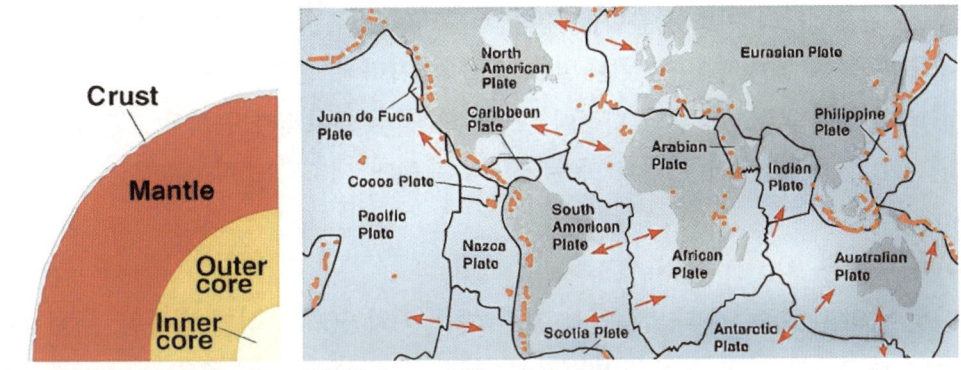

(a) Cutaway view of Earth　　(b) Major continental plates

ⓐ 일부의 경우에는 두 판이 서로 멀어져감 ex. 북미판과 유라시아판

ⓑ 다른 경우에는 두 판이 서로 미끄러져 지나면서 지진이 흔한 지역을 형성함 ex. 캘리포니아의 앤드레이어스 단층

ⓒ 해양판이 대륙판과 충돌하면 일반적으로 해양판이 대륙판 아래로 깔려 들어가서 격렬한 융기가 일어나 판 경계를 따라 산맥이 형성되는 경우가 있음 ex. 히말라야 산맥: 인도판과 유라시아판의 충돌

㉡ 대륙이동의 결과: 판의 이동은 지형을 천천히 변화시키지만 지구의 물리적 특성을 새롭게 하는 것뿐만 아니라 지구 생물에도 주요한 영향을 미침

「고생대에서 신생대 사이의 대륙이동의 역사」

① 고생대 말에는 지구의 모든 땅 덩어리가 초대륙인 판게아로 결합되어 있었음

② 중생대 중기까지 판게아가 북쪽대륙(라우라시아)과 남쪽대륙(곤드와나)으로 분리되었음

③ 중생대 말까지 라우라시아와 곤드와나가 현재의 대륙으로 분리됨

④ 5500만년 전에 인도판이 유라시아판과 충돌하면서 약 1000만년 전에 히말라야 산맥이 형성됨

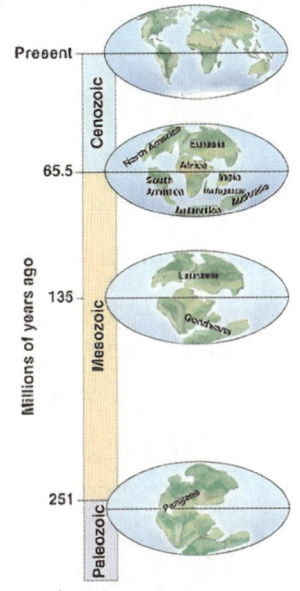

ⓐ 환경과 기후의 변화로 인한 생존 주요 생물군의 변화 ex. 판게아의 형성: 해수면은 낮아지고
광활한 대륙의 내부는 춥고 건조해진 환경이 조성됨

ⓑ 큰 규모에서의 이소 종분화를 촉진함

ⓒ 대륙 이동을 통해 알 수 있는 멸종 생물의 지리적 분포

    ⓐ 페름기의 담수 파충류의 화석이 브라질과 서부 아프리카 공화국 모두에서 발견된 점

    ⓑ 호주의 동식물상이 세계의 다른 지역과 뚜렷이 대조되는 점

(2) 대멸종(mass extinction)

ⓐ 다섯 번의 대멸종: 각 대멸종에서 지구 해양 종의 50% 이상이 멸종함. 특히 페름기와 백악
기의 대멸종이 가장 주목을 받음

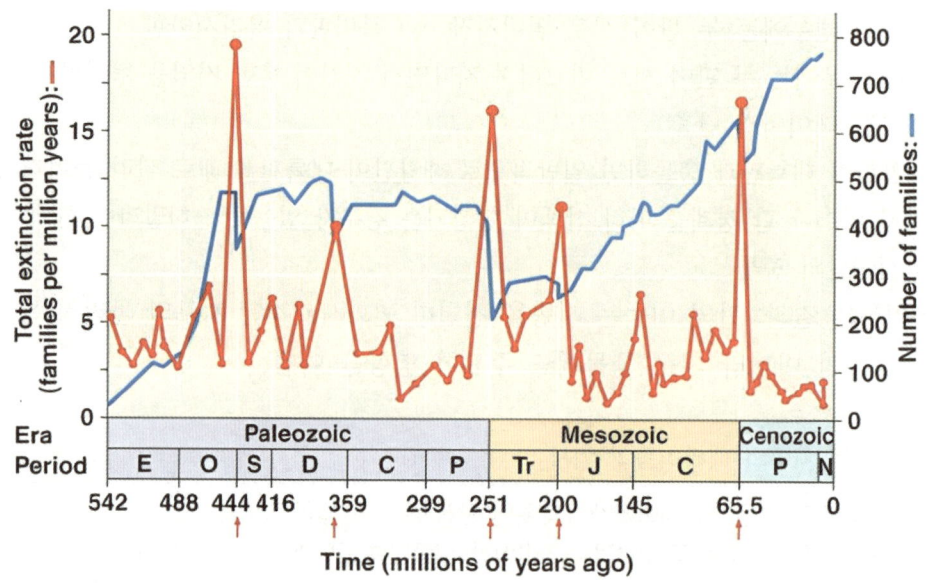

ⓐ 페름3기의 대멸종: 현재의 시베리아 지역에서의 격렬한 화산폭발로 인해 발생했으며 엄청난
용암층이 형성됨. CO_2양의 증가에 따른 지구 온난화로 인해 적도와 극지 간의 바닷물 섞임
이 늦춰지게 되면서 해양의 용존 산소량이 감소하게 되고 이는 바로 해양 생물의 대멸종
주요 원인으로 작용하게 됨

ⓑ 백악기의 대멸종: 소행성 또는 혜성과의 충돌로 인해 대기로 퍼부어진 거대한 파편 구름이
햇빛을 가려 지구 기후에 심각한 영향을 미치게 되고 파편 구름의 낙진은 이리듐 점토를
형성하였는데 이 점토는 신생대 퇴적층과 중생대 퇴적층을 구별하게 함

ⓒ 대멸종의 결과

    ⓐ 많은 수의 종을 제거함으로써 번성하고 복잡한 생태적 군집의 크기를 감소시키게 되면서 진
화의 경로를 비가역적으로 바꾸게 됨

ⓑ 생물의 종류에 변화를 일으켜 군집의 성격도 변하게 함

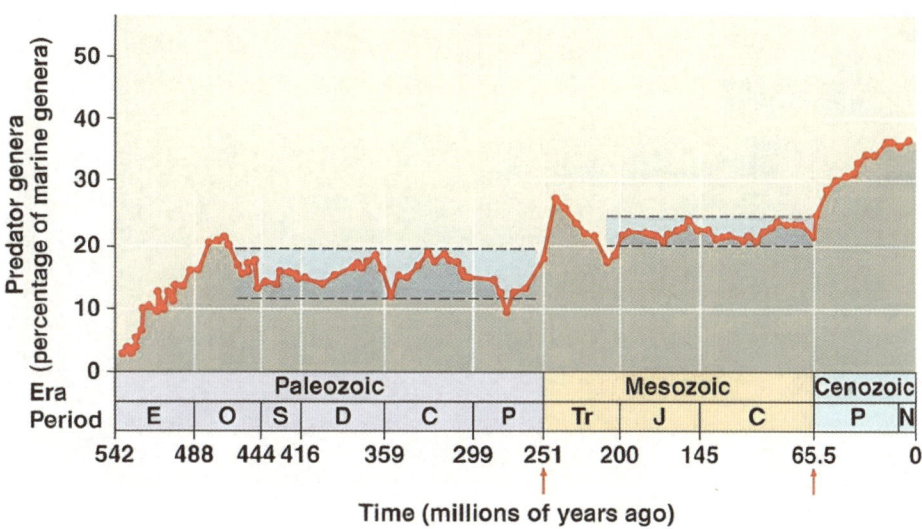

ⓒ 많은 종이 제거되면서 새로운 생물의 현저한 적응방산이 가능해짐

(3) 적응방산(adaptive radiation)

생물종들의 적응이 그들의 군집 내에서 새로운 생태적 역할이나 지위를 가능하게 한 진화적 변화 시기

㉠ 범세계적인 적응방산: 대멸종 이후 생태적 지위가 비게 되면서 나타나게 되는 큰 규모의 적응방산 ex. 광합성 원핵생물의 등장, 캄브리아기 폭발 시의 큰 포식자의 진화, 식물, 곤충, 사지류가 육상에 진출하면서 나타난 적응 방산

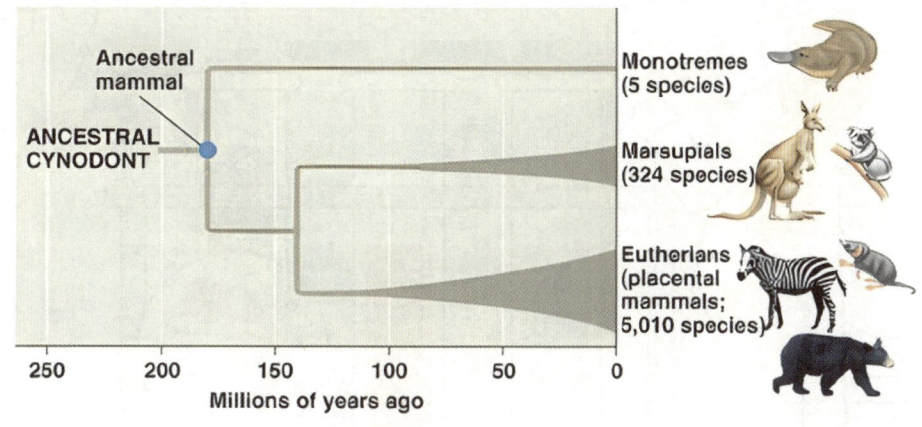

㉡ 지역적인 적응방산: 다른 생물과의 경쟁을 비교적 적게 겪는 새로운 곳에서 시작될 수 있음 ex. 하와이 제도에서의 적응 방산

비밀병기

심화편 ④

(진화, 분류, 식물, 생태)

PART 02

생물의 다양성

07 생물 분류와 원핵생물

1 생물의 계통분류

(1) 분자계통분류학을 통해 알게 된 사실

세균으로 분류된 많은 종의 원핵생물이 사실상 세균보다 진핵생물에 더욱 가깝다는 사실로 인해 이 무리를 고세균(Archaea)이라는 새로운 영역에 포함시킴

㉠ rRNA 유전자 서열을 토대로 한 생물 구분: 모든 생물은 진정세균, 고세균, 진핵생물 3가지 영역(domain)으로 구분됨

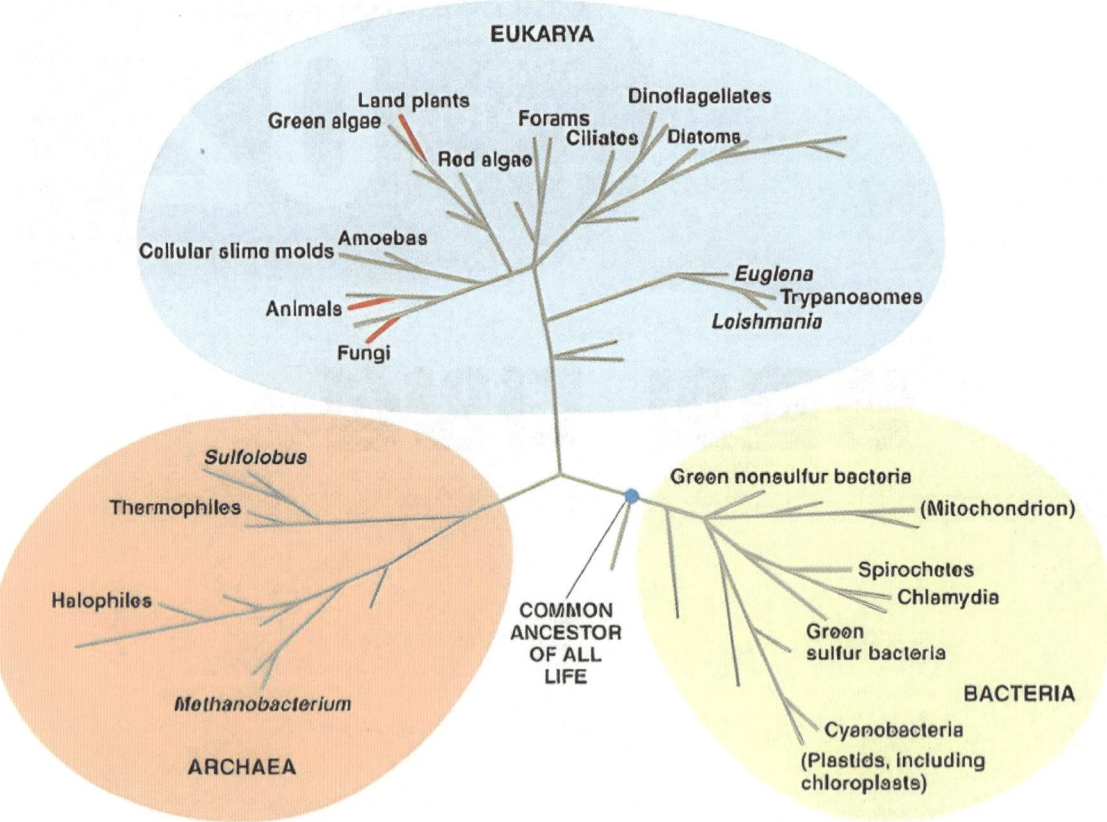

ⓛ 3가지 생물 영역 비교

특성	영역		
	진정세균	고세균	진핵생물
핵막	없음	없음	있음
막성 세포소기관	없음	없음	있음
세포벽 펩티도글리칸 성분	있음	없음	없음
막지질	곁가지가 없는 탄화수소 에스테르 결합	일부 가지달린 탄화수소 에테르 결합	곁가지가 없는 탄화수소 에스테르 결합
RNA 중합효소	한 종류	여러 종류	3종류
단백질 합성시 개시 아미노산	포르밀메티오닌	메티오닌	메티오닌
인트론	매우 드묾	일부 유전자에 존재함	광범위하게 존재함
오페론	있음	있음	없음
플라스미드	있음	있음	드묾
스트렙토마이신 및 클로람페니콜에 대한 감수성	있음	없음	없음
디프테리아 독소에 대한 리보솜이 감수성	없음	있음	있음
환형 염색체	있음	있음	없음
히스톤	없음	일부 존재함	있음
100℃ 이상에서 증식할 수 있는 능력	없음	일부 존재함	없음
메탄형성균	없음	있음	없음
질소고정균	있음	있음	없음
엽록소를 이용한 광합성 생물	있음	없음	있음

2 원핵생물의 구조적, 기능적 적응

(1) 세포의 표면구조

ⓐ 세포벽: 세포의 모양을 유지하고 물리적으로 보호하며 세포가 저장액에서 파괴되는 것을 막아줌. 대부분의 세균 세포벽은 펩티도글리칸을 포함함

ⓐ 펩티도글리칸(peptidoglycan): 짧은 펩티드로 연결된 변형된 당의 중합체가 망상구조를 형성한 것으로 진정세균의 세포벽에는 포함되어 있지만 고세균의 세포벽에는 포함되어 있지 않음

ⓑ 그람염색법(Gram staining): 세포벽의 펩티도글리칸 함량이 높은 그람 양성균(Gram-positive bacteria)와 펩티도글리칸 함량이 낮고 세포벽 qkRKx에 지질다당류(lipopolysaccharide)가 존재하는 그람 음성균(Gram-negative bacteria)으로 구분함

「그람 양성균과 그람 음성균」

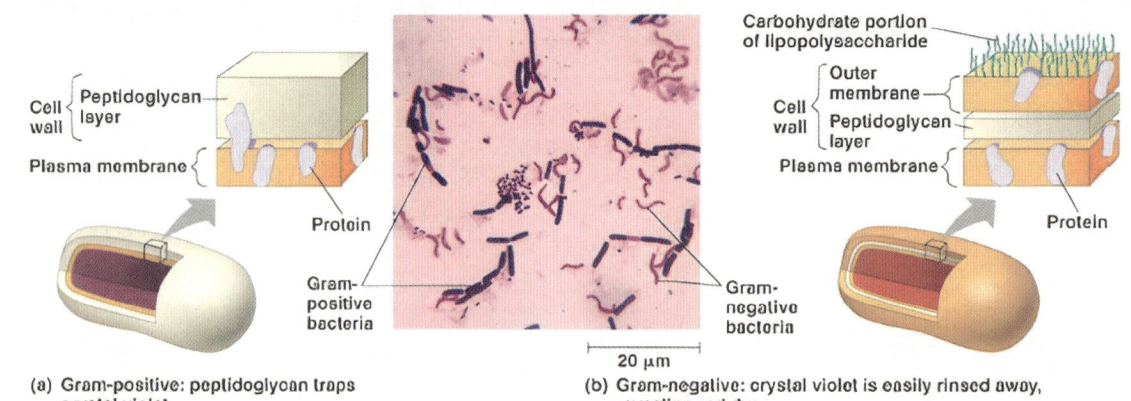

(a) Gram-positive: peptidoglycan traps crystal violet.

(b) Gram-negative: crystal violet is easily rinsed away, revealing red dye.

Ⓐ 그람 양성균: 펩티도글리칸이 풍부한 두꺼운 세포벽을 지니고 있어 보라색의 크리스탈 바이올렛(crystal violet)으로 염색된 세포벽이 알코올로 세척해도 탈색되지 않아 붉은색의 샤프라닌(safranin)으로 염색해도 보라색이 그대로 유지됨

Ⓑ 그람 음성균: 세포벽에 펩티도글리칸 양이 적어 알코올에 의해 크리스탈 바이올렛이 쉽게 탈색되어 이후 샤프라닌으로 붉게 염색됨

  1. 세포벽에 포함된 지질다당류의 지질 성분을 독성이 있어서 동물에게 열이나 쇼크를 유발함

  2. 외막이 항생제의 투과를 저해하기 때문에 그람 양성균보다는 항생제에 더욱 내성이 강한 경향을 보임 ex. 페니실린에 대해서 그람음성균이 그람양성균보다는 내성이 높음

ⓛ 협막(capsule; 피막): 원핵생물이 기질이나 다른 개체에 부착하여 콜로니를 형성할 수 있도록 하며 일부 세균의 경우 협막은 탈수현상을 낮추고 숙주의 면역체계가 세균을 공격하는 것을 막아줌

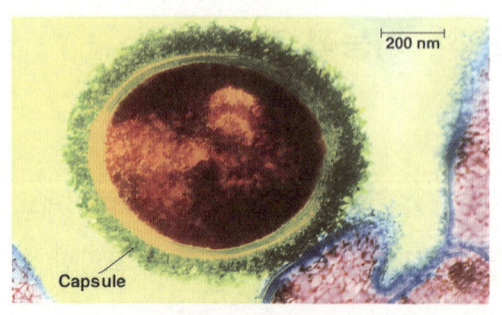

Capsule

ⓒ 선모(pili): 털과 같은 단백질 부속지로 기질이나 다른 세포에 부착하는데 이용되거나 세균 간의 유전자 교환에 이용됨

    ⓐ 부착선모(attachment pili; 핌브리아): 기질이나 다른 세포에 부착하는데 이용되는 선모로 성선모보다 짧고 수가 많음

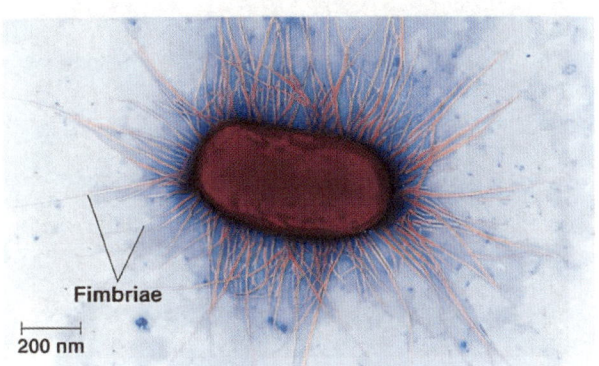

    ⓑ 성선모(sex pili): 세균 간에 DNA를 교환하기 전에 두 세포를 서로 끌어당겨주는 역할을 수행함

(2) 세포내부의 구조

ㄱ 세포 내부의 막성 구조: 원핵세포는 진핵세포와 같은 내막계 및 기타 막성 세포소기관이 존재하지 않으나 일부 원핵세포의 경우 특수한 물질대사(호흡 및 광합성)를 위한 막구조가 존재하는데 이는 세포막이 안으로 함입되면서 형성된 것임

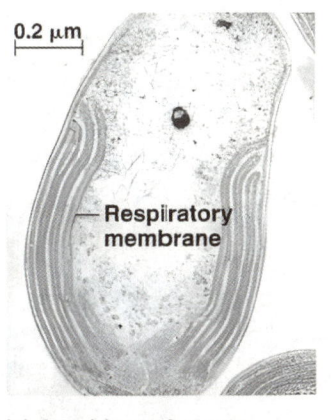 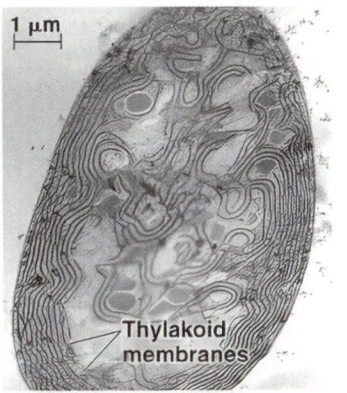

(a) Aerobic prokaryote   (b) Photosynthetic prokaryote

ㄴ 유전체의 구조: 구조적으로 진핵세포와 매우 다르며 DNA 함량도 훨씬 적음

    ⓐ 염색체: 환형의 염색체로 단백질 함량이 낮음. 염색체 DNA가 분포하는 핵양체 부위(nucleoid region)가 존재하며 전자현미경으로 관찰시 주변 세포질보다 밝게 보임

ⓑ 플라스미드(plasmid): 염색체 DNA 이외의 환형 DNA도 독립적으로 복제되며, 단 몇 개의 유전자만 포함되어 있음

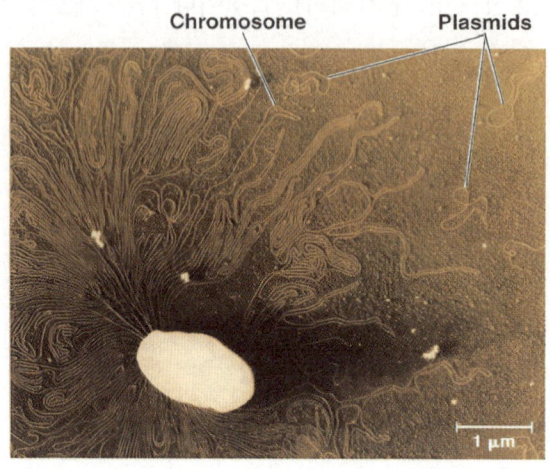

ⓒ 리보솜의 구조: 진핵세포의 리보솜보다 크기가 작고 단백질과 RNA 성분이 달라서 erythromycin이나 tetracyclin과 같은 항생제는 원핵세포의 단백질 합성만 억제하고 진핵 생물의 단백질 합성에는 영향을 주지 못함

(3) 운동성

㉠ 이동 속도: 일부의 경우 50㎛/sec

㉡ 화학주성(chemotaxis): 비교적 균질한 환경에서는 무작위적으로 움직이나 불균질한 환경에서는 주성을 보임. 특히 화학물질의 농도가 일정하지 않은 환경에서의 주성을 화학주성이라 함

㉢ 편모(flagella): 원핵생물의 가장 일반적인 운동기관

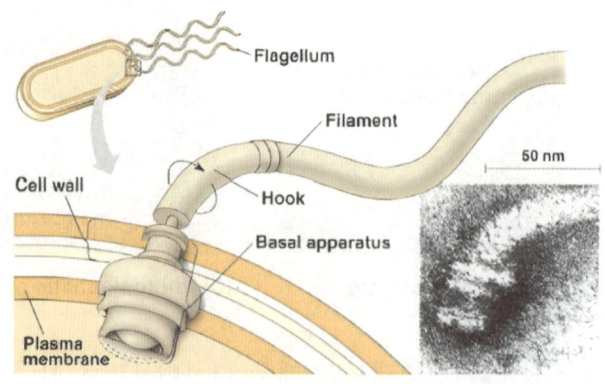

ⓐ 분포: 전체적으로 퍼져 있거나 한쪽 또는 양쪽 말단에 모여 있음

ⓑ 구조: 폭이 진핵생물 편모의 1/10 정도이며 세포막으로 덮여 있지 않음

1. 분자적 구성: 진핵생물과는 달리 플라젤린(flagellin) 단백질로 구성됨
2. 운동방식: 진핵생물과는 달리 프로펠러 운동 방식임

(4) 생식과 돌연변이

원핵생물은 무성생식을 통해 적절한 환경에서 매우 빨리 번식할 수 있으며 높은 돌연변이율로 인해 새로운 환경에 대한 적응력 또한 뛰어남

ㄱ 생식방법: 이분법(binary fission)을 통해 생식함

ㄴ 돌연변이율: 세대간 돌연변이율은 작지만 세대기간이 워낙 짧기 때문에 특정 시간당 돌연변이율이 높아 새로운 조건에 빠르게 적응할 수 있음. 이로 인한 높은 유전적 다양성으로 인해 다양한 조건에서 살아남을 수 있게 됨

ㄷ 일부 원핵세포는 열악한 환경에 견디는 능력을 지님

「내생포자(endospore)」

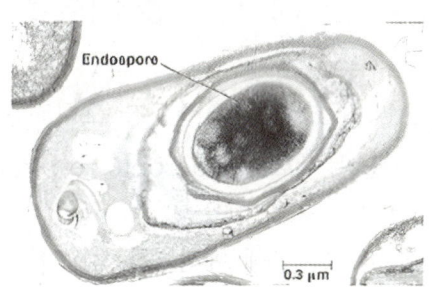

필수 영양물질이 부족할 때 원래의 영양세포는 염색체를 복제하여 이를 견고한 벽으로 둘러싸서 내생포자를 형성하는데 내생포자 내에는 수분이 거의 없고 물질대사가 일어나지 않음. 휴면 상태에서 환경이 나아지면 다시 수분을 흡수하여 물질대사를 개시함

3 원핵생물의 영양 방식과 호흡 방식

(1) 영양 방식

ㄱ 이용 에너지원의 종류에 따른 구분

ⓐ 광영양생물(phototroph): 빛을 에너지원으로 이용하는 생물

ⓑ 화학영양생물(chemotroph): 화학물질을 에너지원으로 이용하는 생물

ㄴ 이용 탄소원의 종류에 따른 구분

ⓐ 독립영양생물(autotroph): CO_2를 탄소원으로 이용하는 생물

ⓑ 종속영양생물(heterotroph): 유기물을 탄소원으로 이용하는 생물

ⓒ 생물의 주요 영양 방식

영양 방식	에너지원	탄소원	생물종
독립영양생물			
광독립영양생물	빛	CO_2	광합성 세균(남세균 등), 식물, 조류
화학독립영양생물	무기물	CO_2	원핵생물(*Sulfolobus* 등)
종속영양생물			
광종속영양생물	빛	유기물	일부 원핵생물(*Rhodobacter*, *Chloroflexux* 등)
화학종속영양생물	유기물	유기물	다수의 원핵생물, 원생생물, 동물, 일부 식물

(2) 호흡 방식에 따른 구분

ⓐ 절대 호기성 생물(obligate aerobe): 세포호흡에 산소를 이용하며 산소 없이는 생존할 수 없는 생물

ⓑ 절대 혐기성 생물(obligate anaerobe): 산소가 오히려 독성을 나타내는 생물

 ⓐ 무기호흡 절대 혐기성 생물: 무기호흡(anaerobic respiration)을 통해 에너지를 얻음. 최종 전자 수용체로 NO_3^-나 SO_4^{2-} 등을 이용함

 ⓑ 발효 절대 혐기성 생물: 발효를 통해 에너지를 얻음

ⓒ 조건부 혐기성 생물(facultative anaerobe): 산소가 있을 때에는 유기호흡(aerobic respiration)을 수행하지만 산소가 없을 때에는 발효를 수행함

4 원핵생물의 구분

(1) 고세균(Archaea)

극단적인 환경에 서식하는 생물이 대부분임

ⓐ 고세균의 공통적 특징

 ⓐ 세포벽에 펩티도글리칸이 존재하지 않음

 ⓑ 막지질은 에테르 결합(ether linkage)에 의해 글리세롤과 연결된 긴 사슬의 탄화수소를 함유하고 있음. 일부 탄화수소는 분지되어 있기도 함

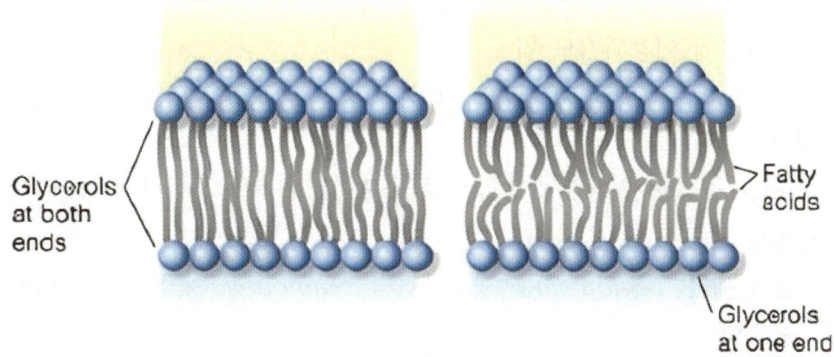

Glycerols at both ends   Fatty acids

Glycerols at one end

1. 일부 고세균은 양 끝에 글리세롤을 가진 긴 탄화수소 사슬을 지니며 이 분자들은 막을 가로지르므로 지질 단층막을 형성함

2. 또다른 고세균의 탄화수소는 세균이나 진핵생물처럼 지질 이중층막을 형성하기도 함

ⓛ 고세균의 종류

ⓐ 극호염균(extreme halophile): 사해 등과 같이 염분의 농도가 높은 환경에 서식하는 광고세균

1. 분홍색 카로틴을 함유하고 있기 때문에 눈에 쉽게 띔

2. 일분의 극호염균은 세균성 로돕신(bacteriorhodopsin)이라 불리는 광흡수분자를 통해 화학삼투기작으로 ATP를 합성함

ⓑ 메탄생성균(methanogen): CO_2를 이용하여 H_2를 산화시키는 과정에서 CH_4를 생성하는 절대 혐기성 광고세균

1. 산소가 더 이상 존재하지 않는 늪지 등에서는 메탄 생성균이 생성한 메탄 가스로 인해 독특한 냄새가 남

2. 일부 메탄생성균은 소, 흰개미 또는 다른 초식동물의 장에 서식하면서 이들 동물 영양에 필수적인 역할을 수행함

3. 하수처리에 중요한 분해자이기도 함

ⓒ 극호열균(extreme thermophile): 매우 뜨거운 환경에서 서식하는 고온고세균

1. *Sulfulobus* 속의 고세균: 90℃ 정도의 황이 풍부한 화산 온천에서 서식함

2. *Geogemma borossii*: 대서양 심해 열수구 근처에서 서식하며 121℃에서도 세포가 증식할 수 있음

3. *Pyrococcus furiosus*: DNA 중합효소가 PCR에 이용됨

(2) 진정세균(Eubacteria)

㉠ 프로테오세균(proteobacteria): 그람음성세균으로 매우 크고 다양한 분기군이며 미토콘드리아는 호기성 프로테오세균에서 유래한 것이라 추측됨

ⓐ *Rhizobium*: 콩과 식물의 뿌리혹에서 질소고정을 수행함

ⓑ *Agrobacterium*: 식물에 종양(근두암종)을 유발하는데 외부의 DNA를 식물의 유전체 내에 전달하는 과정에 이용되기도 함

ⓒ *Nitrosomonas*: 토양세균으로 NH_4^+를 산화하여 NO_2^-을 생성함으로써 생태계의 질소순환에 참여함

ⓓ *Thiomargarita namibiensis*: 광합성 황세균으로 H_2S를 산화하여 에너지를 얻고 노폐물로 황을 형성함

ⓔ 각종 병원성 세균: *Legionella*는 재향군인병, *Salmonella*는 식중독, *Vibro cholerae*는 콜레라를 유발함

ⓕ 대장균(*Escherchia coli*): 사람과 다른 포유류의 장에서 서식함

ⓖ *Helocobacter pylori*: 위궤양의 원인균

ⓛ 클라미디아(chlamydia): ATP와 같은 기본적 자원을 숙주세포에서 얻어야만 하는 절대 기생세균

ⓐ 그람음성균임에도 불구하고 세포벽에 펩티도글리칸 성분이 없음

ⓑ Chlamydia trachomatis: 설명을 유발하는 가장 큰 원인균이며 비염균성 요도염을 유발함

ⓒ 남세균(cyanobacteria): 광독립영양세균으로 광합성시 유일하게 산소를 발생시키는 광합성 세균임

ⓐ 남세균 유사 세균이 진핵생물에 내부공생하여 엽록체로 진화한 것으로 추측함

ⓑ 단세포성이거나 군체를 형성하기도 하며 물이 있는 곳이라면 어디에서라도 서식하여 담수 또는 해양생태계에 많은 양의 유기영양물질을 제공함

ⓒ 일부 사상형 군체는 질소고정을 수행하는 특수한 세포가 분화되어 대기중의 질소를 고정함

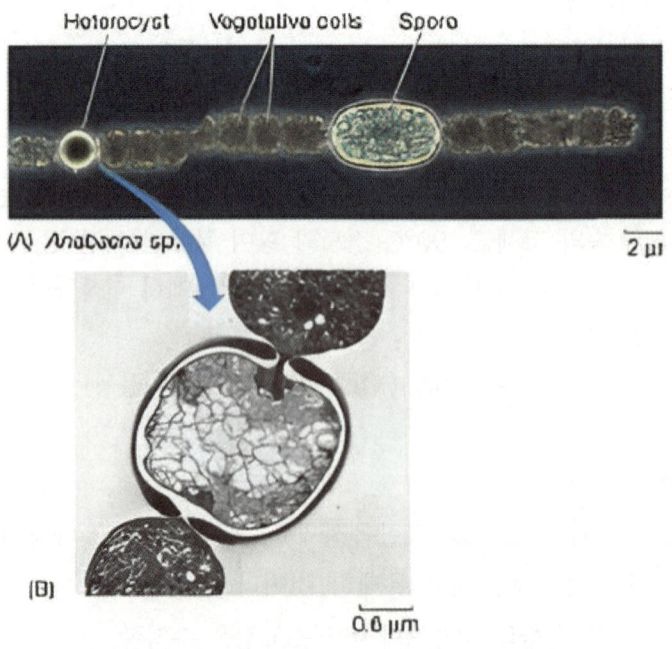

1. 영양세포(vegetative cell): 광합성을 수행
2. 포자(spore): 새로운 사상균으로 바뀔 수 있는 휴면세포
3. 이형세포(heterocyst; 이질낭): 질소고정을 위한 특수 세포이며 생식에도 관여하는데 갈라지는 분기점이 됨

ⓔ 그람양성세균(Gram-positive bacteria): 프로테오세균과 견줄 정도로 다양함

　ⓐ 방선균류(actinomycetes): 사상형 군체를 형성하며 대부분 자유생활을 하며 토양의 유기물을 분해함 ex. *Streptomyces*: 스트렙토마이신을 포함한 여러 종의 항생제 생산

　ⓑ 각종 병원성 세균: *Bacillus anthracis*은 탄저병, Clostridium botulinum은 보툴리누스 식중독을 유발함

　ⓒ 미코플라즈마(mycoplasma): 세포벽이 없는 유일한 세균이며 가장 작은 세포에 속함

5 원핵생물의 대사와 작용

(1) 물질의 순환 - 질소순환

ⓐ 질소고정세균(nitrogen fixer): $N_2 + 6H \rightarrow 2NH_3$ ex. *Rhizobium*, 질소고정 남세균 등

ⓑ 질화세균(nitrifier): 형성된 암모니아를 질산염으로 전환시키는데 이 때 무기물의 산화 시에 발생하는 에너지를 이용하여 유기물을 합성함

　ⓐ 아질산세균: $NH_3 + 3/2O_2 \rightarrow NO_2^- + H^+ + H_2O$ ex. *Nitrosomonas*, *Nitrococcus*

　ⓑ 질산세균: $NO_2^- + 1/2O_2 \rightarrow NO_3^-$ ex. *Nitrobacter*

ⓒ 탈질화세균(denitrifier): $2NO_3^- + 10e^- + 12H^+ \rightarrow N_2 + 6H_2O$

(2) 다른 생명체와의 상호작용

ⓐ 상리공생: 원핵생물과 숙주생물 서로에게 이로움을 줌 ex. 대장에 서식하는 세균의 vitB₁₂, K 합성

ⓑ 편리공생: 한 쪽은 이익을 얻는 반면 다른 한 쪽은 특별히 이롭거나 해롭지 않은 관계 ex. 사람의 신체 표면에 살고 있는 세균의 일부

ⓒ 기생: 기생체가 숙주에게 해를 입히나 숙주를 빠른 시간 내에 죽이지는 않음. 질병을 일으키는 기생체를 병원체(pathogen)라고 함

(3) 생물막(bioflim)의 형성

여러 종류의 원핵생물이 표면을 뒤덮으며 얇은 막의 형태를 형성함

㉠ 원핵생물은 신호전달분자를 통해 주변의 세포를 끌어들여 생물막으로 덮인 콜로니를 형성하며 부착선모를 통해 기질이나 다른 세포에 부착하게 됨

㉡ 생물막에는 물질이동 통로가 있어서 영양물질이 생물막 내부의 세포로 전달되고 노폐물은 배출됨

㉢ 산업 및 의료기구에 손상을 입히고, 충치를 일으키는 등의 질병을 야기함

(4) 병원성 진정세균

㉠ 코흐의 제안(Koch's postulate): 어떤 미생물이 병원체이기 위해 만족해야 하는 조건

　ⓐ 이 미생물은 항상 환자의 몸 속에서 발견되어야 함

　ⓑ 이 미생물은 숙주의 몸에서 채취되어 순수 배양될 수 있어야 함

　ⓒ 배양된 미생물을 건강한 새로운 숙주에 주사하면 이 숙주도 병에 걸려야 함

　ⓓ 새로 감염된 숙주로부터 채취한 이 미생물은 ⓑ 단계에서 얻은 미생물과 동일한 것이어야 함

㉡ 세균의 독소: 외독소와 내독소로 구분함

　ⓐ 외독소(exotoxin): 살아서 번식하는 세균이 분비하는 수용성 단백질로서 숙주의 몸 전체를 이동하며 독성은 매우 강하고 종종 치명적이기는 하나 발열의 증세는 없음 ex. *Clostridium tetani*(파상풍), *Vibrio cholerae*(콜레라), *Clostridium botulinum*(보툴리즘), *Yersinia pestis*(흑사병)

　ⓑ 내독소(endotoxin): 특정 그람음성세균이 죽어 분해되는 과정에서 방출되는 독소로서 세균의 외부막을 구성하는 지질다당류임. 치명적인 경우는 드물며 대개는 발열, 구토, 및 설사를 유발함 ex. *Salmonella, Escherichia*

㉢ 수평 유전자 전달(horizontal gene transfer)을 통한 비병원성 세균의 병원체화
ex. O157:H7

08 원생생물(protlst)

1 진핵생물의 진화

(1) 진핵생물 진화 과정에서의 내부 공생

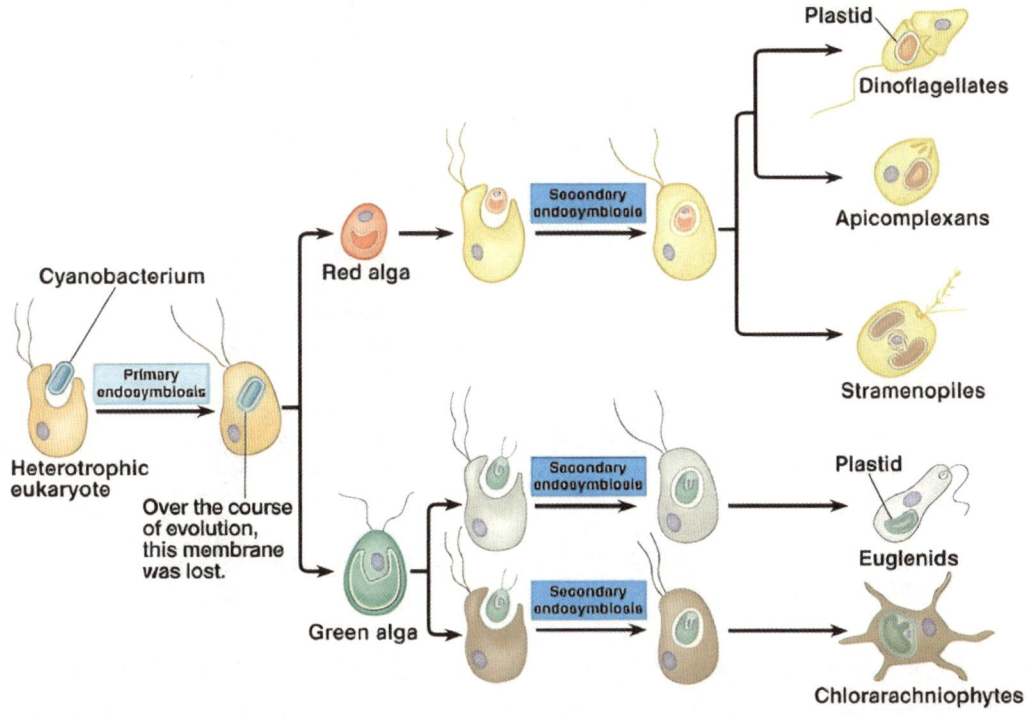

- ㉠ 1차 내부 공생(primary endocytosis): 알파 프로테오세균과 남세균이 종속영양 진핵생물에 삼켜져서 각각 미토콘드리아와 엽록체로 진화했는데 그 진핵생물이 홍조류와 녹조류가 됨
- ㉡ 2차 내부 공생(secondary endocytosis): 홍조류와 녹조류가 종속영양 진핵생물의 식포에 섭취되어 스스로 내부공생자가 됨

「클로라라크니오조류(chlorarachniophyte)를 통한 2차 내부 공생의 증거 찾기」

- Ⓐ 녹조류 자체의 흔적 핵인 핵소체(nucleomorph)를 가지고 있음
- Ⓑ 클로라라크니오조류의 색소체는 4개의 막으로 둘러싸여 있음. 2개의 막은 고대 남세균의 내막과 외막에서 기원한 것이고, 3번째 막은 삼킨 조류의 원형질막에서 유래되 것이며 가장 외부에 있는 막은 종속영양 진핵생물의 식포에서 유래된 것임

(2) 원생생물의 5가지 상위 그룹

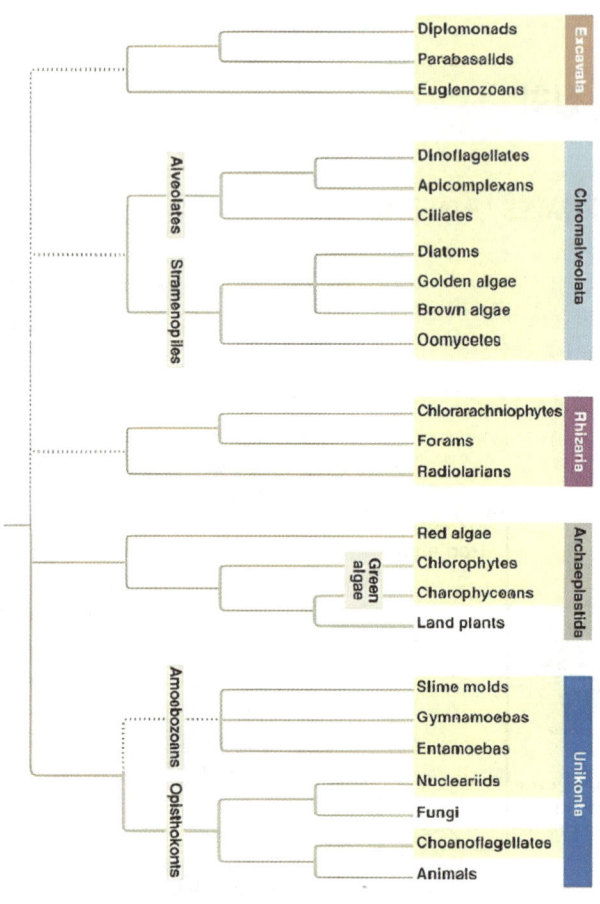

- ㉠ 섭식구굴착류(excavates): 세포몸체의 한 면에 "굴착된" 홈이 있음. 중복편모충류와 부기저체류 두 분기군은 변형된 미토콘드리아를 지니고 있고 나머지 유글레노조아류는 두 분기군의 생물과 다른 구조의 편모가 존재함

- ㉡ 유색피하낭류(chromalveolata): 오래 전에 2차 내부 공생을 통해 형성된 이 그룹에는 지구상에서 가장 중요한 광합성 생물인 규조류가 포함되어 있음. "켈프 숲"을 형성하는 대형 갈조류, 말라리아를 유발하는 열원충(Plasmodium)과 같은 병원체, 19세기 아일랜드에 심각한 감자기근을 일으킨 감자역병균(Phytophthora)도 있음

- ㉢ 근족사상류(Rhizaria): 이 그룹에 속한 새물은 아메바 종들로 대부분의 아메바는 실과 같은 형태의 위족을 갖고 있어서 그것을 이용해 이동하거나 먹이를 잡음

- ㉣ 고색소체류(archaeplastida): 홍조류와 녹조류, 육상식물이 속해 있음. 비공식적으로 "해조류"로 알려진 큰 조류는 대부분 다세포 홍조류 및 녹조류임

- ㉤ 단편모류(unikonts): 귓불 또는 튜브 모양의 위족을 가진 아메바와 동물, 균류 및 동물, 균류와 밀접히 관련된 원생생물이 속해 있음

(1) 섭식구굴착류(excavates)

중복편모충류와 부기저체류는 색소체가 없고 변형된 미토콘드리아를 지니며 대부분은 혐기성 환경에서 발견됨

㉠ 중복편모충류(diplomonads)

ⓐ 미토솜(mitosome)이라는 변형된 미토콘드리아가 있으나 미토솜에는 전자전달계가 없어서 필요한 에너지를 해당과정과 같은 혐기성 반응에 의존함

ⓑ 두 개의 동일한 핵과 다수의 편모를 지님

ⓒ 많은 종은 기생충임   ex. 내장흡반편모충(*Giandia intestinalis*): 내장 안에 기생함

㉡ 부기저체류(parabasalid): 수소발생소포(hydrogenosome)라는 축소된 미토콘드리아를 지니고 있는데 수소발생소포에서는 혐기성 대사를 통해 에너지를 형성하고 부산물로 수소 가스를 형성함

ex. 질편모충(Trichomonas vaginalis): 편모와 물결 모양의 원형질막을 이용해서 사람의 생식관과 요도관이 점액질 내벽을 따라 이동함

㉢ 유글레노조아(euglenozoans): 포식성의 종속영양생물, 광독립영양생물, 기생충과 같은 다양한 분기군을 포함함. 편모 내에 나선형 또는 결정상의 간상체 구조가 있다는 것이 특징임

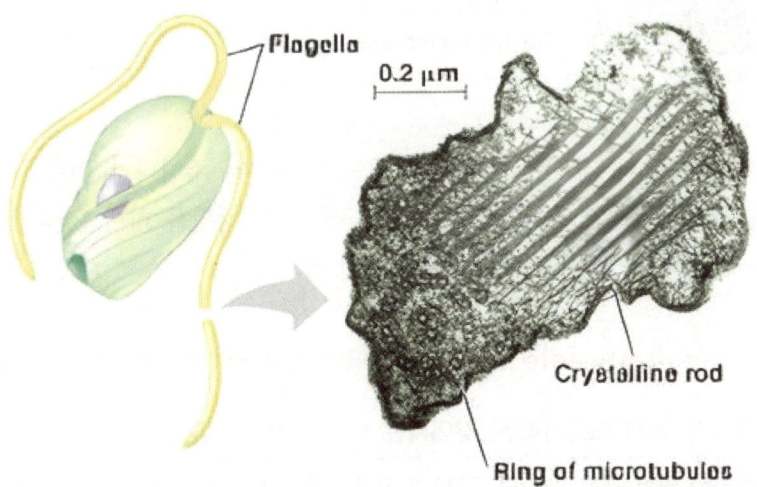

ⓐ 운동핵편모충류(kinetoplastids): 동원질체(kinetoplast)라 불리는 잘 조직된 DNA 덩어리가 포함된 단 하나의 대형 미토콘드리아를 가지며 담수, 해양, 습기 찬 육상생태계에서 원핵생물을 섭식하며 자유생활을 할 뿐 아니라 동물, 식물, 원생생물에 기생하는 종도 존재함

「파등편모충(Trypanosoma)」

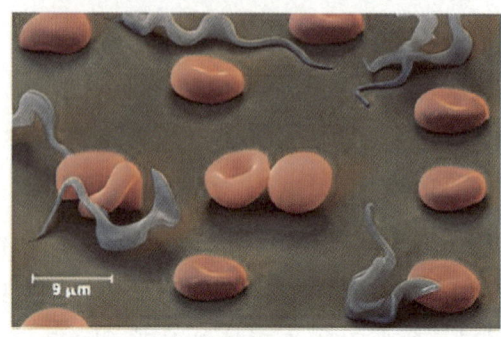

Ⓐ 수면병과 샤가스병(Chagas' disease: 충혈성 심장병의 원인)을 유발하며 각각 아프리카의 체체파리와 흡혈곤충에 의해 인간에게 전염됨

Ⓑ 효과적인 표면 단백질으로 수시로 바꿔서 숙주의 면역감시망을 효과적으로 피함

ⓔ 유글레나류(euglenoid)

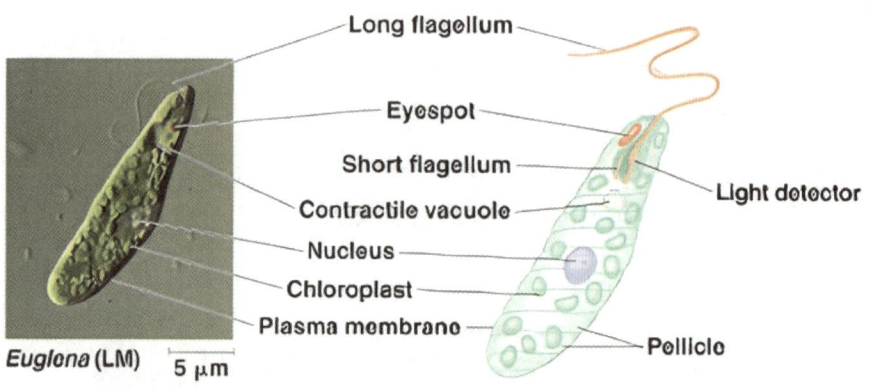

ⓐ 세포의 전단부에 한 개 또는 두 개의 편모가 나오는 주머니가 있음

ⓑ 대부분 혼합영양생물임. 즉, 햇빛이 있으면 독립영영생활을 하나 햇빛이 없으면 종속영양생물이 됨. 많은 종은 식세포작용으로 먹이를 섭취함

(2) 유색피하낭류(Chromalveolate): 2차 내부공생에서 유래된 원생생물 그룹

「유색피하낭류가 2차 내부공생으로 유래된 것이라는 증거에 대한 믿음」

Ⓐ 유색피하낭류에 속하는 많은 종은 구조와 DNA가 홍조류에서 유래한 색소체를 가지고 있음

Ⓑ 색소체가 없는 종이라 하더라도 이들 중 일부는 핵 DNA에 색소체 유전자가 존재함

✿ 그럼에도 불구하고 색소체가 결여된 몇몇 유색피하낭류의 전체 유전체 내에서 색소체 유전자가 발견되지 않는 점으로 볼 때 유색피하낭류의 유래를 2차공생에서 찾는 것은 아직 확실하지 않다고 생각됨

ⓐ 피하낭류(alveolates); 단계통군에 속하는 원생생물로 원형질막 바로 아래에 피하낭(alveoli)이 존재함

ⓐ 와편모류(dinoflagellates): 섬유소판으로 강화된 세포를 지니며 섬유소판에 수직으로 파여 있는 홈에 두 개의 편모가 존재하여 물속에서 회전하면서 움직임

 1. 수면에서 서식하는 미생물 군집으로 광합성 종을 포함하며 해양과 담수 플랑크톤의 풍부한 구성원임. 광합성 와편모류는 혼합영양생물로 전체 와편모조류의 절반은 완전한 종속영양생물임

 2. 와편모류가 대번성하면 연안해에 적조현상(카로티노이드로 인해 적갈색 또는 분홍색을 띰)을 유발함. 일부 와편모류의 독소는 무척추동물 및 어류를 대량으로 죽임

ⓑ 정복합체포자충류(apicomplexans): 동물에 기생하는 일부는 인간에게 심각한 질병을 유발함

 1. 포자소체 세포의 정단부위에 숙주세포와 조직을 뚫을 수 있는 정복합체(apical complex)가 특수화되어 있음

 2. 광합성을 하지 않음에도 홍조류에서 유래한 변형된 색소체인 정단색소체(apicoplast)가 있음이 밝혀짐

 3. 대부분은 유성생식과 무성생식 단계를 모두 거치는 복잡한 생활사를 보여줌

 ex. 말라리아를 유발하는 기생충인 열원충(Plasmodium)

「*Pasmodium*의 생활사」

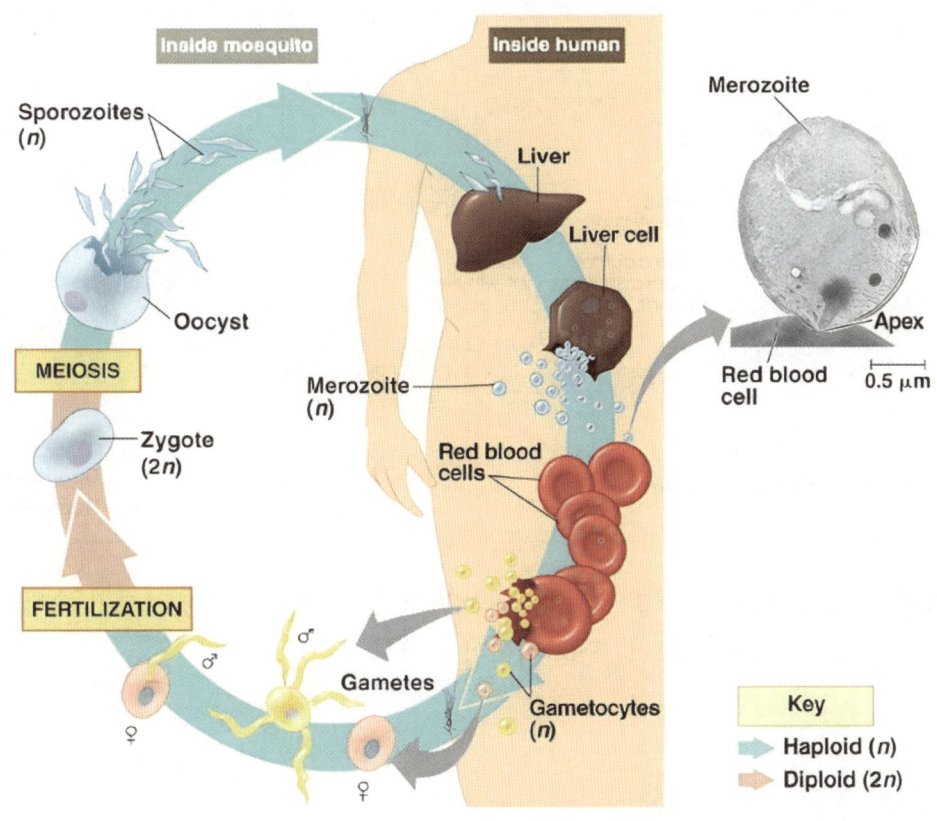

ⓒ 섬모충류(ciliates): 이동과 먹이를 섭취하는 데 사용되는 섬모가 존재함 ex. 짚신벌레

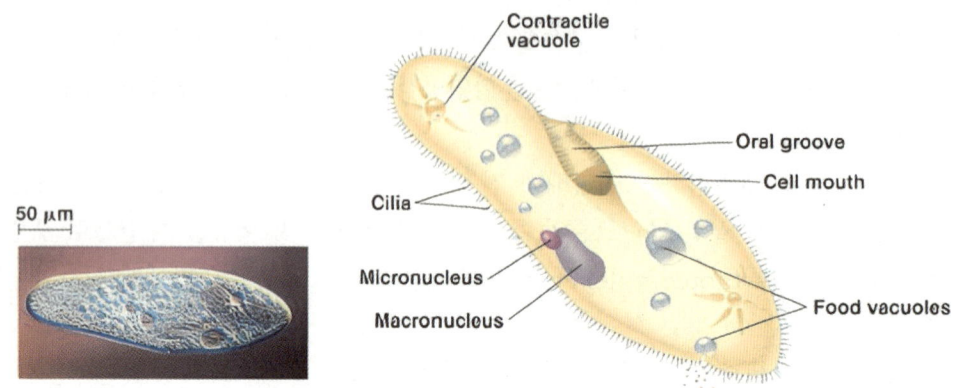

1. 섬모는 세포 표면을 완전히 덮거나 몇 줄 또는 다발로 뭉쳐 있으며 미세소관으로 구성된 막의 하부구조가 섬모운동을 조절함
2. 대핵(영양핵)과 소핵(생식핵)이라는 두 가지 유형의 핵이 존재하며 두 개체의 반수체 소핵 교환을 통해 유전적 변이가 형성됨
3. 기존의 대핵이 붕괴되고 소핵에서 대핵이 형성되는 동안 이분법에 의해 번식함

「짚신벌레(Paramecium caudatum)의 접합과 생식」

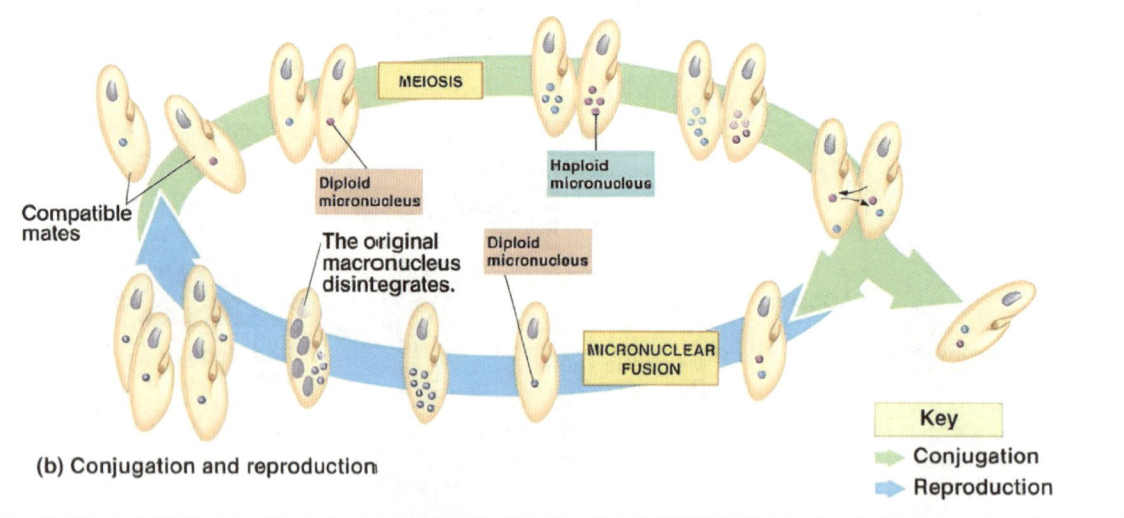

(b) Conjugation and reproduction

ⓛ 부등편모류(stramenopiles): 일부의 종속영양생물 분기군과 해양 조류가 속하는 그룹이며 수많은 깃편모와 채찍편모가 짝을 이루어 존재함

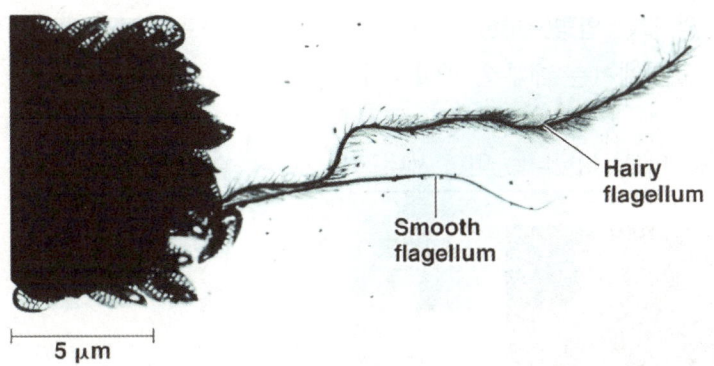

Hairy
flagellum

Smooth
flagellum

5 μm

ⓐ 규조류(diatoms): 수화된 규산염이 생물체의 기질에 파묻혀 있는 유리와 같은 세포벽이 있는 단세포 조류로 세포벽은 신발상자와 그 뚜껑이 겹친 것처럼 두 부분으로 구성됨

  1. 규조류의 딸세포가 부모세포벽의 벽 반쪽을 물려받아 나머지 새로운 반쪽을 부모세포의 안쪽에 맞도록 생성하는 유사분열을 수행함
  2. 해양과 호수에서의 주된 플랑크톤을 형성함
  3. 라미나린(laminarin; 저장성 다당류)이라는 포도당 중합체의 형태로 에너지를 저장함
  4. 엄청난 양의 화석화된 규조류의 세포벽이 해저에 축적되면 규조토로 알려진 퇴적물의 주된 구성물질이 되며 규조토는 여과제 등의 미세장치를 만드는 재료로 이용됨
  5. 내성단계로 포낭을 형성함

ⓑ 황갈조류(golden algae): 황색과 갈색의 카로티노이드를 포함하며 전형적으로 편모가 두 개이고 각 편모는 세포의 한 쪽 끝에 붙어 있음

  1. 담수와 해수의 플랑크톤의 구성요소이며 모든 황갈조류는 광합성을 하지만 일부 좋은 혼합영양을 수행함
  2. 대부분은 단세포이지만 일부는 군체를 형성하기도 함
  3. 내성단계로 포낭을 형성함

ⓒ 갈조류(brown algae): 가장 크고 복잡한 조류로 모두 다세포 생물이고 대부분 해양에 서식하며 특히 수온이 낮은 온대 연안에서 주로 서식함

  1. 카로티노이드 색소를 가지고 있어 갈조류 특유의 색을 띰
  2. 바닷말(해조류)이라 불리는 많은 종이 있고 바닷말 중에는 식물과 유사한 특화된 조직과 기관을 지니는 것도 있음
  3. 전형적인 해조류의 엽상체는 뿌리와 같이 조류를 고정시키는 부착기(holdfast)

Blade

Stipe

Holdfast

와 줄기와 같은 엽병(stipe), 잎과 같은 엽신(blade)으로 구성되며 엽병은 엽신을 지지하고 엽신의 표면에서는 대부분 광합성이 일어남

「갈조류 다시마의 생활사에서 나타나는 이형 세대교번」

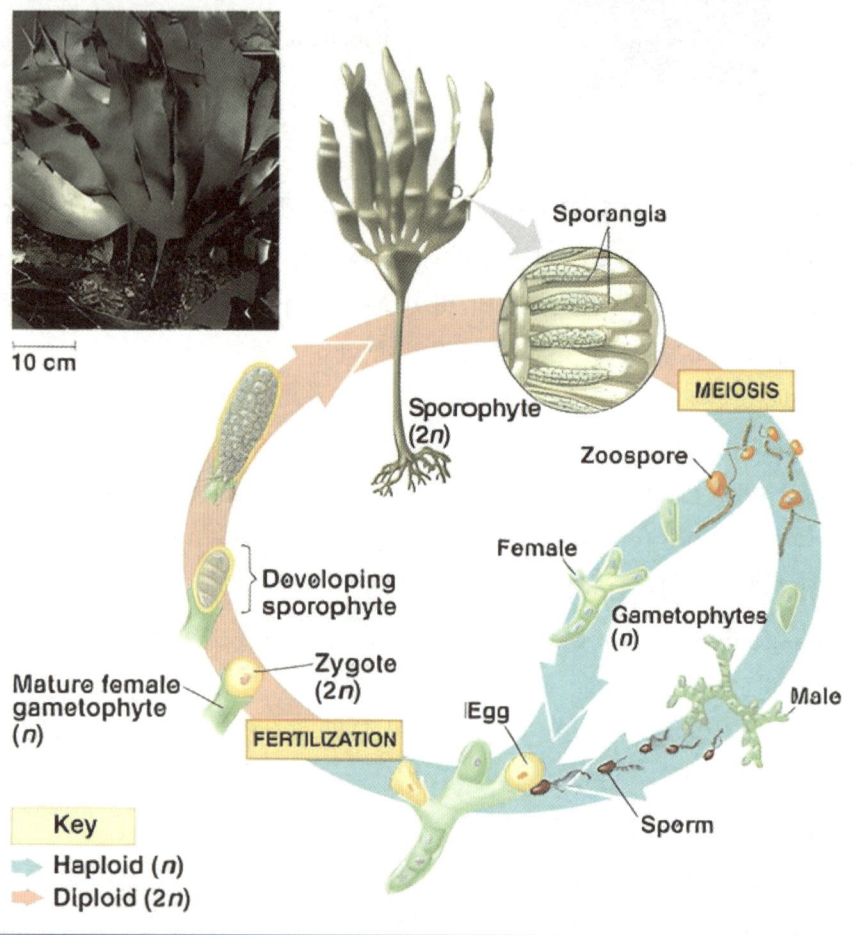

ⓓ 난균류(oomycetes): 물곰팡이, 백색녹병균, 노균이 포함됨   ex. 감자역병균(*Phytophthora infestans*)

1. 균류와 유사한 점: 다핵성 균사를 지님
2. 균류와 다른 점: 균류의 세포벽(키틴질)과는 달리 세포벽의 성분이 섬유소임
3. 색소체가 존재하는 조상에서 진화했지만 더 이상 색소체도 없고 광합성도 수행하지 않으며 주로 분해자로서 영양분을 획득함
4. 물곰팡이는 주로 담수에 서식하며 백색녹병균과 노균은 주로 육지에 서식함

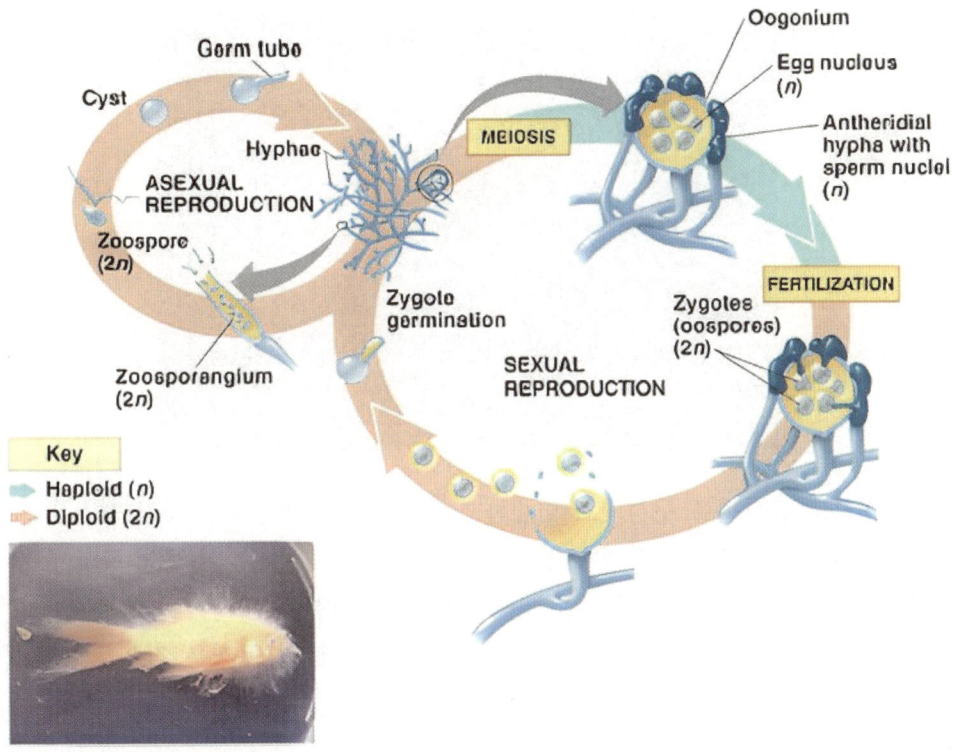

(3) 근족사상류(Rhizaria)

단일계통군으로 많은 근족사상류 종은 아메바임. 근족사상류에 속하는 대부분의 아메바는 실모양의 위족이 있어서 다른 아메바와 형태적으로 구별됨

㉠ 유공충류(foraminiferans): 작은 구멍이 있는 껍질이 있음

ⓐ 외각은 탄산칼슘으로 단단해진 유기물로 구성되어 있으며 이 구멍으로 뻗어 나온 위족은 유영, 외각 형성, 먹이 섭취 기능을 수행함

ⓑ 많은 유공충은 외각 안에 공생하는 조류의 광합성으로부터 영양분을 획득함

ⓒ 해양과 담수에 서식하는데 대부분의 종은 모래 속 또는 암석과 조류에 부착하여 서식하고 일부는 플랑크톤임

ⓓ 유공충의 90%는 화석(화폐석)으로 알려짐. 유공충의 외각은 현재의 육지를 형성하는 퇴적암과 같은 해양 퇴적물의 요소로서 퇴적암의 연대를 비교하는데 유용한 지표임

ⓛ 방산충류(radiolarians)

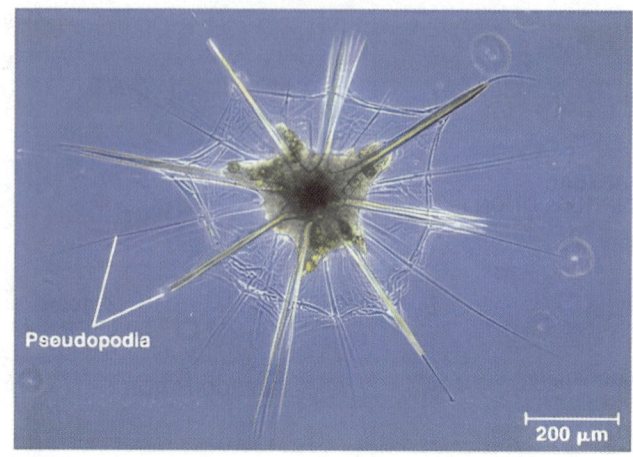

ⓐ 일반적으로 규산질로 구성되고 미세하게 좌우대칭을 이루는 내부골격이 있음

ⓑ 위족은 얇은 세포질층으로 덮여 있는 미세소관 다발로 보강되어 몸의 중앙에서 사방으로 방산되어 있고 세포질은 위족에 부착된 미생물을 섭취함

ⓒ 주로 해수에 서식하며 죽은 후 해저로 가라앉아 상당히 두꺼운 진흙층을 형성함

(4) 고색소체류(Archaeplastida)

남세균을 삼킨 오래된 원생생물의 자손으로 단계통군을 이룸

㉠ 홍조류(rhodophytes): 홍조소라는 보조색소에 의해 붉은 색을 띰

ⓐ 서식처의 깊이에 따라 홍조소의 양이 다양하여 얕은 곳에서는 녹색을 띤 붉은색, 중간 정도 깊이에서는 선홍색, 심해에서는 거의 검은색을 띰

ⓑ 열대 해양의 따뜻한 연안 해역에서 가장 풍부하고 크게 자라며 보조색소 때문에 깊은 곳까지도 투과하는 청색 또는 녹색의 광선을 흡수할 수 있음

ⓒ 대부분 다세포성이며 많은 홍조류의 엽상체는 섬유의 형태로 보통 가지로 분지하거나 레이스 모양으로 얽혀 있으며 기저부는 단순한 부착기로 분화됨

ⓓ 세대교번이 흔하며 다른 조류와 달리 생활사에서 편모단계가 없어 수정하기 위해서는 생식세포를 모이게 하는 해류에 의존하게 됨

ⓛ 녹조류(green algae)

「단세포 녹조류, Chlamydomonas)의 생활사」

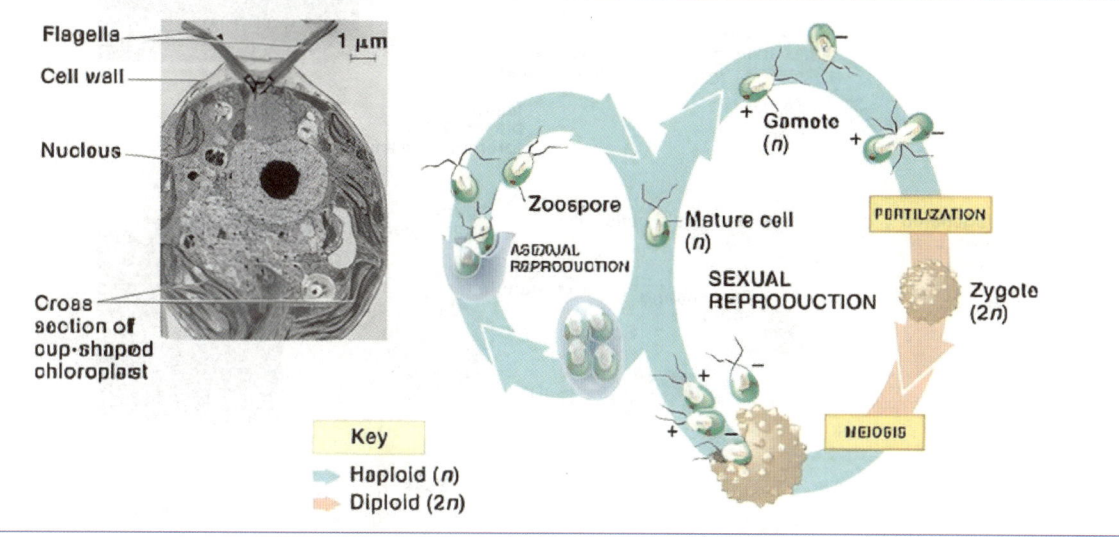

ⓐ 녹조류(chlorophyte)와 차축조류(charophycean)로 구분됨
ⓑ 단세포성(*Chlamydominas*), 군체성(*Vovox*), 다세포성(*Ulva*; 갈파래), 다핵성 섬유(*Caulera*) 형태로 존재함
ⓒ 대부분 담수에 서식하나 해양성이거나 육상에 사는 종도 있음

(5) 단편모류(unikonta)

아메보조아류와 후편모류 분기군이 포함되어 있음

㉠ 아메보조아류(amoebozoans): 실 모양보다는 귓불 또는 관 형태의 위족을 지님

　ⓐ 점균류(slime molds; mycetozoans): 자실체를 형성하기 때문에 한 때 균류로 취급되었음

　　1. 원형질성 점균류(plasmodial slime molds): 황색이나 오렌지색과 같은 화려한 색조를 띠며 생활사 중 원형질체(plasmodium) 덩어리를 형성함. 원형질 내에서의 세포질 유동은 영양분과 산소의 분배를 도와주며 원형질체는 습한 토양, 잎, 무더기, 썩은 나무에 위족을 뻗어 식세포작용으로 먹이 입자를 삼킴. 서식처가 건조해지거나 먹이가 없어지면 원형질체는 성장을 멈추고 자실체를 형성하여 유성생식 생활사를 시작함

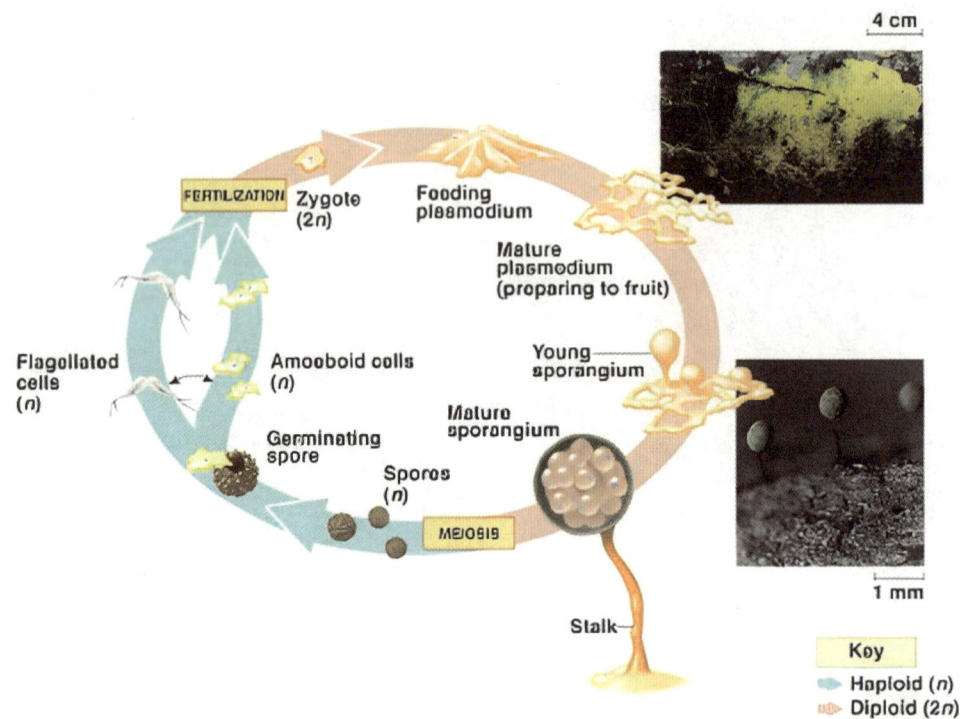

2. 세포성 점균류(cellular slime molds): 먹이를 섭취하는 단계에서 세포들은 독립적 개체로 역할을 수행하지만 먹이가 고갈되면 세포들은 모여서 한 단위로 행동하는 군체를 형성함. 세포성 점균류의 세포 덩어리는 원형질성 점균류와 피상적으로는 유사하나 각 세포들은 막으로 분리되어 있음. 세포성 점균류는 반수체 생물이고 유성생식보다는 무성생식 기능의 자실체가 있으며 편모단계가 없다는 점에서 원형질성 점균류와 다름

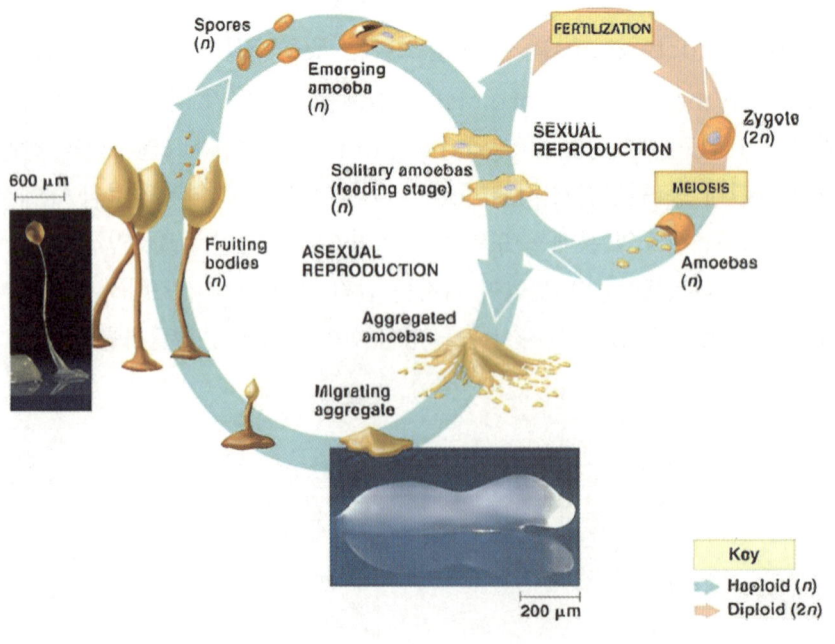

ⓑ 무각아메바류(gymnamoebas): 크기가 크고 다양한 무리의 아메보조아류로 구성되며 세균과 다른 원생생물을 적극적으로 섭취하는 종속영양생물임

ⓒ 기생아메바류(*Entamoeba*): 모든 척추동물과 일부 무척추동물을 감염시키며 인간에 기생하는 아메바 중 이질아메바만이 병원성임

ⓛ 후편모류(opisthokont): 동물, 균류, 몇 개의 원생생물 그룹을 포함하는 꿩장히 다양한 진핵생물 그룹임

1 균류의 영양과 구조

(1) 균류의 영양과 역할

㉠ 종속영양생물: 체외환경으로 강력한 가수분해효소를 분비하여 분해된 산물을 흡수하거나 일부는 식물세포벽을 관통하는 효소를 이용하여 식물세포로부터 영양분을 흡수함

㉡ 생태적학적 역할: 분해자, 기생자, 상리공생자로서의 역할을 수행함

　ⓐ 분해자: 동물이나 식물의 사체, 생물체의 노폐물과 같은 유기물을 분해하여 영양물질을 흡수함

　ⓑ 기생자: 살아있는 숙주세포로부터 영양물질을 흡수하며 일부는 병원성임

　ⓒ 상리공생자: 숙주 생물체로부터 영양물질을 흡수하지만 숙주에게 이득을 주는 활동으로 상호혜택을 교환함　ex. 균류와 식물의 균근 형성

(2) 균류의 구조

다세포섬유와 단세포로 구분함

㉠ 일반적 몸체 형태: 다세포 균류는 환경으로부터 영양분을 흡수하는 능력을 향상시키는 구조를 지님

ⓐ 균류의 몸체는 전형적으로 균사(hyphae)라고 부르는 미세한 섬유의 망상구조는 형성하는데 균사의 굵기를 증가시키기보다는 길이를 증가시킴으로써 전체적인 흡수면적을 넓힘

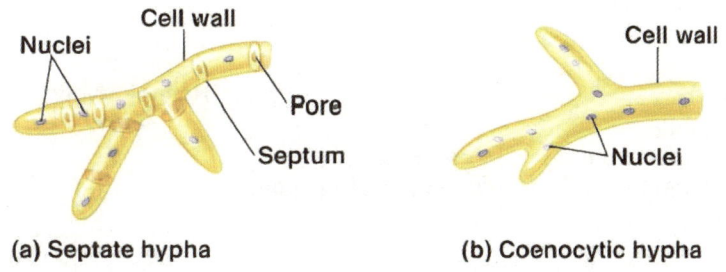

(a) Septate hypha　　　　**(b) Coenocytic hypha**

ⓑ 키틴(chitin)으로 구성된 세포벽이 존재하며 대부분의 균류에서는 격벽(septa)이라 하는 가로벽에 의해 세포가 구분됨. 격벽은 리보솜과 미토콘드리아, 심지어는 핵의 이동이 가능할 만큼의 큰 구멍을 가지고 있으나 일부는 격벽을 지니지 않는 다핵체(coenocyte) 균류임

ⓒ 균사가 서로 얽혀 있는 균사체(mycelium)를 형성하는데, 균사체의 구조는 S/V(표면적 대 부피) 비율을 극대화시켜 먹이를 보다 효과적으로 흡수할 수 있게 됨

ⓛ 균근균류의 특수 균사

ⓐ 일부 균류 종은 숙주로부터 영양분을 추출하거나 또는 상호교환하는데 이용되는 흡기(haustoria)를 지님

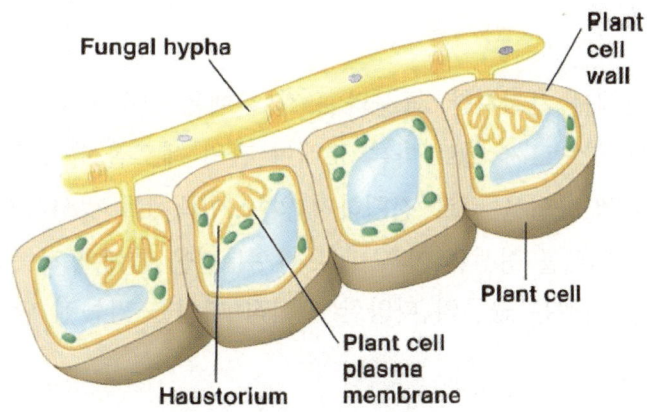

ⓑ 균근균류는 균사체의 망상조직이 토양으로부터 인산이온과 다른 무기질을 얻는데 식물의 뿌리보다 효과적이므로 무기질을 식물체에 공급하는 것을 향상시킬 수 있음

1. 외생 균근균류(ectomycorrhizal fungi): 뿌리 표면에 걸쳐 균사로 덮개를 형성하며 뿌리 피층의 세포외공간으로 침투하여 자람
2. 수지상 균근균류(arbuscular mycorrhizal fungi): 뿌리세포의 세포벽을 따라 가지를 내뻗는 균사를 신장시켜 세포막의 만입에 의해 형성된 관 안을 따라 자람

2 균류의 생활사

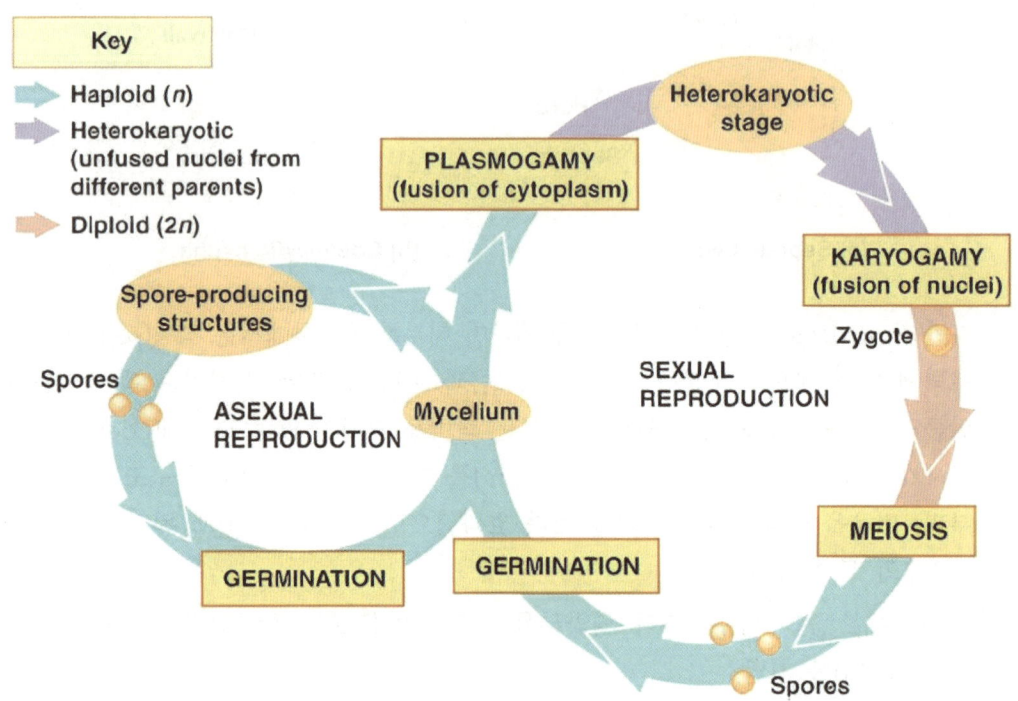

(1) 유성생식

일시적인 이배체 단계를 가지지만, 균사와 포자의 핵은 반수체임

㉠ 성 페로몬을 분비함으로써 서로 다른 교배형 간의 세포질 융합을 진행함

㉡ 세포질 융합 후 핵 융합을 바로 진행하지 않아 이핵체를 형성하게 됨

㉢ 핵융합을 통해 이배체를 형성한 이후 바로 감수분열을 통해 포자를 형성함. 핵융합과 감수분열의 유성생식 과정은 균류의 다양한 유전적 변이를 가능케 함.

(2) 무성생식

㉠ 많은 균류는 체세포 분열에 의해 반수체 포자를 형성하여 번식함

㉡ 효모(yeast; 단세포성 균류): 보통의 세포분열이나 부모세포로부터의 출아를 통해 번식함

㉢ 불완전균류(deuteromycete): 유성생식 단계가 없이 무성생식으로만 번식하는 균류

균류의 구분

(1) 병꼴균류(Chytridiomycota): 균류 진화 과정에서 가장 먼저 분기됨

㉠ 키틴질로 된 세포벽을 지니며, 다른 균류군과 몇몇 중요한 효소 및 대사경로를 공유함

㉡ 일부는 균사체를 형성하며 또다른 일부는 구형세포로 존재함

㉢ 동물성 포자(zoospore; 유주자)라고 부르는 편모가 달린 포자를 지님

(2) 접합균류(zygomycetes): 격벽이 존재하지 않는 균류

「검은빵곰팡이(Rhizopus stolonifer)의 생활사」

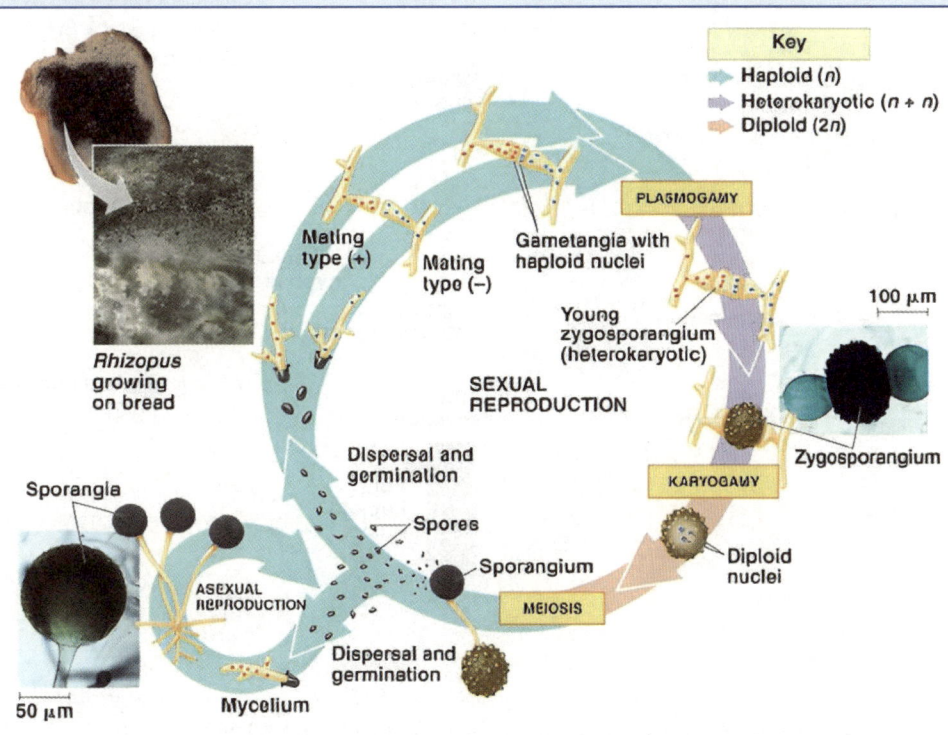

㉠ 균사는 다핵성이며 생식세포가 형성되는 곳에서만 격벽이 발견됨

㉡ 무성생식 시에는 수직으로 자란 균사 끝에 공 모양의 검은색 포자낭이 발달함

㉢ 유성생식 시에는 세포질 융합을 통해 접합포자낭(zygosporangium; 동결과 건조에 저항성이 있는 구조)을 형성하는데 이곳에서 핵융합과 감수분열이 일어남. 접합포자낭은 보통 의미의 접합자가 아니라 다수의 반수체 핵을 가진 이핵성 구조이며 핵융합 후에는 여러 이배체 핵을 갖는 다핵성 구조가 됨

(3) 생균근균류(Glomeromycota)

거의 모든 내생균근균은 수지상균근(arbuscular mycorrhizae)을 형성하며 모든 식물의 약 90%와 공생관계를 형성함. 식물 뿌리세포로 밀고 들어가는 균사의 끝부분은 수지상체라고 하는 미세한 가지모양의 구조로 분지함

(4) 자낭균류(Ascomycota)

주머니 모양의 자낭(ascus)에서 유성포자를 형성함

「붉은빵곰팡이(Neurospora crassa)의 생활사」

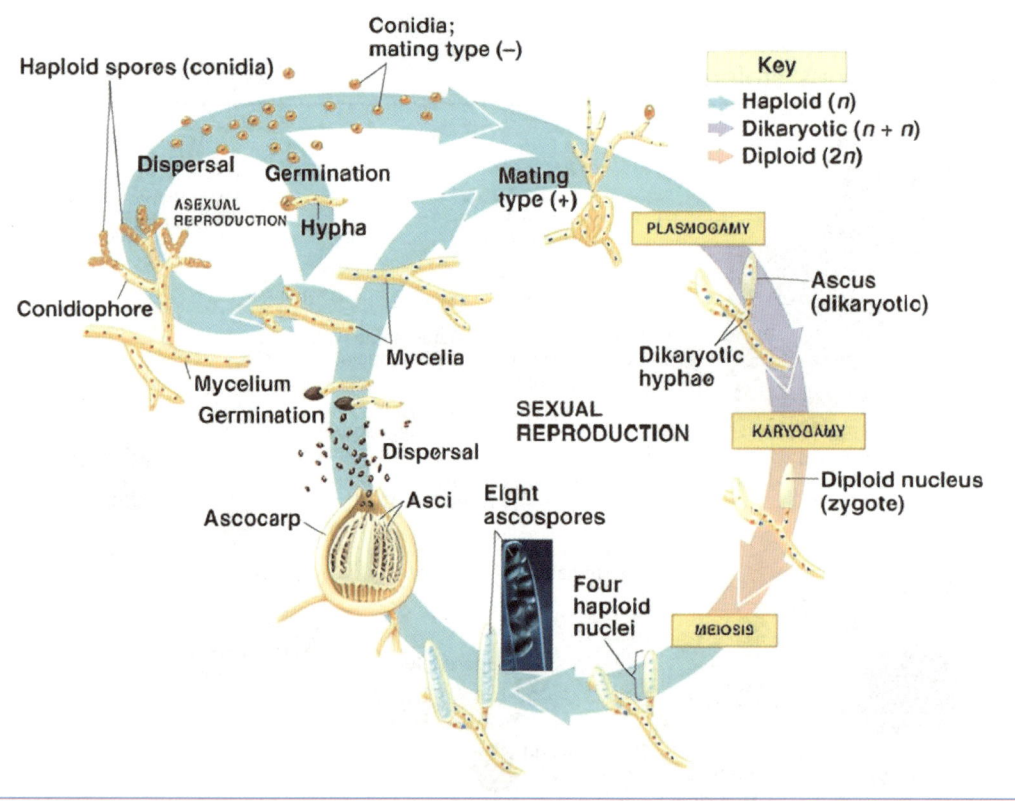

ㄱ 접합균류와는 달리 자실체인 자낭과(ascocarp)에서 유성단계를 가짐

ㄴ 분생자(conidia)라고 하는 엄청난 수의 무성포자를 균사의 끝 부분에서 형성함으로써 무성생식을 수행하거나 또 다른 교배형의 균사체의 균사와 융합하여 유성생식을 수행함. 자낭 내부에서 핵융합에 의해 이배체가 형성되고 감수분열과 체세포분열을 거쳐 8개의 자낭포자가 형성됨

ㄷ 자낭균류의 긴 이핵단계는 유전자 재조합의 기회를 증가시킴

ㄹ 식물체의 주요 분해자이며 모든 자낭균류의 40% 이상이 지의류 형태로 녹조류나 남세균과 공생관계를 이루며 살아감

(5) 담자균류(Basidiomycota): 담자기 내에서 유성포자를 형성함

「버섯의 생활사」

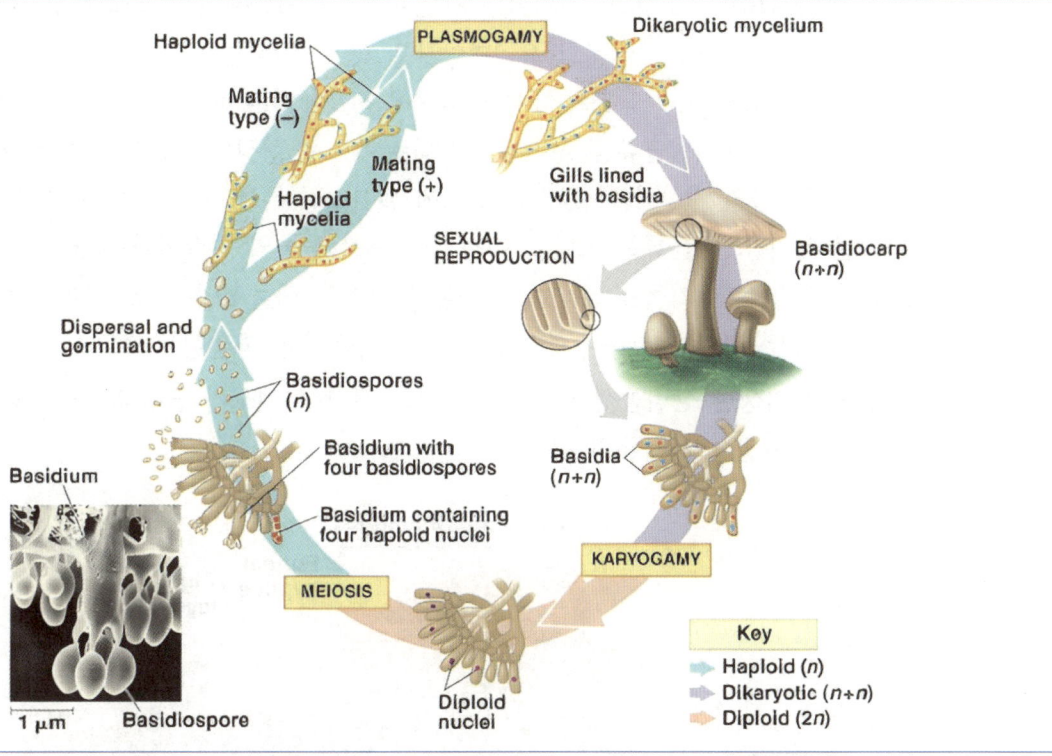

- ㉠ 이핵성 균사체의 단계가 길어서 유전자 재조합의 기회가 증가함
- ㉡ 핵융합 시 각 담자기의 두 핵은 융합하여 이배체 핵을 형성하며 이후 감수분열을 통해 4개의 반수체 핵을 형성함
- ㉢ 식물체의 중요한 분해지이며 일부는 리그닌을 잘 분해함

4 균류의 생태학적 역할

(1) 분해자

균류는 식물세포벽의 주요 구성물질인 셀룰로오스나 리그닌과 같은 유기물의 분해자로 적응하게 됨. 분해자 없이는 질소와 다른 주요 원소들이 유기물의 원소로 묶여 있을 것이므로 각종 원소의 생지화학적 순환이 멈추게 될 것이고 결국 모든 생명은 사라지게 될 것임

(2) 상리공생자

㉠ 균류–식물 상리공생

   ⓐ 균른(mycorrhiza): 균류와 식물 간의 상호작용으로 식물에게는 수분과 무기염류 가용성을 증가시키고 균류에게는 식물의 유기영양분을 획득할 수 있는 기회를 제공하게 됨

   ⓑ 내생식물(endophyte): 식물의 내부에 살면서 식물에게는 해를 입히지 않는 균류로서 대부분의 내생식물은 자낭균류임. 초식동물을 막는 독소를 형성하거나 고온, 가뭄 또는 중금속에 대한 숙주식물의 저항성을 증가시킴으로써 일부 초본류에 이득을 주는 것으로 알려짐

㉡ 균류–동물 상리공생: 균류는 소나 개미와 같은 초식동물의 위장이나 동물체 외부에서 동물이 소화할 수 없는 유기물을 분해하여 동물로 하여금 식물체의 주요 소비자가 되도록 하며 그 대신 균류는 개미가 그들에게 가져다주는 식물체에 의존함

㉢ 균류–광합성 미생물 상리공생(지의류): 수백만 광합성 세포가 균류의 균사 덩어리에 붙어 있는 광합성 미생물과 균류의 공생체

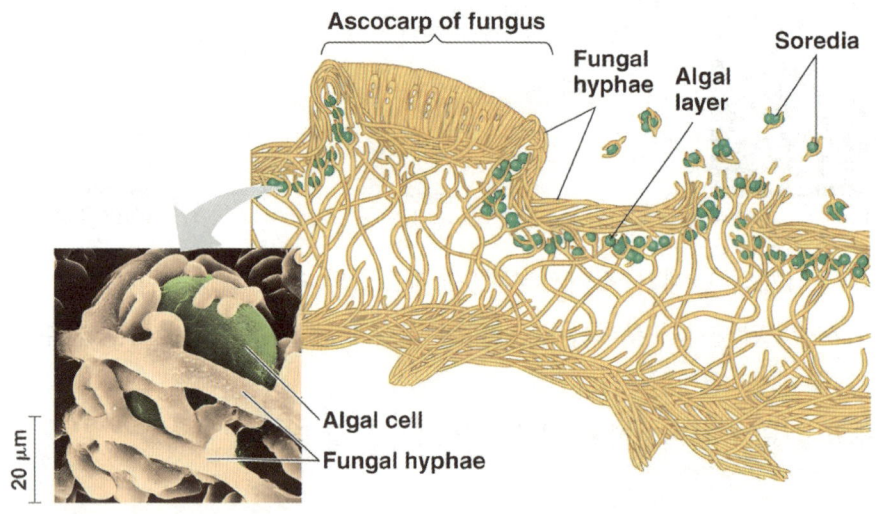

   ⓐ 균류 쪽 공생자는 주로 자낭균류이며 광합성 공생자는 단세포 또는 섬유상 녹조류나 남세균임

   ⓑ 조류와 남세균은 각각 유기물과 질소화합물을 균규에게 제공하며 균류는 광합성 공생자의 생장에 적합한 환경을 제공함

「**지의류의 구성원으로서의 균류의 기능**」
_____

Ⓐ 균사의 물리적 배열이 기체교환을 가능케 함
Ⓑ 공기 중의 먼지나 비로부터 흡수된 무기질과 물을 간직함
Ⓒ 무기질의 흡수를 돕는 산을 분비함
Ⓓ 균류의 색소는 조류와 남세균을 강한 빛으로부터 보호함
Ⓔ 일부 균류의 경우 독성화합물을 분비하여 동물에 의한 피식을 방지함

ⓒ 지의류의 생식: 지의류의 균류는 자낭과나 담자과를 형성하여 유성생식으로 번식하고 지의류의 조류는 균류와는 독립적으로 무성생식을 통해 번식함. 또는 공생 단위체로서 작은 균사 덩어리인 분아(soredia)를 형성하는 방식으로 번식하기도 함

ⓓ 새로이 형성된 암석이나 토양 표면의 중요한 개척자 생물로 작용하고 암석이나 토양의 표면을 물리적이거나 화학적인 방식으로 분해하며, 바람에 날려온 유기질소를 보충하여 이후 식물의 정착을 촉진하게 됨

ⓔ 아황산가스 등에 특히 민감하여 해당 지역의 공해 정도를 알 수 있게 하는 지표식물임

(3) 병원균

일부의 균류는 식물이나 동물의 기생생물이거나 병원균임

「병원균으로서의 균류의 예」

Ⓐ 식물에 유해한 병원균의 예
  1. 밤나무줄기마름병균(Cryphonectria parasitical)
  2. 소나무가지마름병균(Fusarium circinatum)
Ⓑ 인간에 유해한 병원균의 예
  1. 누룩곰팡이(Aspergillus): 일부는 아플라톡신(aflatoxin)이라는 발암물질을 분비하여 곡물과 땅콩을 오염시킴
  2. 맥각균(Claviceps purpurea): 호밀에 맥각이라는 보라색 구조를 형성하는데 맥각으로부터 나온 독소가 과저, 신경 경련, 심한 통증, 환각과 일시적인 정신이상 등의 증상, 이른바 맥각중독(ergotism)을 유발함
  3. 백선균(Tricophyton): 피부 진균중의 하나인 백선을 유발함
  4. Coccidioides immitis: 콕시디오이데스진균증(coccidioidomycosis)이라는 폐결핵과 증상이 유사한 전신성 진균증을 유발함
  5. 칸디다균(C무야얌 albicans): 질 벽과 같은 대부분의 상피에 정상적으로 서식하나 특정 환경 하에서는 매우 빠르게 번식하여 이른바 효모 감염을 일으킴
  6. 검은곰팡이균(Stachybotrys chartarum): 실내 곰팡이로서 여러 질병과의 연관이 있는 것으로 간주됨

10 식물(plants)

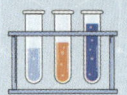

1 녹조류로부터의 육상식물 진화

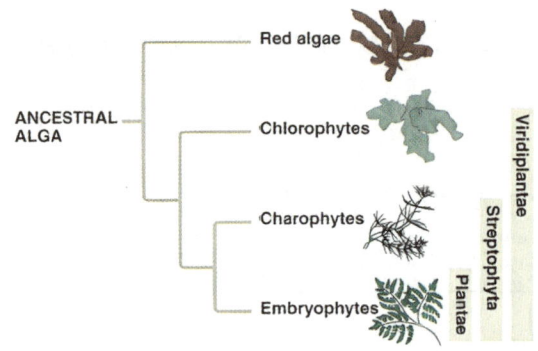

(1) 형태학적, 생화학적 증거 - 차축조류와 육상식물의 공통형질

⊙ 로제트형(rosette shaped)의 셀룰로오스 합성 복합체

ⓒ 퍼옥시좀 효소

ⓒ 편모성 정자의 구조

ⓒ 세포 격막형성체의 형성

(2) 육상식물의 공유파생형질

⊙ 세대교번(alternation of generation): 생활사에 다세포성 반수체와 다세포성 이배체 상
태가 모두 존재하며 각각을 배우체 세대와 포자체 세대하고 함

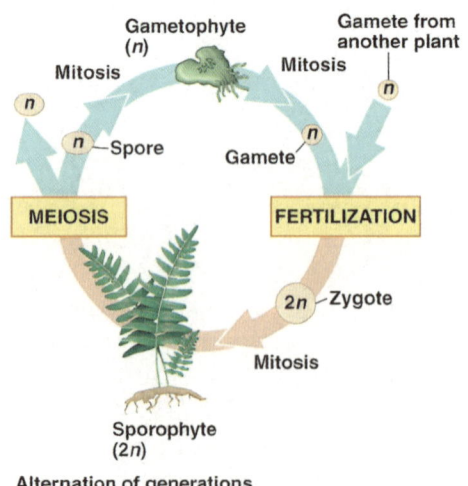

Alternation of generations

ⓐ 배우체(gametophyte)의 세포는 반수성으로 한 세트의 염색체만을 지니며 유사분열에 의해 배우자를 형성하고 그 배우자는 융합하여 이배체 접합자를 형성함

ⓑ 이배체 접합자는 유사분열을 통해 포자체(sporophyte)를 형성하며 성숙한 포자체에서는 감수분열을 통해 반수성의 포자를 형성하고 포자는 유사분열을 통해 다세포성의 배우체가 됨

ⓛ 다핵성이며 의존적인 배: 다세포성 식물 배는 접합자로부터 발달하여 모계부모의 조직 내에 남아서 배반전위세포(placental transfer cell)를 모조직으로부터 배로의 영양분 전달을 수행함

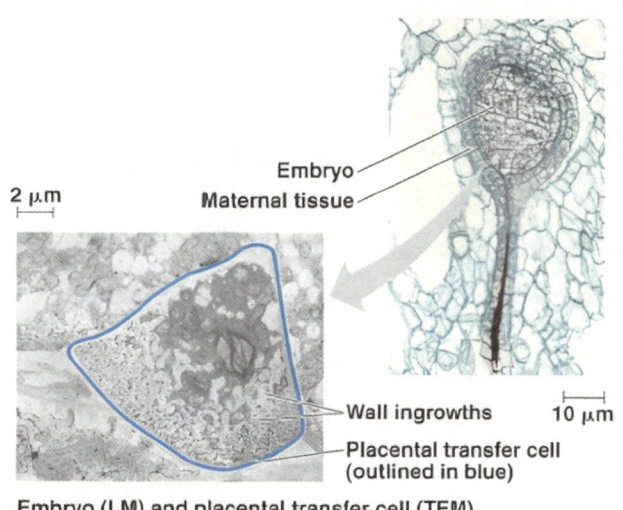

Embryo (LM) and placental transfer cell (TEM) of *Marchantia* (a liverwort)

ⓒ 포자낭으로부터의 포자 형성: 식물의 포자는 반수체 생식세포로 유사분열을 통해 다세포성 반수성 배우체를 형성함

Sporophytes and sporangia of *Sphagnum* (a moss)

ⓐ 포자체의 다세포성 기관인 포자낭에서 포자모세포라 부르는 이배체 세포가 감수분열을 거쳐 반수체 포자를 형성함

ⓑ 식물 포자의 벽은 스포로폴레닌이라는 매우 단단한 층으로 싸여 있어 포자가 건조한 환경에서도 손상을 입지 않고 분산을 가능케 함

ⓔ 다세포성 배우자낭: 다세포성 배우자낭에서 배우자를 형성함

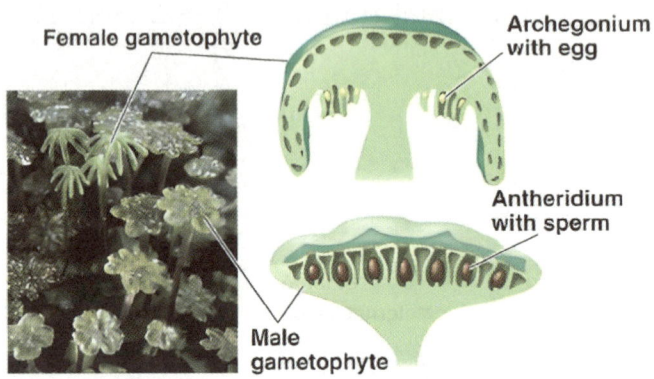

Archegonia and antheridia of *Marchantia* (a liverwort)

ⓐ 장란기(archegonia): 자성배우자낭이며 하나의 난세포를 생성하는 꽃병 모양의 기관

ⓑ 장정기(antheridia): 웅성배우자낭이며 정자를 형성하여 밖으로 방출함

ⓜ 정단분열조직(apical meristem): 뿌리와 줄기의 끝에 위치하며 세포분열을 통해 길이 신장을 유발하게 됨

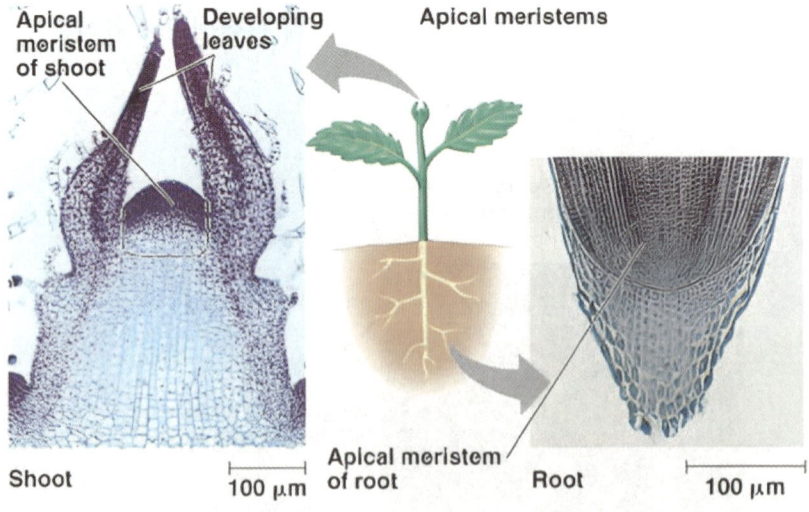

(3) 육상식물의 개괄적 구분

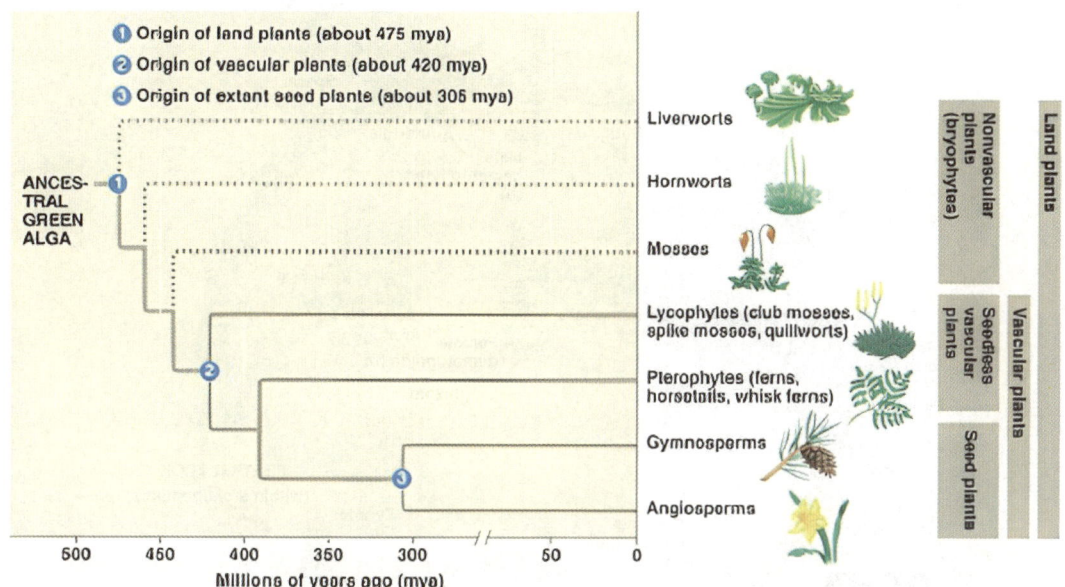

ㄱ 선태류(bryophyte): 비유관속식물

ㄴ 양치류(pterophyte): 유관속식물, 비종자식물

ㄷ 겉씨식물(gymnosperm): 유관속식물, 종자식물, 씨방無

ㄹ 속씨식물(angiosperm): 유관속식물, 종자식물, 씨방有

2 선태류(bryophyte) – 비유관속식물

(1) 선태류의 생활사

ㄱ 선태류의 배우체: 배우체가 포자체보다 더욱 크고 오래 생존하며 포자체는 생활사의 일부에 지나지 않음

  ⓐ 배우체의 형성: 포자는 적절한 환경에서 원사체(protonema; 분자 형태이며 세포 굵기의 실모양을 지님)를 형성한 후 원사체의 정단분열조직에서 배우체병이 형성되고 이것이 배우체가 됨

  ⓑ 선태류 배우체의 얇은 조직은 관다발 조직이 없어 크게 자라지 못하고 일부의 경우 줄기의 중앙에 통도조직이 있어서 어느 정도까지는 자랄 수 있음

  ⓒ 배우체는 섬세한 가근(rhizoid)에 의해 지지됨. 가근은 식물의 뿌리와는 달리 지지기능만 수행함

「이끼류의 생활사」

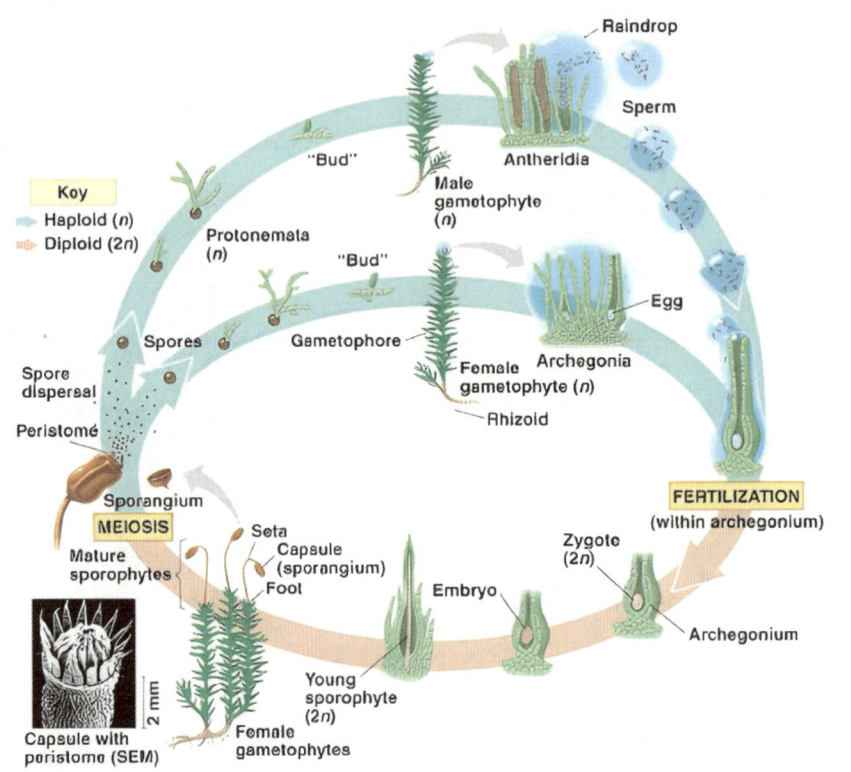

ⓓ 성숙한 배우체는 배우자낭 내에서 배우자를 형성함

   1. 장란기에서는 하나의 난자를 형성하며 장정기에서는 여러 개의 정자를 형성함

   2. 일부 선태류의 경우 장란기와 장정기가 하나의 배우체에 존재하나 태류에서는 보통 하나의 배우체에는 장란기나 장정기 둘 중 하나만 존재함

   3. 장란기에서 수정이 되며 태반세포층이 자라나는 배에 영양분을 공급하며 성숙케 함

   4. 정자가 난자에 도달하는 데에는 수막을 필요로 함. 따라서 선태류들은 습한 서식지에서 주로 발견됨

ⓛ 선태류의 포자체: 포자체는 배우체에 부착되어 남아 있으며 각종 영양분을 공급받음

   ⓐ 포자체는 하나의 발, 병, 포자낭으로 구성됨

     1. 발(foot): 장란기에 함몰되어 있으며 배우체로부터 영양분을 흡수함

     2. 병(seta): 영양물질을 포자낭으로 공급함

     3. 포자낭(capsule): 감수분열에 의해 포자를 형성하는 기관. 대부분의 태류에서는 병이 길어져 포자낭이 높이가 커져 포자의 분산을 증진시킴

   ⓑ 각태류와 태류의 포자체는 선류의 것보다 크고 보다 복잡한 구조를 지님. 예를 들어 각태류와 태류의 포자체에는 CO_2와 O_2의 교환을 가능케 하는 기공장치(stomata)가 존재함

(2) 선태류의 분류

ⓐ 태류문(liverworts; Hepatophyta): 배우자낭은 배우체병에 의하여 위로 발달하며 포자체는 짧은 병과 둥근 포자낭을 지님

ⓑ 각태류문(hormwort; Anthocerophyta): 전형적인 포자체는 5cm정도 높이까지 자라며 하나의 포자낭이 축을 따라 길게 발달하였고 뿔의 끝부분부터 열리면서 찢어져 포자가 방출됨. 배우체는 지름 1~2cm 정도이며 옆으로 자라고 여러개의 포자체를 지님. 질소고정 남세균과의 공생관계로 인해 나지토양의 개척자로도 작용함

ⓒ 선류문(mosses; Bryophyta): 태류와 각태류에 비해 수직적으로 자람. 이끼류의 포자체는 길게 늘어나서 육안으로 관찰 가능

3 비종자 관다발식물

(1) 관다발식물의 특징

ⓐ 포자체가 우점하는 생활사: 현존 관다발식물은 세대교번에서 포자체세대가 보다 크고 복잡함

「양치류의 생활사」

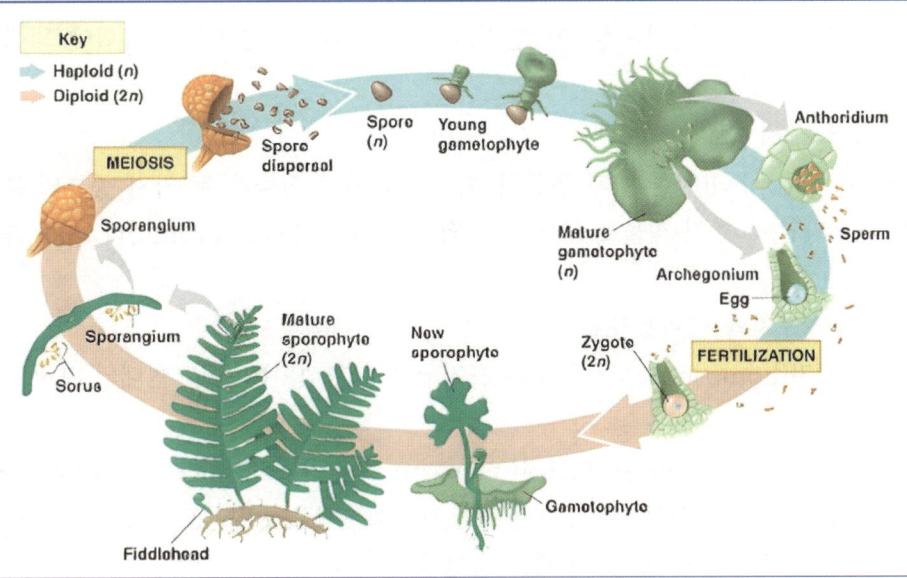

ⓑ 물관부와 체관부를 통한 물질수송

  ⓐ 물관부: 대부분의 수분과 무기염류의 통로로 헛물관으로 구성되고 리그닌화 되어 있음. 목질화된 관다발조직은 관다발식물의 크기 성장에 기여하게 됨

ⓑ 체관부: 당류의 수송 세포가 관상으로 배열되어 유기화합물의 수송을 담당함

ⓒ 뿌리의 진화

ⓐ 뿌리의 기능: 관다발식물을 지지하고 토양으로부터 물과 영양물질을 흡수할 수 있는 기관이며 또한 줄기시스템이 더욱 크게 자라도록 하는데 기여함

ⓑ 뿌리의 기원: 고대 관다발식물의 줄기 하단부 또는 지하줄기로부터 발달한 것으로 추측함

ⓔ 잎의 진화

ⓐ 잎의 기능: 관다발식물을 표면적으로 증가시켜 광합성시 보다 많은 태양에너지를 받아들일 수 있게 함

ⓑ 잎의 기원: 크기와 복잡성에 따라 대엽 또는 소엽으로 구분함

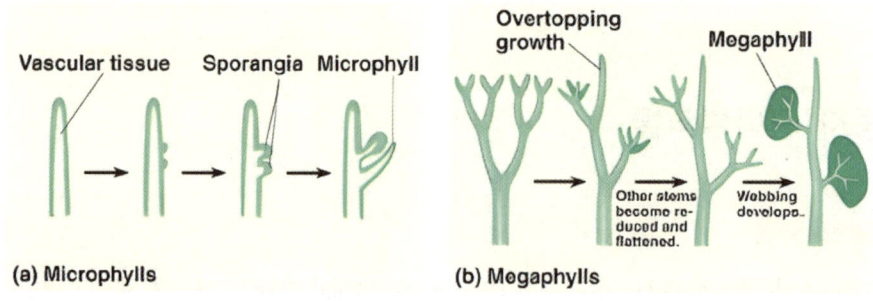

1. 소엽(microphyll): 줄기의 돌출생장에 의해 기원하였으며 하나의 비분지성 관다발조직에 의해 지지됨

2. 대엽(megaphyll): 분지성 관다발계를 지니며 분지된 줄기들의 유합에 의해 발전하였을 것이라 추측함

ⓜ 포자엽과 포자의 변이

ⓐ 포자엽(sporophyll): 한 가지 종류의 포자엽을 지닌 식물과 두 가지 종류의 포자엽(소포자엽, 대포자엽)을 가진 식물로 구분. 포자엽의 무리를 포자수(strobili)라 하며 솔방울 형태를 이룸

ⓑ 포자: 동형포자와 이형포자로 구분

1. 동형포자(homospore): 동일형의 포자엽에서 형성되는 동일 형태의 포자로서 양성배우체로 발달함

2. 이형포자(heterospore): 대포자(megaspore)와 소포자(microspore)로 구분됨. 대포자는 대포자엽의 대포자낭에서 형성되며 자성배우체로 발달하고 소포자는 소포자엽의 소포자낭에서 형성되고 웅성배우체로 발달함

(2) 비종자 관다발식물의 분류

㉠ 석송식물문: 포자체는 많은 작은 잎을 갖는 직립성 줄기와 차상으로 분지하는 뿌리를 생성

하는 땅에 부착된 줄기를 갖음. 포자엽은 모여서 곤봉 모양의 솔방울 형태의 포자수를 형성함. 석송류는 동형포자성이고 구실사리류와 물부추류는 모두 이형포자성임

ⓛ 양치식물문

 ⓐ 고사리류: 다른 비종자관다발식물과는 달리 대엽을 지님. 포자체는 보통 수평으로 가는 줄기를 지니며 많은 소엽으로 분지된 하나의 큰 잎을 발달시킴. 대부분의 종이 동형포자성임

 ⓑ 속새류: 줄기에 브러시 솔 모양의 껄끄러운 조직이 있어 수세미 대용이나 연마제로 사용됨. 일부 종은 생식줄기와 영양줄기를 따로 지니고 있음. 동형포자성으로 방출된 포자는 수컷 또는 양성 배우체로 발달함. 줄기가 주요 광합성 기관임

 ⓒ 솔잎난류: 차상분지줄기를 가지며 뿌리는 없음. 관다발이 없는 인편상의 돌기와 매우 퇴화된 잎을 지님. 모두 동형포자성이고 포자가 지하에서 자라 양성 배우체를 형성함

4   종자식물

(1) 종자식물의 육지 환경에 대한 주요 적응 현상

㉠ 퇴화된 배우체: 선태류는 배우체 우점 생활사를 지니나 양치류와 기타 비종자 관다발식물은 포자체 우점 생활사를 지님. 종자식물의 경우 소형 배우체가 어버이 포자체의 포자낭 내에 보존된 포자로부터 발달하게 된 결과 연역한 자성배우체가 환경스트레스로부터 보호될 수 있으며 배우체는 포자체에 영양물질을 의존하게 됨

㉡ 이형포자: 대포자엽의 대포자낭에서 암배우체를 형성할 하나의 기능적 대포자가 형성되고 소포자엽의 소포자에서 수배우체를 형성할 여러 개의 소포자를 형성함

㉢ 밑씨와 난자의 형성: 주피(integument)라 부르는 포자체 조직층이 대포자를 둘러싸 보호하는데 겉씨식물은 하나의 주피층이 존재하고 속씨식물은 2층의 주피층이 존재함. 대포자낭과 대포자, 그리고 주피를 통틀어 밑씨(ovule; 배주)라고 함

㉣ 화분과 정자의 형성: 소포자는 수배우체를 갖는 화분으로 발달함. 화분은 스포로폴레닌이라는 매우 단단한 중합체 벽으로 보호되어 있고 바람 또는 동물에 의해 암술로 수분되고 수분 후에 화분관에 의해 정자는 난자로 이동할 수 있게 됨

 ⓐ 화분에 의한 수분이 가능하기 때문에 전자의 이동에 물이 필요없게 됨

 ⓑ 화분관에 의해 정자가 난세포로 직접 이동하기 때문에 정자는 운동성 편모가 필요 없음

㉤ 종자의 형성: 정자가 난자와 수정한 이후 접합자는 포자체인 배로 자라고 밑씨가 종자로 발달함

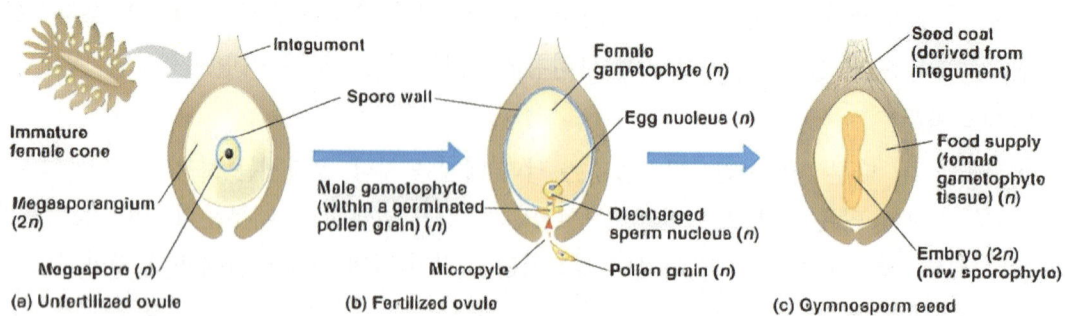

@ 종자의 구조: 배, 배에 영양분을 공급하는 조직, 종피(주피로부터 유도된 보호층)

ⓑ 종자의 장점: 종자는 여러 층의 조직으로 되어 있으며 종피가 배를 추가적으로 보호하게 되고 종자는 저장된 영양분을 제공하여 종자가 어버이식물로부터 방출된 후 얼마간을 휴면 상태로 존재할 수 있음

(2) 겉씨식물: 씨방이 존재하지 않음

㉠ 겉씨식물의 생활사

「소나무의 생활사」

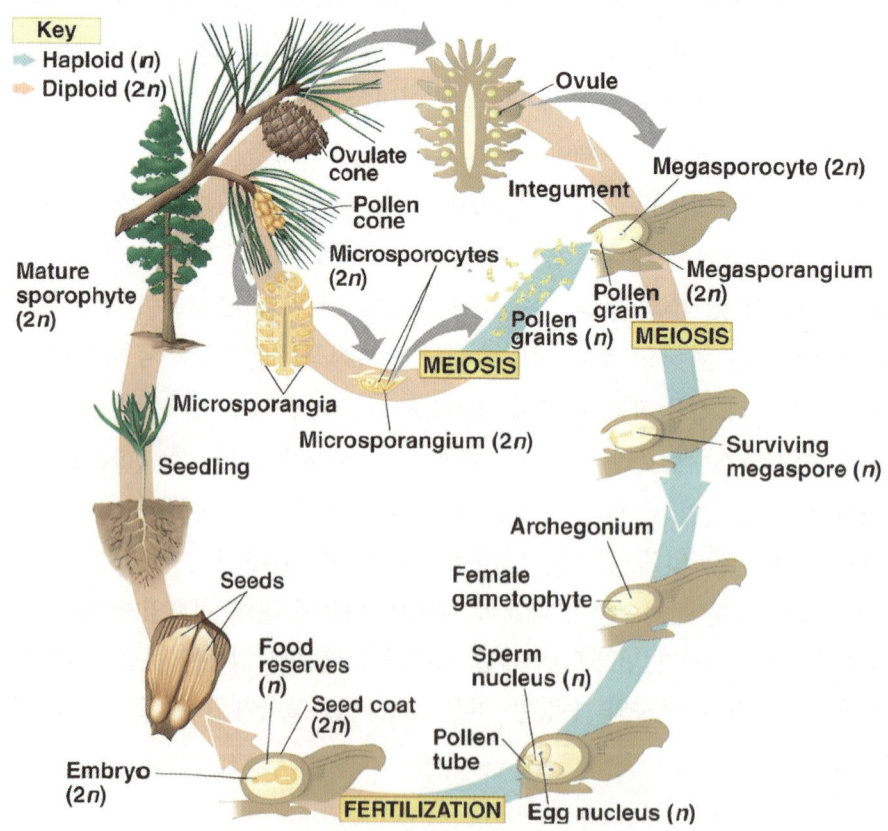

① 대부분의 구과류는 하나의 나무에 밑씨솔방울(자화수)과 화분솔방울(웅화수)을 동시에 가짐

② 하나의 화분솔방울은 소포자엽에 부착된 다수의 소포자낭을 지님. 각 소포자낭에는 소포자 모세포들을 지니는데 이들이 감수분열을 거쳐 화분으로 발달하는 반수성 소포자를 형성함

③ 하나의 솔방울 인편에 2개의 밑씨가 존재하는데 각각 하나의 대포자낭을 지님

④ 하나의 화분이 주공을 통해 들어가 발아하고 서서히 대포자낭을 녹여내면서 화분관을 형성함

⑤ 화분관이 발달하는 동안 대포자모세포는 감수분열을 거쳐 4개의 반수성 세포를 형성함. 이 중 하나가 생존하여 대포자가 됨

⑥ 자성배우체는 대포자 내에서 발달하여 각각 한 개의 난세포를 갖는 2-3개의 장란기를 지님

⑦ 난세포가 성숙할 때쯤, 화분관에서는 2개의 정세포가 발달하여 자성배우체에 다다르는데 정핵과 난핵이 융합하면서 수정이 이루어짐

⑧ 수정은 보통 수분 후 1년 뒤에 이루어지는데 모든 난세포가 수정되기도 하지만 단지 한 개의 접합자만 배로 발달함. 밑씨는 배, 영양공급조직, 종피로 구성된 종자가 됨

ⓒ 겉씨식물의 분류

    ⓐ 소철식물문: 큰 원추형 화수와 야자수 같은 잎을 가짐

    ⓑ 은행식물문: 낙엽성이고 부채 모양인 잎은 가을에 황금빛으로 물들음

    ⓒ 마황식물문: 열대성이나 사막에서도 생육하는 것이 존재함

    ⓓ 구과식물문: 대부분 상록성으로 1년 내내 잎을 보존함

(3) 속씨식물: 씨방이 존재함

ⓖ 속씨식물의 특징

    ⓐ 꽃(flower): 속씨식물의 유성생식을 위해 특수화된 구조

    1. 꽃받침(sepal): 주로 녹색이고 꽃이 열리기 전 꽃을 싸고 있음

    2. 꽃잎(petal): 대부분의 식물에서 화려한 색을 가지고 있어 수분매개자를 유인하나 풍매화에서는 일반적으로 화려한 색이 결여된 경향이 있음

    3. 수술(stamen): 소포자엽으로 수배우체를 갖는 화분으로 발달하는 소포자를 형성하며 수술대와 화분이 형성되는 꽃밥으로 구성됨

    4. 심피(carpel): 암술의 구성요소이고 대포자엽으로서 암배우체를 형성하는 대포자를 만듦. 심피의 끝

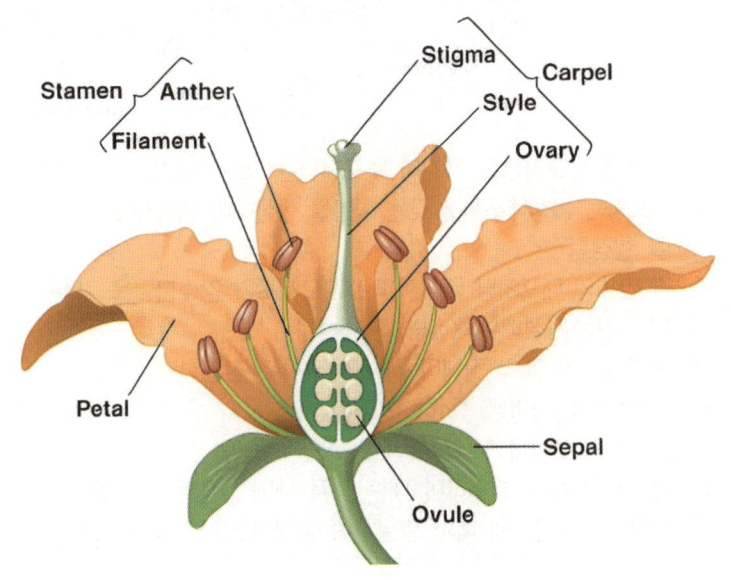

은 암술머리가 있어서 수분이 이루어지며 심피 기저부는 씨방으로 여러 개의 밑씨를 지님

ⓑ 열매(fruit): 전형적으로 하나의 성숙한 씨방으로 구성되며 다른 꽃의 기관을 포함하기도 하며 수정 후 밑씨로부터 종자가 발달하면 씨방벽은 두꺼워짐

　　1. 열매의 기능: 휴면 상태의 종자를 보호하고 종자의 분산을 돕는데 프로펠러와 같은 기능을 하는 기관이 달려있거나 동물에 의해 전파될 수 있음

　　2. 열매의 구분: 육질과, 건과, 영과(화분과)

ⓒ 속씨식물의 생활사: 속씨식물의 경우 중복수정이 일어난다는 것이 특징임

「속씨식물의 생활사」

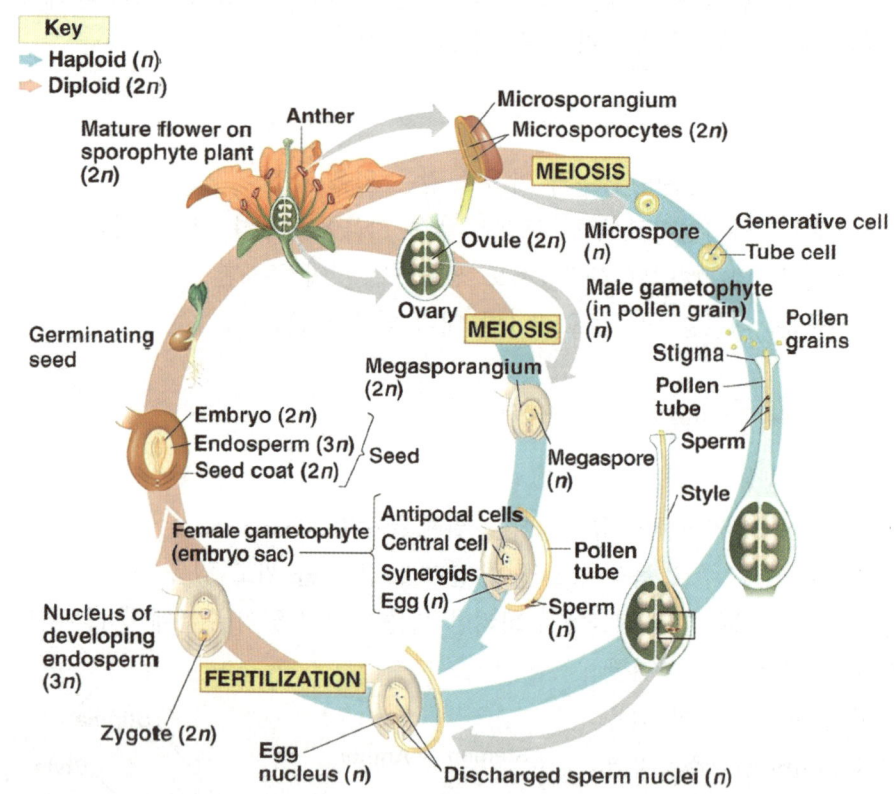

① 꽃밥은 소포자낭을 가지며 소포자낭은 소포자모세포를 가지며 이들이 감수분열을 통해 소포자를 형성함

② 소포자는 웅성배우체를 갖는 화분을 형성하며 생식세포는 분열하여 두 개의 정세포를 만들며 관세포는 화분관을 형성함

③ 각 밑씨의 대포자낭 내에서 대포자모세포가 감수분열을 거쳐 4개의 대포자를 만듦. 각각의 밑씨에서 살아남은 대포자는 자성배우체(배낭)를 형성함

④ 수분 후 두 개의 정핵이 하나의 밑씨로 진입함

⑤ 중복수정이 일어남. 즉 하나의 정자가 난자와 수정하여 이배체 접합자를 형성하며 다른 정자는 두 개의 극핵과 수정하여 3배체 핵상의 밑씨의 핵을 형성함

⑥ 접합자는 배로 발달하며 배는 종자 내에 영양물질과 함께 포장됨

⑦ 종자가 발아할 때 배가 발달하여 점진적으로 성숙한 포자체로 자람

ⓒ 속씨식물의 분류
ⓐ 기저속씨식물: 가장 오래된 계열의 식물로 수련류, 붓순나무류, 앰보렐라를 포함함
ⓑ 목련류: 목련, 계수나무, 후추 등과 같은 식물이 포함되며 목본성과 초본성이 모두 존재함. 꽃의 기관이 환상이 아닌 나선상으로 배열되는 점 등 기저속씨식물과 일부 원시적인 특성을 공유하나 실제 목련류는 외떡잎식물이나 진정쌍떡잎식물과 더 연관관계가 깊음
ⓒ 외떡잎식물류: 속씨식물의 약1/4정도로 약 7만종이 포함됨
ⓓ 진정쌍떡잎식물류: 속씨식물의 약 2/3정도로 약 17만종이 포함됨

구분	떡잎의 수	잎맥	관다발	뿌리	화분의 구멍	꽃잎의 수
외떡잎식물	떡잎 한장	보통 나란히맥	불규칙한 배열	수염 뿌리	구멍이 하나	3배수
쌍떡잎식물	떡잎 두장	보통 그물맥	환상 배열	곧은 뿌리	구멍이 3개	4 또는 5배수

11 동물(animal)

1 동물의 특성

(1) 영양방식
유기물을 섭취하여 에너지를 생성하는 종속영양

(2) 세포의 구조와 분화
㉠ 세포구조: 식물이나 균류와는 다르게 세포벽을 지니지 않고 세포외기질에 다량의 콜라겐 단백질이 존재함
㉡ 세포의 분화: 근육세포와 신경세포가 분화하여 운동과 자극 전도를 담당함

(3) 생식과 발생
㉠ 생식: 대부분의 동물은 유성생식으로 하며 생활사 단계에서 이배체 단계가 주를 이룸. 대부분의 종에서 편모를 갖고 있는 작은 정자가 운동성이 없고 큰 난자와 수정하여 이배체 집합자를 형성함
㉡ 발생: 수정란이 난할, 낭배형성, 변태 등의 과정을 거쳐 성체를 형성하게 됨

2 동물 분류 기준

(1) 대칭성: 동물의 대칭성에 따라 크게 3가지 정도로 구분됨

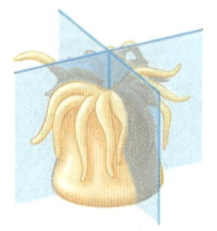
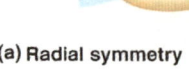
(a) Radial symmetry

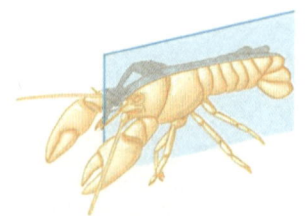
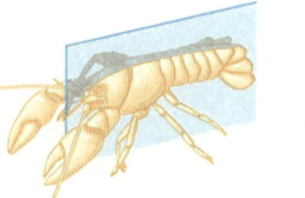

(b) Bilateral symmetry

ⓖ 무대칭적인 동물: 몸에 대칭성이 전혀 없는 동물   ex. 해면동물

ⓛ 방사대칭(radial symmetry)적인 동물: 몸의 중심축을 중심으로 항아리 모양으로 대칭적인 동물로 윗면과 바닥면은 존재하나 앞면과 뒷면, 왼쪽과 오른쪽은 없음. 많은 방사대칭동물들은 고착형 또는 부유형이며 모든 방향에서 마주치는 환경에 대해 공평하게 잘 대처할 수 있음 ex. 말미잘

ⓒ 좌우대칭(bilateral symmetry)적인 동물: 두 축의 방향성, 즉 앞면과 뒷면 윗면과 바닥면을 가지고 있음. 좌우대칭형의 체제를 가지고 있는 많은 동물들은 보통 장소를 바꿔가며 활발히 움직이며 머리 부위에 중추신경계를 포함하고 앞쪽 끝부분에 감각기가 집중되는데 이를 두화(cephalization)이라 함   ex. 편형동물 이상

(2) 조직

동물의 체제는 조직화 정도에 따라 달라지는데 진정한 조직이란 분화된 세포들의 집합체이며 다른 조직과는 구분되어 있음

ⓖ 배엽의 종류: 배엽(germ layer)이라고 하는 세포층은 발생과정이 진행됨에 따라 동물의 다양한 조직과 기관을 형성하게 됨

　ⓐ 외배엽(ectoderm): 동물의 외피를 형성하며 몇몇 동물문에서는 중추신경계 형성에 참여하게 됨

　ⓑ 내배엽(endoderm): 소화관의 벽과 이로부터 발달하는 척추동물의 간이나 폐와 같은 기관 형성에 참여함

　ⓒ 중배엽(mesoderm): 외배엽과 내배엽 사이에 존재하는 배엽으로 동물의 소화관과 외피사이에 있는 근육과 다른 기관들의 형성에 참여함

ⓛ 배엽의 수에 따른 동물 분류

　ⓐ 무배엽성 동물: 배엽이 존재하지 않는 동물   ex. 해면동물

　ⓑ 이배엽성 동물: 내배엽과 외배엽이 존재하는 동물   ex. 자포동물

　ⓒ 삼배엽성 동물: 내배엽과 외배엽, 중배엽이 모두 존재하는 동물   ex. 편형동물 이상의 모든 좌우대칭동물

(3) 체강

체강은 소화관과 체벽 사이에 액체나 공기가 들어차 있는 공간임

ⓖ 체강의 기능

　ⓐ 체강의 액체는 그 속에 매달려 있는 기관들을 완충하여 내상을 억제하는 데 기여함

　ⓑ 일부 생물에서는 일종의 내골격으로 기능하기도 함

　ⓒ 내장기관의 성장과 활동이 체벽이 주는 영향을 최소화함

ⓛ 체강의 종류에 따른 동물 분류

ⓐ 무체강 동물: 체강이 존재하지 않는 동물 ex. 해면동물

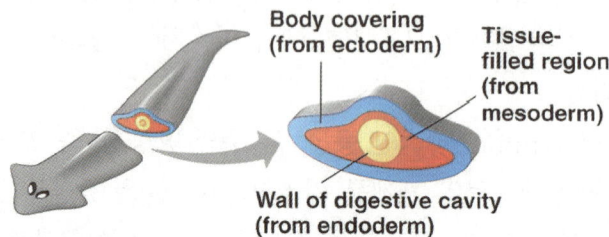

ⓑ 의체강 동물: 중배엽이 아니라 포배강에서 만들어진 체강을 지니는 동물 ex. 선형동물

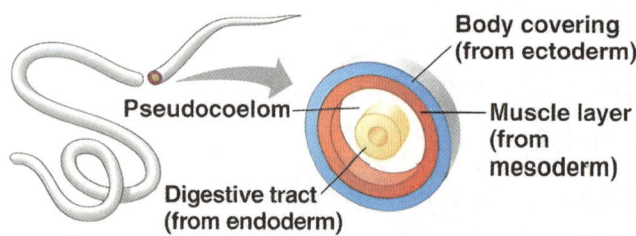

ⓒ 진체강 동물: 중배엽에서 만들어진 체강을 지니는 동물 ex. 환형동물

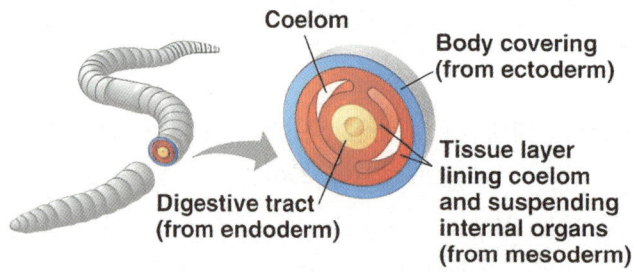

(4) 선구동물과 후구동물

㉠ 난할의 양식

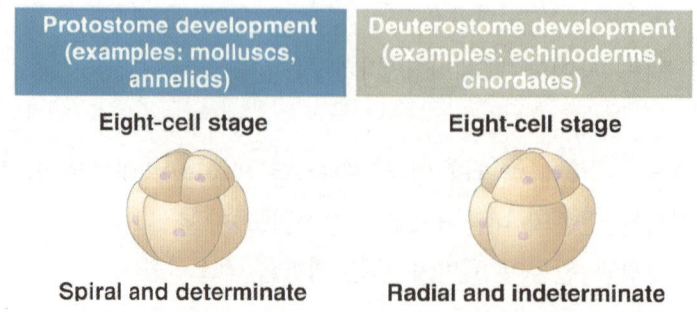

ⓐ 선구동물: 나선형 난할(spiral cleavage)을 진행하며 이 경우 세포분열이 일어나는 면은 배의 수직축에 대하여 비스듬히 놓여 있음. 또한 난할을 통해 형성된 각각의 배아세포들의 발생상의 운명이 엄격히 결정되어 있는 결정적 난할(determinte cleavage)을 진행함

ⓑ 후구동물: 방사대칭 난할(radial cleavage)을 진행하며 이 경우 난할면이 수정란의 수직축과 나란하거나 직각을 이루고 있음. 또한 초기 난할에 의해 형성된 세포들이 각각 완전한 배로 발생할 수 있는 전형성능을 지니고 있는 비결정적 난할(indeterminate cleavage)을 진행함

ⓛ 체강의 형성

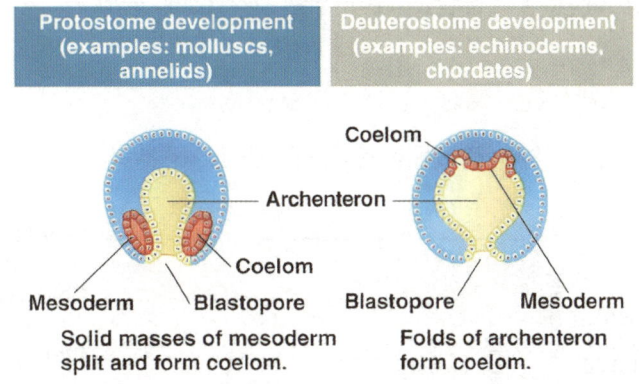

ⓐ 선구동물: 단단한 중배엽의 덩어리(원중배엽 세포)가 갈라져 체강을 형성하므로 원중배엽 세포계 동물이라 함

ⓑ 후구동물: 원장의 벽으로부터 중배엽이 싹터 나오며 이 싹 내부 공간이 체강이 되므로 원장체강계 동물이라 함

ⓒ 원구의 운명

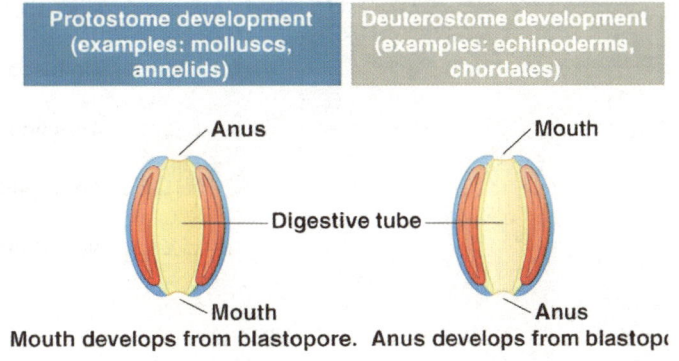

ⓐ 선구동물: 원구가 입으로 발생함

ⓑ 후구동물: 원구가 항문으로 발생함

3 동물의 계통에서 나타나는 특성

(1) 모든 동물에서 나타나는 특성

ㄱ 모든 동물은 하나의 공통조상을 공유함

ㄴ 해면동물은 기저분류군을 형성함

ㄷ 대부분의 동문문들은 좌우대칭동물 분기군에 속하며 캄브리아기 폭발 시에 급격하게 다양화됨

ㄹ 척추동물과 몇몇 다른 동물문들은 후구동물 분기군에 속함

(2) 좌우대칭 동물에서 나타나는 특성

ㄱ 형태학적 자료에 근거해서 선구동물과 후구동물로 구분됨

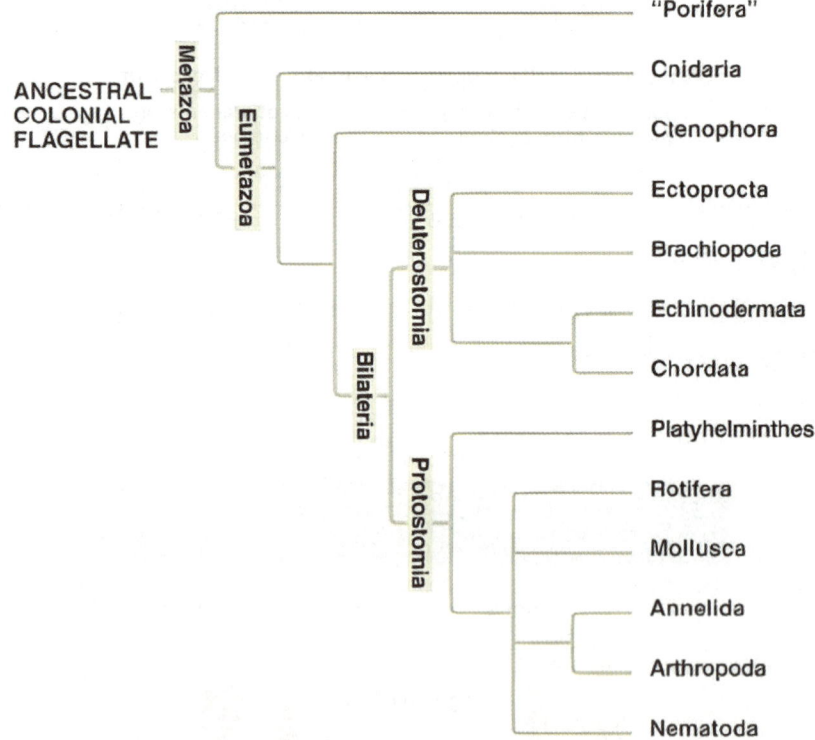

ⓒ 분자계통학적 자료에 근거해서 후구동물, 촉수담륜동물, 탈피동물로 구분됨

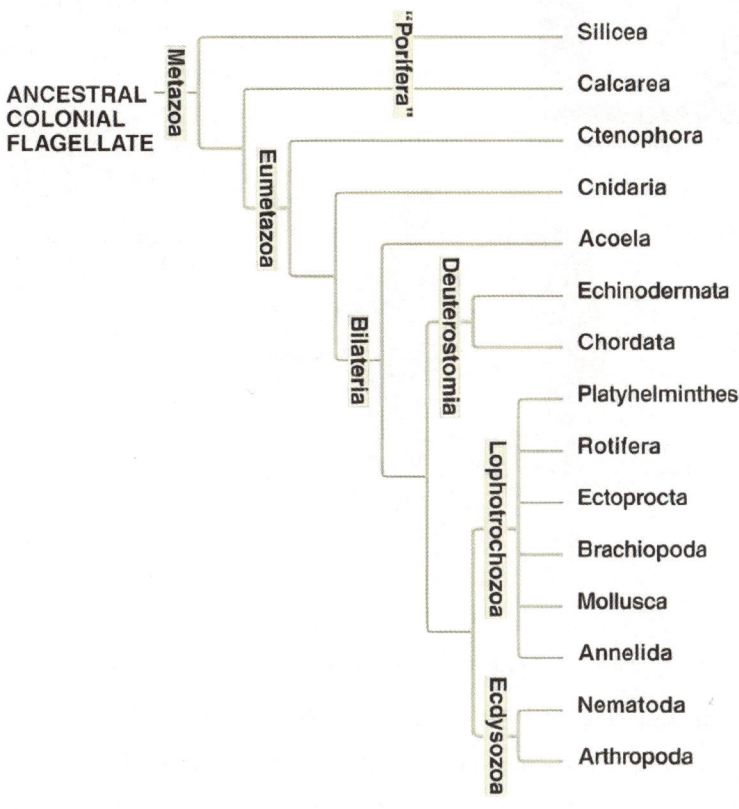

ⓐ 무체강편형동물이 편형동물과 구분되어 분류됨
ⓑ 후구동물에 속하지 않는 동물이 탈피동물과 촉수담륜동물로 구분됨. 탈피동물은 동물이 성
   장할 때 자신의 오래된 외골격을 벗고 새로운 큰 외골격을 분비하는 탈피 과정을 겪는 특성
   을 공유하며 촉수담륜동물에 속하는 일부의 동물은 촉수관을 발달시켜 섭식기능을 수행하고
   또다른 일부의 동물은 담륜자 유생이라고 하는 특징적인 유생단계를 거침

4 동물의 분류

(1) 해면동물(Porifera): 진정한 조직이 없는 기초적 동물임

ⓒ 부유물섭식자(suspension feeder): 물은 소공을 통하여 위강(spongocoel)이라는 중앙의
   공간으로 끌려들어가며 대공(osculum)이라는 큰 구멍을 통해 밖으로 흘러나감
ⓒ 해면동물의 몸은 종교(mesohyl)라고 하는 아교질 부위에 의해 분리되어 있는 2개의 세포
   층으로 이루어져 있음

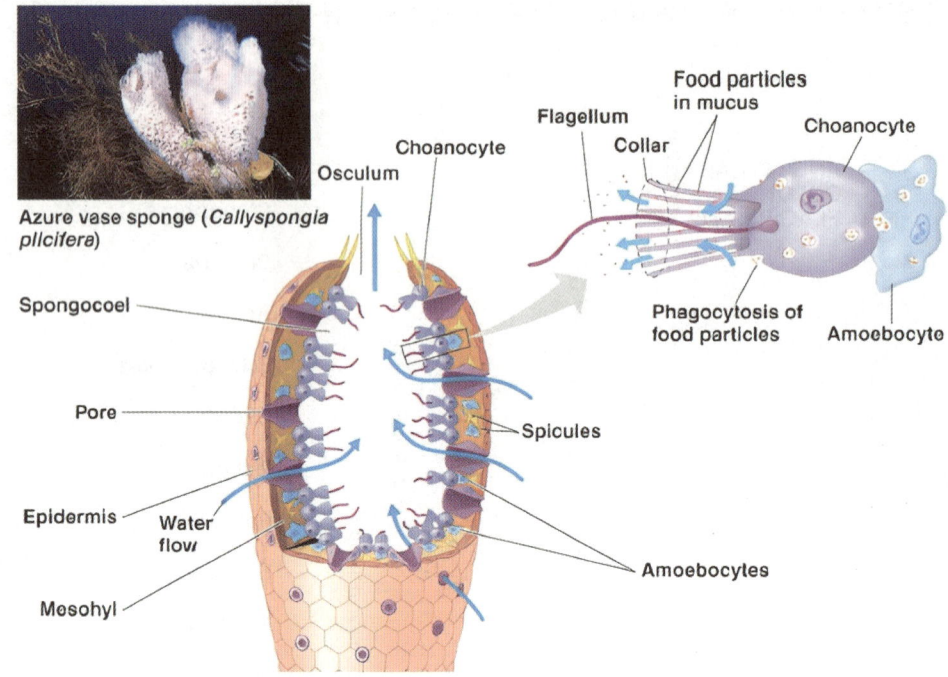

ⓒ 진정한 조직은 없으나 몇 가지 다른 유형의 세포들이 존재함 ex. 동정세포, 변형세포

    ⓐ 동정세포(choanocyte): 편모의 채찍운동을 일으켜 물이 소공으로 이끌려 들어가 대공을 거쳐 바깥으로 빠져 나오도록 하는 물의 흐름을 유발함. 동정세포에 있는 편모의 움직임이 물을 끌어당겨 동정을 거쳐 흐르도록 하는데 먹이입자들은 돌출부에 얇게 덮여 있는 점액질 속에 잡혀 식세포작용에 의해 삼켜지며 먹이의 일부는 변형세포로 이동함

    ⓑ 변형세포(amoebocyte): 물과 동정세포에서 먹이를 취하여 소화시키며, 영양소를 다른세포로 운반하며 중교 내의 골편(spicule; 탄산칼슘이나 규산염으로 이루어짐)을 형성하는 물질을 생성하고, 필요로 하는 모든 형태의 세포로 변하기도 함

ⓔ 대부분의 해면동물은 자웅동체임. 일부는 순차적 자웅동체성을 나타내기도 함

ⓜ 생식세포는 동정세포나 변형세포로부터 발생하는데 난자는 중교에 자리잡고 있으나 정자는 물의 흐름을 타고 해면동물 밖으로 이동함. 수정(타가수정)은 중교에서 일어나며 접합자는 편모를 지닌 유생으로 발생하며 알맞은 기질에 정착하여 고착형의 성체로 발생함

(2) 자포동물(Cnidaria)

㉠ 자포동물의 일반적 특성

    ⓐ 이배엽성이며 방사대칭적인 체제를 지님

    ⓑ 자포동물의 기본적인 체제는 위수강을 지니는 주머니 형태이며 폴립형과 메두사형으로 구분함. 일부는 폴립형이나 메두사형 중 하나만을 나타내나 또다른 일부는 폴립형과 메두사형 단계를 모두 지님

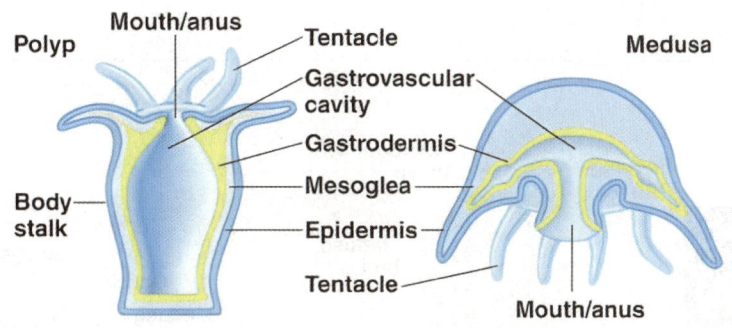

1. 폴립(polyp)형: 원통형 구조로서 입의 반대방향 부분을 기질에 부착하는 고착형임
   ex. 히드라, 말미잘
2. 메두사(medusa)형: 입이 아래를 향해 있는 납작한 폴립 형태와 같으며 이동형임
   ex. 해파리

ⓒ 입 주변에 고리모양으로 배열된 촉수를 사용하여 먹이를 포획하며 소화되지 않고 남은 찌꺼기
   는 입과 항문의 역할을 모두 수행하는 위수강으로 열려 있는 구멍을 통해 배출함. 촉수는
   자세포(cnidocyte)들로 무장되며 자세포는 자포(nematocyst)를 가지고 있어 먹이를 공격함

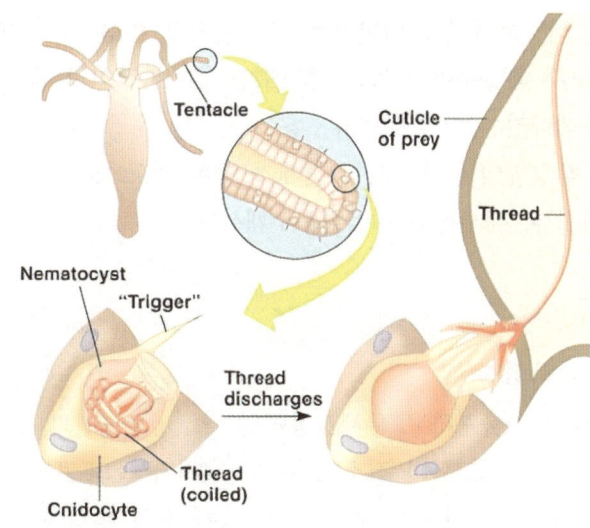

ⓓ 가장 단순한 형태의 수축조직과 신경이 나타나며 위수강은 수축성 세포들이 지지대로 삼아
   작동할 수 있게 하는 유체골격으로 작용함. 운동은 신경망에 의해 통합적으로 조절됨
ⓔ 뇌를 지니지 않으며 산만신경망은 몸 주변에 방사상으로 분포되어 있는 감각기들과 연결되
   어 모든 방향의 자극들을 동등하게 감지하여 반응하게 됨

ⓛ 자포동물의 분류

　ⓐ 히드라충강: 대부분 해양종이며 소수는 담수종임. 대부분의 종들에서 폴립과 메두사형이 모
　　두 존재하고 폴립단계에서는 종종 군체를 형성함 ex. 고깔해파리류, 담수히드라류, 혹히드
　　라류

「혹히드라속의 생활사」

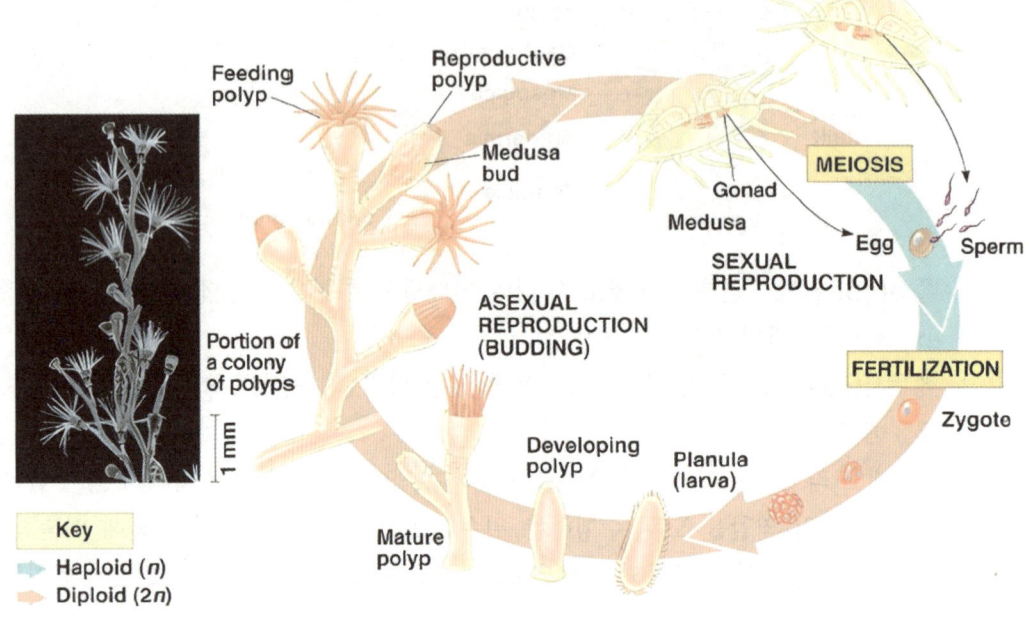

ⓑ 해파리강: 모두 해양종이며 폴립단계는 축소되거나 없음   ex. 해파리류, 관해파리류

ⓒ 입방해파리강: 모두 해양종이며 몸은 상자모양이고 복잡한 눈을 지니며 강력한 독을 지니고 있음   ex. 입방해파리류, 바다말벌류

ⓓ 산호충강: 모두 해양종이며 메두사형 단계가 전혀 없고 대부분 고착성임. 다수가 군체를 형성함   ex. 말미잘류, 대부분의 산호류, 부채산호류

(3) 편형동물(flatworm)

㉠ 편형동물의 일반적 특성

ⓐ 삼배엽성 동물임에도 불구하고 무체강동물임

ⓑ 납작한 형태로 인해 기체교환과 질소노폐물의 제거가 몸의 표면을 통한 확산에 의해 일어남

ⓒ 원신관이라는 상대적으로 단순한 배설구조를 통해 삼투 평형을 유지하며 원신관의 불꽃세포는 액체를 끌어들여 바깥을 향해 열려 있는 가지들이 있는 관을 통해 내보냄

ⓓ 대부분 단 하나의 구멍이 있는 위수강을 지니며 위수강의 미세한 가지들을 통해 먹이가 필요한 곳으로 이동함

㉡ 편형동물의 분류

ⓐ 와충강: 거의 모두 자유생활을 함. 대부분 해양종이며 일부는 담수종이고 소수는 육상종임. 육식동물과 청소섭식동물로 구분되며 몸의 표면에 섬모가 있어 이동을 수행함

「플라나리아의 구조」

① 인두(pharynx): 입은 근육질의 인두 끝에 자리하고 있으며 소화액을 머리위로 흘린 후, 인두로 음식물의 작은 조각들을 빨아들여 위수강으로 보냄
② 신경절(ganglion): 신경세포들이 밀집된 덩어리로서 한 쌍의 신경절이 앞쪽 말단에 있는 주요 감각 수용기들 근처에 위치함
③ 복신경삭(ventral nerve cold): 신경절로부터 나온 한 쌍의 신경삭으로서 몸의 길이 방향으로 따라 뻗어 있음
④ 플라나리아의 머리는 한 쌍의 안점과 특수화된 화학물질을 감지하는 양쪽 옆의 날개 구조물이 있음

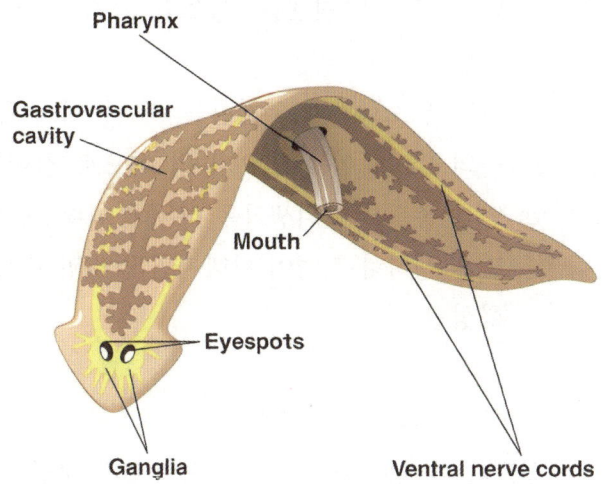

ⓑ 단생강: 해양 및 담수성 기생동물로서 대부분 어류의 외부 표면에 감염함. 생활사는 단순하며 섬모가 나 있는 유생이 숙주로의 감염을 시작함
ⓒ 흡충강: 거의 대부분 척추동물의 기생동물이며 2개의 흡반으로 숙주에 부착함. 대부분 유성생식과 무성생식을 교대하는 복잡한 생활사를 가지며 유생의 발달은 중간숙주에서 진행되고 성체는 최종숙주에서 생활하게 됨

「주혈흡충의 생활사」

① 성숙한 흡충은 사람의 장에 존재하는 혈관에서 서식합
② 사람 속에서 유성생식을 하며 수정된 알들은 배설물에 섞여 숙주를 빠져나옴
③ 배설물에 포함된 알들은 섬모가 나 있는 유생으로 발달하여 중간숙주인 달팽이에 감염함
④ 달팽이 속에서 무성생식을 한 결과 또 다른 형태의 운동성 없는 유생이 형성되는데 이 유생은 달팽이를 떠나게 됨
⑤ 유생은 경작지에서 일을 하고 있는 사람들의 피부와 혈관을 뚫고 감염함

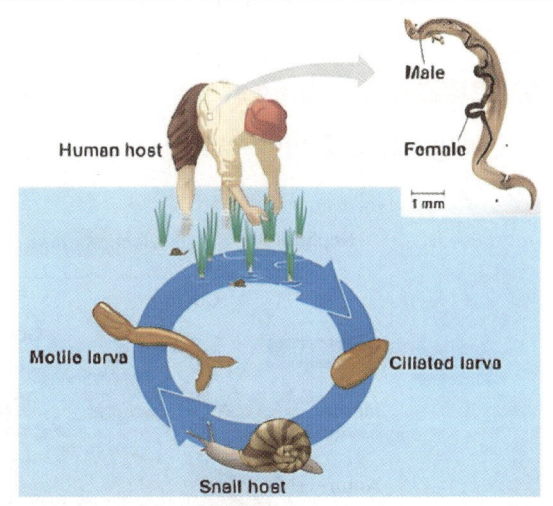

ⓓ 촌충강: 척추동물의 기생생물이며 머리마디로 숙주에 부착하고 편절에서 알들을 만들어내며 수정 후에 편절이 찢어짐. 머리와 소화계가 없으며 생활사에서 하나 이상의 중간숙주가 존재함

(4) 윤형동물(rotifer)

ㄱ 많은 종류의 원생동물들보다 크기는 작지만 진정한 다세포동물이며 특수화된 기관계를 지님

ㄴ 완벽한 소화관과 의체강을 지니는데 의체강 내의 체액은 유체골격의 역할을 수행함

ㄷ 물의 소용돌이를 일으켜 입 속으로 끌어들이는 섬모관을 지님

ㄹ 일부 종들은 단위생식을 하는데 미수정란이 수정이 없이 개체가 됨. 좋은 환경에서는 암컷만 발생하나 환경이 나빠지면 암컷과 수컷이 모두 발생하여 수정을 통해 저항성 접합자가 형성됨

(5) 촉수동물(lophophorates)

섬모가 나 있는 촉수관이 있으며 U자 모양의 소화관이 있고 뚜렷한 머리를 가지고 있지 않으며 진체강을 지님

ㄱ 외항동물(ectoprocts)

   ⓐ 군체형 동물이며 촉수관을 뻗어낼 구멍들이 있는 단단한 외골격 속에 존재함

   ⓑ 대부분 해양성이고 산호초를 형성하는 주요한 종들임

ㄴ 완족동물(brachiopods; 조개사돈류)

   ⓐ 조개류와 닮았지만 조개류와는 달리 등쪽과 배쪽의 패각임

   ⓑ 모두 해양성이며 대부분 촉수관 위로 물이 흐르도록 자신의 패각을 조금 연 채 자루를 이용하여 바다 바닥에 부착함

(6) 연체동물(molluscs)

ㄱ 연체동물의 일반적 특성

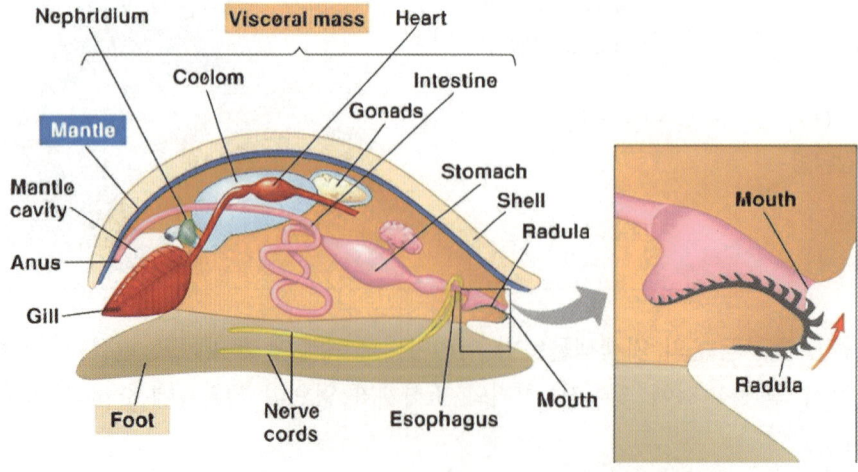

ⓐ 대부분 해양성이며 부드러운 몸을 가지고 있지만 보통 탄산칼슘으로 이루어진 단단한 패각에 의해 보호되고 있음. 다만 민달팽이류와 오징어류, 문어류는 퇴화된 내부 패각을 지니고 있거나 진화과정 동안 패각을 완전히 소실함

ⓑ 진체강 동물이며 몸은 3개의 주요 부분으로 이루어짐

    1. 발(foot): 근육질로 구성되며 이동에 이용됨

    2. 내장낭(visceral mass): 대부분의 내부기관들을 포함하는 주머니

    3. 외투막(mantle): 내장낭을 덮고 있는 조직층으로서 패각을 분비하는데 외투막이 내장낭 너머로 확장되어 외투강을 형성하는데 외투강 내에는 아가미와 항문, 배설공 등이 위치해 있음

ⓒ 달팽이의 많은 종을 제외한 대부분의 연체동물은 자웅이체이며 내장낭에 생식소를 지니고 있음

ⓓ 해양 연체동물은 생활사에 담륜자라고 하는 섬모를 가지는 유생단계를 포함하는데 이것은 해양 환형동물과 몇몇 다른 촉수담륜동물의 특징이기도 함

ⓔ 많은 연체동물은 치설이라고 하는 가죽끈과 같은 기관을 이용하여 먹이를 갈아먹음

ⓛ 연체동물의 분류

ⓐ 다판강: 해양성이며 8개의 판으로 이루어진 패각을 지니고 있으나 몸 자체에는 체절이 존재하지 않음. 이동에 발을 사용하며 치설을 통해 먹이를 갈아먹고 머리는 없음 ex. 군부류

ⓑ 복족강: 모든 현생동물의 약 3/4이 속해 있으며 대부분은 해양성이나 담수에 사는 종도 있음. 꼬임이라는 발생과정을 통해 비대칭적 몸을 지니는데 이는 나선형 패각 형성과정과는 관련이 없음. 많은 복족류들은 촉각의 말단에 눈이 있는 뚜렷한 머리를 지니며 발을 이용하여 이동하며 치설을 통해 먹이를 갈아먹음 ex. 달팽이류, 민달팽이류

ⓒ 이매패강: 해양과 담수에 서식하며 좌우 두 장의 껍질로 이루어진 패각을 지니고 머리가 퇴화되어 있음. 대부분 부유물 섭식자로서 쌍을 이루는 아가미가 있어 섭식과 기체교환에 이용함. 물은 입수관을 통해 외투강으로 들어가며 아가미를 거쳐 외투강을 빠져나감. 치설은 없음

ⓓ 두족강: 해양성이며 활발한 포식자들이 주로 포함되어 있음. 머리는 보통 흡반들이 존재하는 촉완들로 둘러싸임. 패각은 내부에 있거나 완전히 소실됨. 입은 치설을 지니기도 하고 지니지 않기도 함. 발이 변한 수공을 이용하여 분사 추진력을 만들어 이동함. 폐쇄순환계를 지니며 잘 발달된 감각기관들과 복잡한 뇌를 지님

「대합조개의 구조」

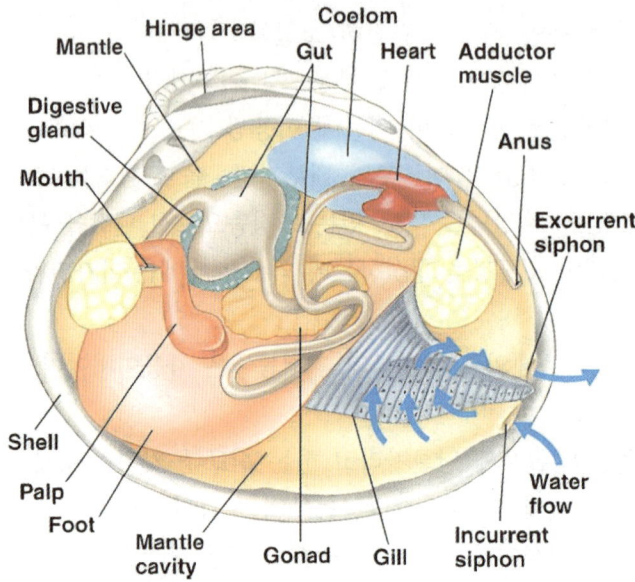

(7) 환형동물(annelids)

　　㉠ 환형동물의 일반적 특성

　　　　ⓐ 바다와 대부분의 담수 서식지, 습기가 많은 흙에서 사는 체절성 동물임

　　　　ⓑ 진체강 동물임

　　㉡ 환형동물의 분류

　　　　ⓐ 빈모강: 키틴질의 강모수가 적고 완전한 소화관을 지님. 지렁이의 경우 자웅동체이나 자가수정을 함　ex. 담수, 해양, 육상 환형동물

「지렁이의 구조」

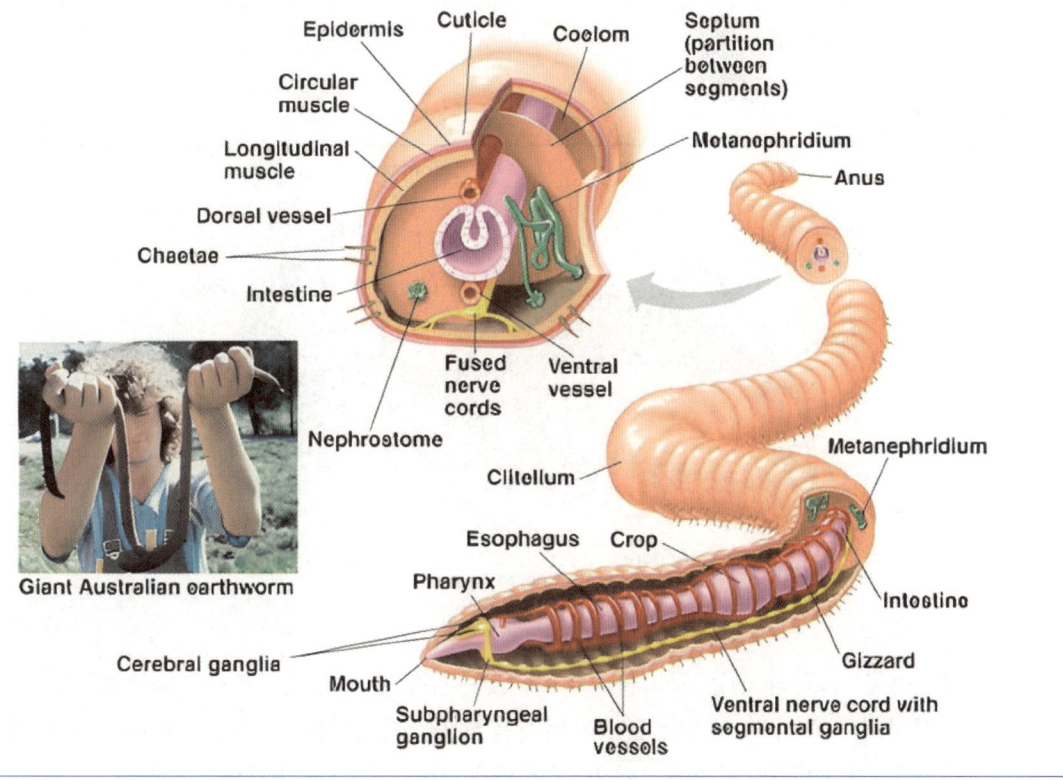

Giant Australian earthworm

ⓑ 다모강: 각 체절에는 측각이 존재하여 이동에 쓰이며 측각에 나 있는 강모수가 빈모류보다 많음. 많은 종의 다모류에서는 측각의 풍부한 혈관 분포로 인해 아가미 기능이 수행됨. 대부분 해양성임   ex. 해양성 환형동물

ⓒ 질강: 보통 납작하며 체강과 체절성이 줄어든 몸체를 지님. 강모가 없으며 흡반은 앞쪽 끝과 뒤쪽 끝에 존재함. 기생동물, 포식동물, 청소섭식동물로 구분함

(8) 탈피동물(Ecdysozoa)

㉠ 선형동물(nematodes): 수중 서식지, 토양, 습기가 있는 식물체의 조직, 동물의 체액과 조직에서 발견됨. 몸에서 체절이 발견되지 않으며 몸의 표면은 큐티클로 싸여 있음. 별도의 순환계는 지니지 않지만 완전한 소화관을 지님. 보통 체내수정에 의한 유성생식을 함

㉡ 절지동물(arthropods): 키틴질로 구성된 외골격인 큐티클로 몸의 표면이 덮여 있음. 외골격은 몸을 보호해 주며 부속지들을 움직이는 근육들의 부착장소로 작용함. 눈, 후각 수용기, 접촉과 냄새를 모두 감지하는 촉각을 포함한 잘 발달된 감각기관을 지님. 수생 절지동물은 아가미를 통해 호흡하며 육상 절지동물은 기체교환을 위해 특수화된 내부 표면을 지님

ⓐ 협각아문: 몸은 하나 또는 두 개의 주요 부분으로 구성됨. 6쌍의 부속지(협각, 촉지, 4쌍의 보각)이 존재하여 대부분 육상에 서식하거나 또는 해양성임 ex. 투구게류, 거미류, 전갈류, 진드기류, 응애류

「곤충 메뚜기의 구조」

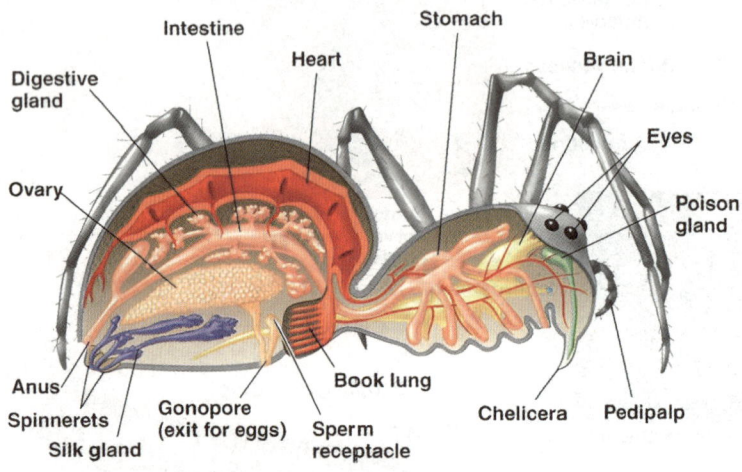

ⓑ 다지아문: 촉각과 씹는 구기를 가지고 있는 뚜렷한 두부를 지니며 육상성이임. 노래기류는 초식성이며 하나의 체절당 2쌍의 보각을 지님. 지네류는 육식성이고 하나의 체절당 1쌍의 보각을 지니며 제1체절에 1쌍의 독발톱을 지님 ex. 노래기류, 지네류

ⓒ 육각아문: 몸은 두부, 흉부, 복부로 나눔. 촉각이 있으며 구기는 씹기, 빨기, 핥기를 하도록 변형됨. 3쌍의 다리와 보통 2쌍의 날개를 지니며 대부분 육상성임 ex. 곤충류, 톡토기류

「메뚜기의 구조」

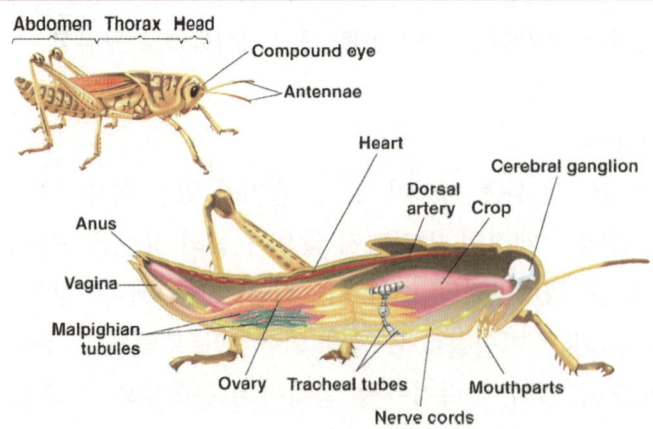

ⓓ 갑각아문: 몸은 두 부분 또는 세 부분으로 이루어지며 촉각이 있음. 씹는 구기가 존재하며 3쌍 이상의 다리가 존재하고 대부분 바다와 담수에 서식함 ex. 게류, 바닷가재류, 가재류, 새우류

(9) 극피동물(echinoderm)

ㄱ 극피동물의 일반적 특성

ⓐ 대부분 천천히 움직이거나 고착생활을 하는 해양동물임

ⓑ 얇은 피부는 단단한 석회질 판들로 되어 있는 내골격을 덮고 있으며 대부분은 몸에 수많은 골격 융기들과 가시들을 지님

ⓒ 수관계(water vascular system)는 관족이라 불리는 연장부들이 분지되어 있는 물이 흐르는 관들의 그물망 구조로서 관족들은 이동과 섭식, 기체교환 기능을 수행함

ⓓ 대부분 자웅이체로서 유성생식을 함

ⓔ 성체는 보통 방사대칭구조이나 유생은 좌우대칭성을 지님

ㄴ 극피동물의 분류

ⓐ 불가사리강: 여러 개의 완들을 가지고 있는 별 모양의 몸체를 가지며 입은 바닥을 향하고 있음   ex. 불가사리류

「불가사리의 구조」

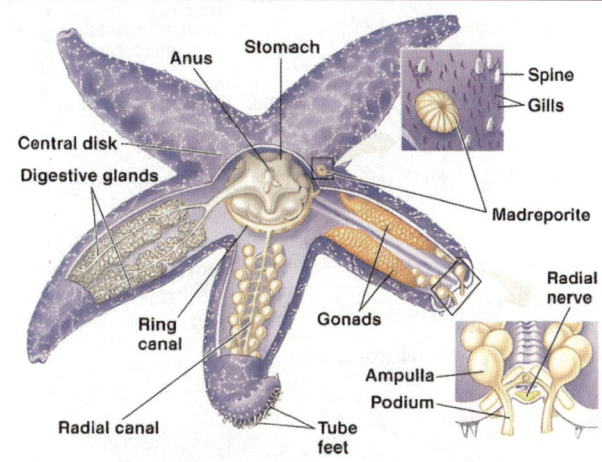

ⓑ 거미불가사리강: 뚜렷한 중앙반과 유연한 완이 존재하며 관족에는 흡반이 없음 ex. 거미불가사리류

ⓒ 성계강: 대체적으로 구형 또는 원반형이며 완이 없고 5열의 관족들로 이동함. 입은 턱모양의 복잡한 구조물로 둘러싸여 있음   ex. 성계류, 연잎성계류

ⓓ 바다나리강: 깃털 모양의 완들이 위를 향하고 있는 입을 둥글게 둘러싸고 있음 ex. 바다나리류, 깃별나리류

ⓔ 해삼강: 오이 모양의 몸을 지니며 5열의 관족을 갖고 섭식용 촉수로 변형된 부가적인 관족들이 존재함. 퇴화된 골격을 지니며 가시가 없음   ex. 해삼류

ⓕ 바다데이지강: 작은 가시들이 고리 모양으로 나 있는 원반형의 몸으로 불완전한 소화계를 지니며 물속에 잠겨 있는 목재에 서식하는 것이 특징임   ex. 바다데이지류

(10) 척삭동물(Chordata): 두삭동물, 미삭동물, 척추동물이 포함됨

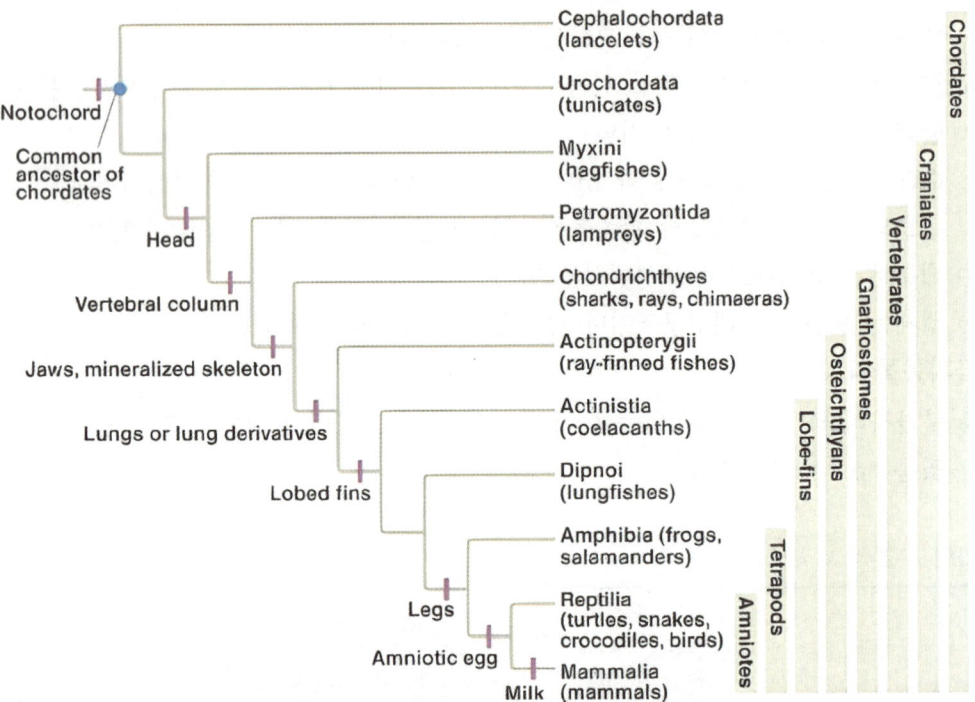

㉠ 척삭동물의 파생형질: 척삭, 속이 빈 신경다발, 인두열, 항문 뒤의 근육성 꼬리

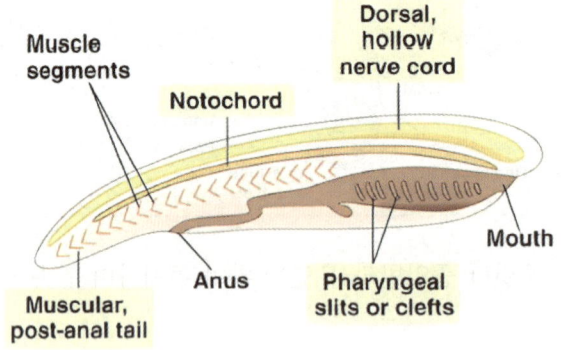

ⓐ 척삭(notochord): 소화관과 신경다발 사이에 이들과 평행하고 길게 자리잡고 있는 막대구
조로서 지지대 역할을 수행함. 척추동물의 경우 척삭은 척추골 사이의 아교질 추간판 등으로
흔적만 남게 됨

ⓑ 속이 빈 등쪽의 신경다발: 외배엽이 함입하면서 형성되며 뇌와 척수로 이루어진 중추신경계
로 발생함

ⓒ 인두열(pharyngeal clefts): 인두벽에 배열되어 있는 주머니들이 몸통의 외부에 노출된 홈
의 배열을 형성하는데 이것을 인두열이라 함. 인두열을 통해 체내로 들어온 물이 몸통 밖으

로 빠져 나갈 수 있으며 일부의 동물들은 이를 통해 부유물을 거르기도 함. 척추동물에서는 인두열과 이를 지지하는 구조물이 기체교환을 할 수 있는 아가미틈으로 변형되었음

ⓓ 항문 뒤의 근육성 꼬리: 수생종의 꼬리에는 골격과 근육이 있으며 많은 종에서는 배아 발생 과정에서 사라지게 됨

ⓛ 척삭동물의 분류

ⓐ 창고기류(lacelets; 두삭동물아문): 칼날같이 생긴 모양에서 그 이름이 유래하였으며 몸 안에 는 탄력성이 있는 척색이 머리에서 몸 끝까지 나 있으며, 척색 둘레에는 64개의 체절이 있어 이 근육을 움직여서 운동함

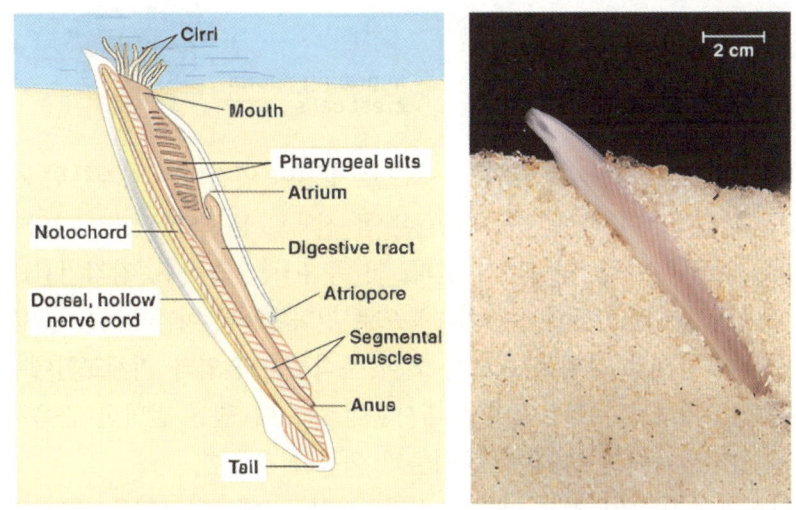

ⓑ 피낭동물(tunicates; 미삭동물아문): 고착성 동물의 유생은 꼬리 쪽에 척삭이 있어서 원삭동 물의 성질을 뚜렷이 가지나, 성체가 되어 고착생활을 하게 되면 꼬리 부분이 퇴화되므로 결 국 척삭도 없어짐

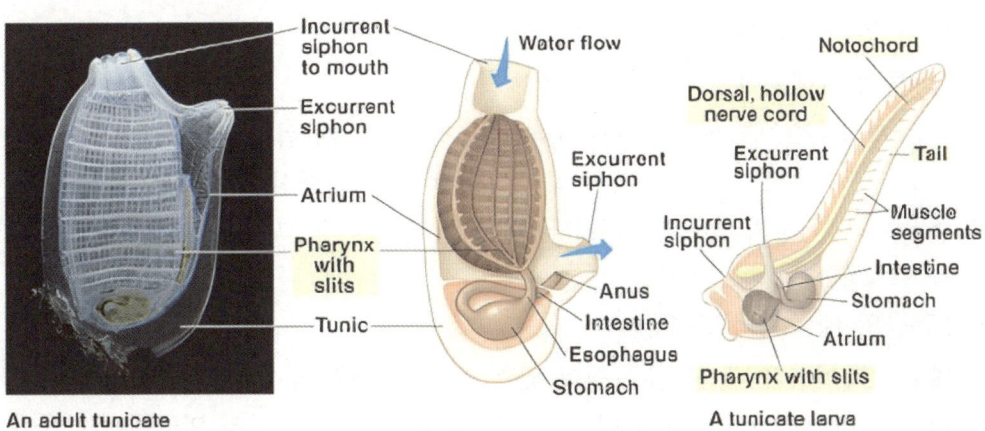

(11) 유두동물(craniates)

등쪽 신경다발의 앞쪽 RMx에 위치한 뇌, 눈과 그 외 감각기관들, 머리뼈로 이루어진 머리가 등장하게 됨

㉠ 유두동물의 파생형질

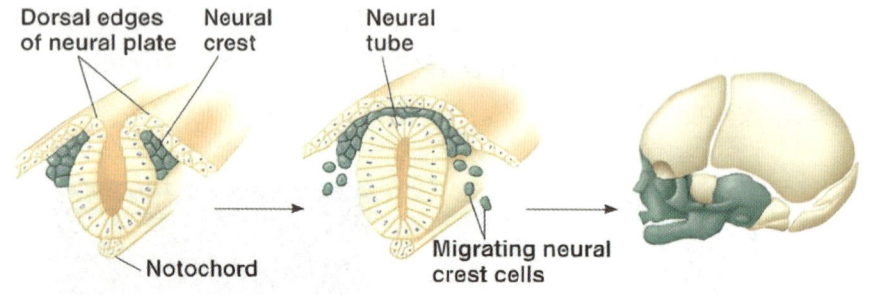

ⓐ 신경릉(neural crest): 배아 신경관 등쪽으로 맞닿아 연결되는 경계부위 가까운 곳에 나타나는 세포군을 일컬으며 신경릉의 세포들은 몸 전체로 분산되어 여러 다양한 구조(치아, 머리뼈의 일부 뼈들과 연골, 안면부의 진피, 몇 종류의 신경세포, 감각기관)들을 형성함
ⓑ 수생 유두동물에서는 인두열이 아가미틈으로 진화했는데 아가미틈은 근육과 신경이 연결되어 있어 물이 틈새로 강제로 흐르게 되어 음식물의 흡입과 기체교환에 기여하게 됨
ⓒ 피낭류나 창고기류보다 활동적이고 대사율이 높으며 훨씬 발달한 근육체계를 지님
ⓓ 소화관을 둘러싼 근육의 운동이 음식물의 이동을 촉진함
ⓔ 신장, 최소 2개 이상의 방을 가지는 심장, 적혈구, 헤모글로빈을 지님
㉡ 유두동물의 예 - 먹장어류
ⓐ 연골 머리뼈가 있으나 턱과 척추는 없음
ⓑ 척삭이 성체에서도 단단하지만 유연성 있는 연골 막대 형태로 유지됨

(12) 척추동물(Vertebrata)

㉠ 척추동물의 파생형질
ⓐ 더욱 광범위한 머리뼈와 등뼈로 이루어진 척추를 갖게 됨. 대부분의 척추동물에서 등뼈는 척수를 둘러싸고 있으며 척삭이 하던 기계적 역할을 대신 수행하게 됨
ⓑ 수생 무척추동물의 경우 지느러미가시에 의해 강화된 등지느러미, 가슴지느러미, 배지느러미를 획득하였음
㉡ 척추동물의 예 - 칠성장어류
ⓐ 대부분 턱이 없는 둥근 입을 살아 있는 물고기의 옆구리에 고정시켜 살아가는 기생체임
ⓑ 골격은 연골로 되어 있는데 대부분의 척추동물 연골과는 달리 연골에 콜라겐이 없음

(13) 유악동물(gnathostomes): 턱이 있는 동물

「척추동물 턱의 진화에 대한 가설」

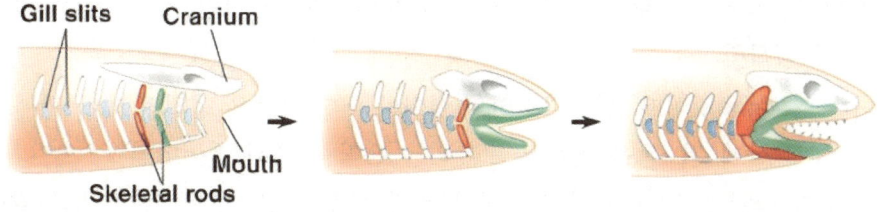

ⓐ 유악동물의 파생형질

 ⓐ 턱이 형성되어 음식물을 단단히 붙잡고 자를 수 있음

 ⓑ 전뇌가 다른 유두동물에 비해 매우 커졌으며 이에 따라 후각과 시각능력이 매우 향상됨

 ⓒ 몸의 옆구리에 길이 방향으로 나 있는 측선계(lateral line system)라는 기관을 통해 물의 진동을 감지함

ⓑ 유악동물의 분류

 ⓐ 연골어류(chondrichthyans): 주로 연골로 이루어진 골격을 갖고 있으며 이 연골에는 흔히 칼슘이 침착되어 있음 ex. 상어류, 가오리류

  1. 상어류: 대부분 육식동물이고 장 내에는 나선판이 있어 영양소의 흡수율을 증가시키며 체내수정을 통해 생식함

  2. 가오리류: 납작하게 생긴 저생동물로서 턱을 이용하여 연체동물과 갑각류를 부수어 먹으며 체내수정을 통해 생식함

 ⓑ 경골어류(osteichthyans): 단단한 인산칼슘 기질로 채워진 골화된 내골격을 지님. 대부분의 경골어류는 4쌍 또는 5쌍의 아가미로 물을 흡입함으로써 호흡을 수행하는데 아가미를 아가미뚜껑으로 덮힌 방안에 위치함. 부레가 있어서 부력을 조절할 수 있음

  1. 방사형지느러미어류: 지느러미를 주로 가시뼈가 지지하고 있으며 헤엄칠 때 정교한 조종과 방어 기능을 하도록 발달함

  2. 잎사귀형지느러미어류: 가슴지느러미와 배지느러미에 두꺼운 근육층으로 둘러싸인 막대 모양의 뼈들이 있음 ex. 실러캔스, 폐어류, 사지류

(14) 사지류(tetrapods)

ⓐ 사지류의 파생형질

 ⓐ 가슴과 배지느러미 대신에 땅 위에서 몸무게를 지탱할 수 있는 팔다리가 존재하며 발가락 달린 발을 지니고 있어서 근육이 형성한 힘을 땅으로 전달시킬 수 있음

 ⓑ 머리가 목에 의해 몸으로부터 분리되어 머리를 돌릴 수 있게 되고 요대의 뼈가 척추와 결합

하여 뒷다리의 힘이 몸의 나머지 부분에 전달됨
ⓒ 인두열은 아가미 틈이 아니라 배아발생기의 귀의 일부, 분비선 등으로 발달함
ㄴ 사지류의 예 - 양서류(amphibians): 유생 단계는 물속에서 나중에는 땅 위에서 서식하며 이 와중에 변태과정을 겪음. 대부분 늪지나 우림 같은 습기찬 서식지에서 발견되며 체외수정을 통해 생식함
  ⓐ 유미류(도롱뇽류): 어떤 종은 완전히 수생이나 어떤 종들은 성체일 때만 땅에서 살거나 평생을 땅에서 살게 됨. 몸을 좌우로 구부리는 동작을 통해 걸어다님
  ⓑ 무미류(개구리류): 땅 위에서 이동하기 위한 특성이 유미류에 비해 더욱 발달함
  ⓒ 무족영원류(다리 없는 도롱뇽류): 다리가 없고 거의 시력이 없으며 겉보기에는 지렁이를 닮음. 다리가 있는 조상으로부터 진화하였기 때문에 무족영원류의 다리가 없는 특징은 2차적 적응에 의한 것임

(15) 양막류(amniotes)

사지류의 한 군으로 조류를 포함하는 파충류와 포유류를 구성원으로 둠
ㄱ 양막류의 파생형질

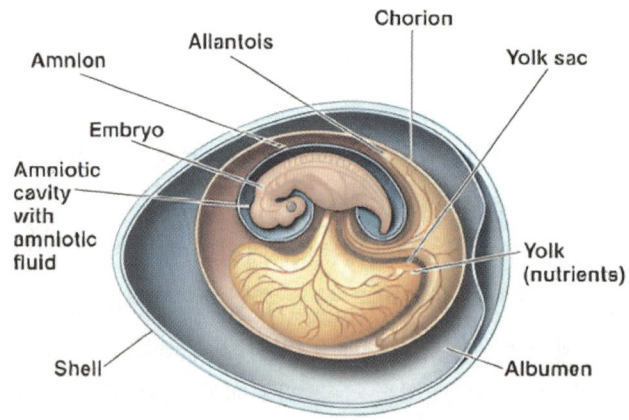

  ⓐ 양막, 융모막, 난황낭, 요막과 같은 배외막이 존재함. 배외막이 존재함으로 인해 사지류의 번식이 수생환경에 의존하는 정도가 급격하게 낮아지게 됨
  ⓑ 대부분의 파충류와 일부 포유류의 양막란은 껍질이 존재하여 알이 공기 중에서 건조되는 속도를 크게 늦추게 됨. 다만 포유류의 경우 알껍질이 불필요하도록 진화되어 왔음
  ⓒ 허파로 호흡하기 위해 흉곽을 이용함
ㄴ 양막류의 예 - 파충류(reptile): 외온성이고 양서류와는 달리 케라틴 단백질을 함유한 비늘을 지니며 껍질이 있는 알을 땅에 낳음. 체내 수정을 하며 많은 종이 태생이고 배외막을 통해 태반을 형성하여 배아가 모체로부터 영양분을 얻을 수 있게 함   ex. 도마뱀류, 뱀류, 거북류, 악어류, 조류

「조류의 파생형질 – 날기 위한 적응」

Ⓐ 방광이 없고 대부분 암컷은 난소를 하나만 지니며 생식선이 모두 작고 이빨이 없음

Ⓑ 날개와 깃털이 존재하며 날개를 퍼덕이는 힘은 용골돌기에 고정되어 있는 커다란 흉근이 수출할 때 나옴

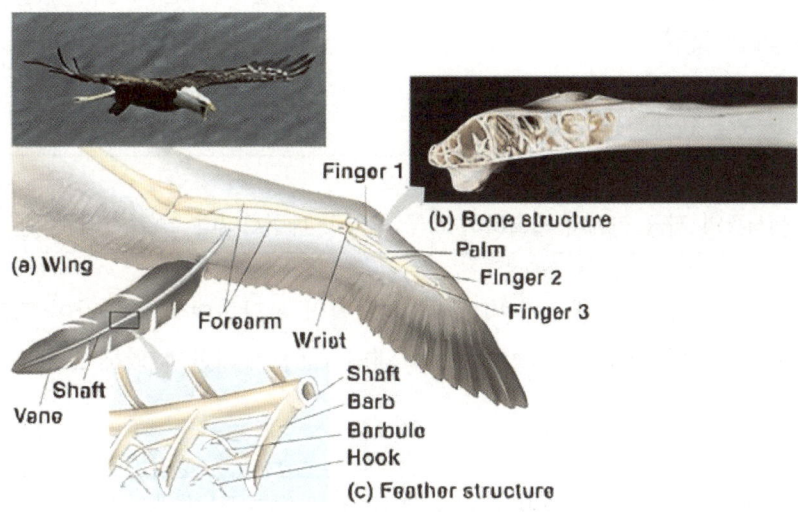

Ⓒ 내온성이며 허파에는 폐와 탄력성 있는 기낭을 서로 연결시키는 매우 작은 관들이 있어서 공기 흐름과 산소 흡수를 돕는데 이러한 특징은 네 개의 방으로 이루어진 심장을 가진 순환계와 함께 높은 대사율을 유지할 수 있게 하는 이유가 됨

Ⓓ 시각이 예리하고 근육조절을 세밀하게 수행할 수 있으며 같은 크기의 척추동물보다 더욱 큰 뇌를 지님

Ⓔ 구애 행동 등 행동양식이 복잡하며 체내수정을 함

(16) 포유류(mammals)

㉠ 포유류의 파생형질

ⓐ 젖을 생산하는 유선이 존재하며 젖은 지질, 당, 단백질, 무기물, 비타민과 같은 영양분을 풍부하고 균형 잡힌 비율로 함유하고 있음

ⓑ 털과 피하 지방층이 체열을 유지하도록 도움

ⓒ 내온동물이며 대부분 높은 대사율을 지니고 효율적인 호흡계와 순환계는 포유류의 높은 대사율을 지원하며 횡격막이 허파에 의한 기체교환을 도움

ⓓ 일반적으로 같은 크기의 다른 척추동물보다 더욱 큰 뇌를 가지며 부모의 투자(parental investment) 기간이 상대적으로 김

ⓔ 여러 종류의 먹이를 씹을 수 있도록 다양한 크기와 형태로 치아가 분화됨

㉡ 포유류의 분류

ⓐ 단공류(monotremes): 호주와 뉴기니에서만 발견되며 오리너구리 한 종과 바늘두더지 4종이 포함됨. 다른 포유류와 마찬가지로 털이 있고 젖을 만들지만 젖꼭지가 없고 알을 낳음

ⓑ 유대류(marsupials): 발생 초기에 일찍 태어나며 배아 발생은 양육되는 동안 완성되고 대부분의 종에서 양육되는 새끼는 어미의 육아낭 안에서 자람. 오늘날 호주와 남미, 북미 지역에서만 발견되는데 이는 초대륙 판게아가 분열된 이후 남미와 호주는 섬 같은 대륙이 되었고 이들 대륙의 유대류는 북반구의 대륙에서 적응방산을 시작한 태반류와는 완전히 격리된 상태로 분화된 것임

「유대류와 태반류의 공통 파생형질」

Ⓐ 높은 대사율과 젖을 분비하는 젖꼭지를 가지며 태생임
Ⓑ 배아는 암컷의 생식관의 자궁 안에서 발달하며 자궁 내막과 배아로부터 발달한 배외막은 태반을 형성함

ⓒ 태반류(Eutherians): 유대류에 비해 태반이 훨씬 복잡하며 임신기간이 길고 어린 태반류는 자궁 속에서 배아 발생을 완결함. 모체 내의 태아는 태반에 의해 모체와 연결됨

「영장류의 파생형질」

Ⓐ 물건을 쥘 수 있게 적응된 손과 발이 있으며 손가락, 발가락에는 다른 포유류에서 볼 수 있는 좁고 가는 발톱이 아닌 평평한 발톱이 있고, 손가락 위의 피부융기와 같은 다른 특징들도 있음
Ⓑ 다른 포유류에 비해 큰 뇌와 짧은 턱이 있어서 안면이 평평하고 시야는 전방을 향하며 눈은 안면부의 앞에서 서로 가까이 위치함
ⓒ 부모가 새끼를 양육하는 특성이 잘 발달해 있고 복잡한 사회적 행동을 보임

비밀병기

심화편 ④

(진화, 분류, 식물, 생태)

PART **03**

식물의 구조와 기능

12 식물의 구조와 생장

1 식물세포의 구조

(1) 세포벽(cell wall)의 종류

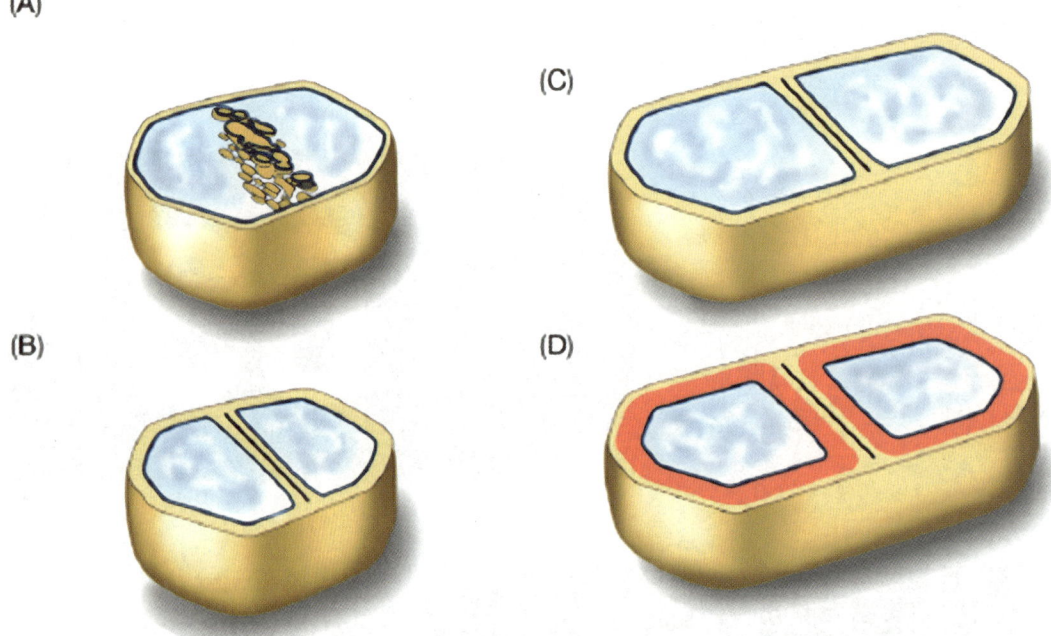

(A)

(C)

(B)

(D)

㉠ 일차벽(primary cell wall)

    ⓐ 셀룰로오스 섬유층 사이에 헤미셀룰로오스 및 펙틴이 침착됨

    ⓑ 바깥쪽에 펙틴으로 된 중엽이 있어 이웃 세포벽과 접착됨

    ⓒ 얇은 벽으로 세포가 생장함에 따라 함께 생장하며 유연함

㉡ 이차벽(secondary cell wall)

    ⓐ 일차벽의 세포질쪽에 1~3층의 셀룰로오스 층이 추가된 후 세포에 따라 그 사이에 목질소인 리그닌, 왁스성의 슈베린 등이 침착되어 두껍고 단단하고 방수성인 2차 세포벽을 형성함

    ⓑ 더 이상 생장하지 못하고 유연성 없다는 것이 일차벽과의 차이점임

(2) 세포벽의 특수한 구조

ㄱ 원형질연락사(plasmodesmata)

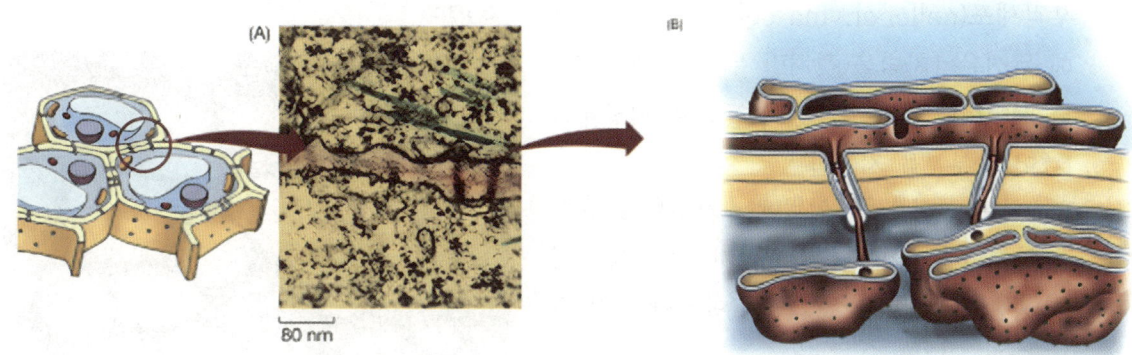

80 nm

ⓐ 이차벽이 발달하지 않은 일차벽에서 이웃세포와 원형질막으로 연결된 통로임

ⓑ 인접한 세포사이의 물질 이동 통로로 데스모튜불(소포체 연장부)이 개폐 조절 밸브 역할을 수행함

ⓒ 평상시에는 분자량이 1000Da 이하의 저분자 물질을 이동시키나 수송 단백질(movement protein)이 통로 확장시에는 최대 분자량 50,000Da의 고분자(mRNA, 단백질 등)가 통과하는 것도 가능함

ㄴ 벽공(pit): 이차벽에서 이차벽 물질이 없이 일차벽으로만 되어있는 부분에 원형질 연락사로 연결된 부위로 물과 용해성 물질 이동 통로로 이용됨

2 식물의 계층적 구조

(1) 식물의 세포

ㄱ 유세포(parenchyma cell): 세포벽이 얇고 유연한 1차벽으로 이루어져 있으며 2차벽은 없음. 성숙한 유세포에는 보통 큰 중앙액포가 존재함

ⓐ 유기물질의 합성과 저장 같은 물질대사 기능을 거의 전담함. 예를 들어 앞에서 광합성이 일어나는 곳은 유세포의 엽록체이며, 줄기와 뿌리의 일부 유세포에는 무색의 색소체(백색체)가 있어서 녹말을 저장하는데

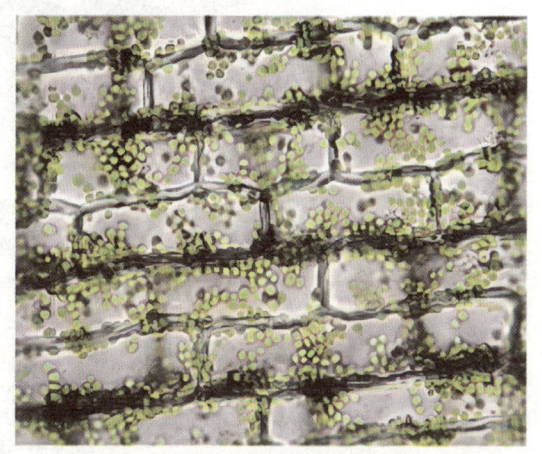

Parenchyma cells in *Elodea* leaf, with chloroplasts (LM)   60 μm

과실의 과육도 주로 유세포로 구성됨

ⓑ 상처가 생겨서 이를 회복하고 재생하는 동안 세포분열을 하고 다른 유형의 조직으로 분화할 수 있는 능력이 있음

ⓛ 후각세포(collenchyma cell): 유세포에 비해 두꺼운 1차벽을 갖지만 두께는 불균일함

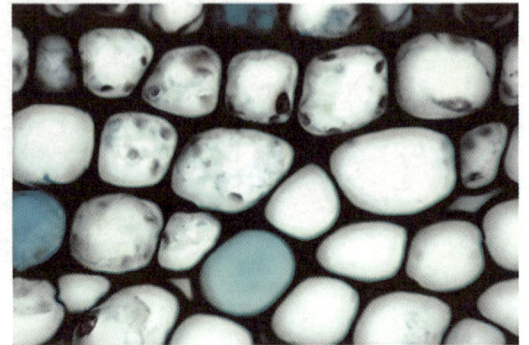

Collenchyma cells (in *Helianthus* stem) (LM)

ⓐ 선형이나 원통형으로 집합하여 지상계의 어린 부분을 지지함

ⓑ 2차벽이 없으며 1차벽에는 세포벽을 단단하게 하는 리그닌을 지니지 않기 때문에 생장을 제한하지 않으면서 유연한 지지 기능을 수행할 수 있음

ⓒ 기능적으로 성숙한 상태에서 후벽세포와는 달리 여전히 살아있고 유연하며, 지지하는 줄기 및 잎과 함께 신장할 수 있음

ⓒ 후벽세포(sclerenchyma cell): 리그닌으로 이루어진 두꺼운 2차벽이 있어서 후각세포보다 단단함

ⓐ 성숙한 후벽세포는 신장할 수 없기 때문에 길이생장이 정지된 식물부위에서 나타남

ⓑ 지지기능을 위해 매우 특수화되어 기능적으로 성숙한 세포들은 대부분 죽어 있고, 원형질이 없어지기 전에 2차벽이 완성됨

ⓒ 후벽세포는 보강세포와 섬유 두 유형으로 구분됨

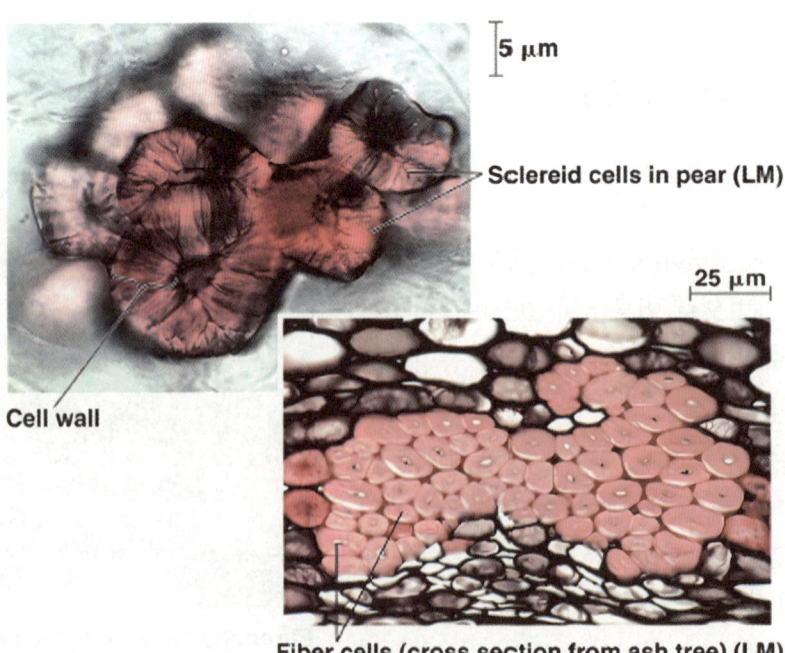

Sclereid cells in pear (LM)

Cell wall

Fiber cells (cross section from ash tree) (LM)

1. 보강세포(sclereids): 섬유보다 세포의 길이가 짧고 목질화된 2차벽으로 지니며 형태가 불규칙함   ex. 견과류의 껍데기, 종피, 배의 과육에 존재하는 석세포

2. 섬유(fiber): 보통 다발의 형태로 나타나는데 가늘고 길며 끝이 뾰족함 ex. 대마의 섬유(밧줄), 아마의 섬유(아마포)

㉣ 물관부의 물 운반세포: 헛물관과 물관요소로 이루어져 있으며, 관상의 세포로서 기능적으로 완성된 상태에서는 죽어 있음. 2차벽 중에는 종종 1차벽으로만 구성된 얇은 부위인 벽공이 있으며, 물은 벽공을 통해 이웃세포로 이동할 수 있음

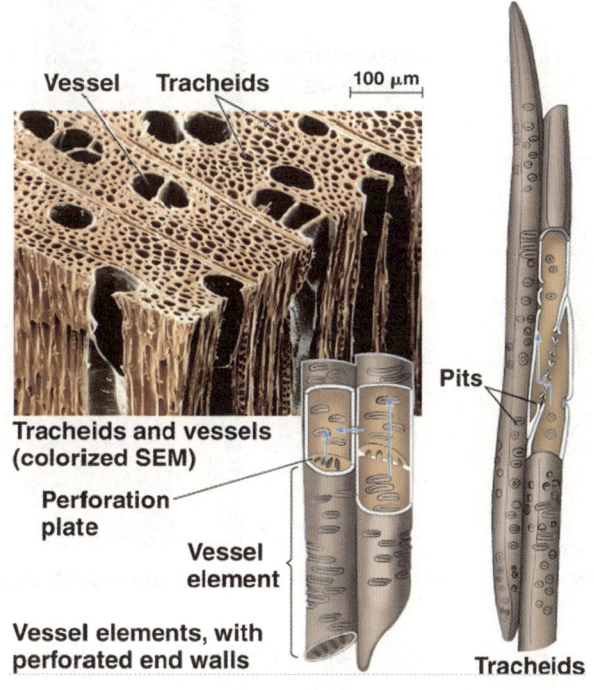

㉮ 헛물관(tracheid): 모든 관다발 식물의 물관부에 나타나며, 가늘고 길며 끝이 뾰족함. 물은 주로 두꺼운 2차벽을 통과할 필요가 없는 벽공을 통해 한 세포에서 다른 세포로 이동함. 2차벽은 리그닌으로 단단하기 때문에 물 수송에서 생기는 장력으로 인한 붕괴를 막을 뿐만 아니라 지지 역할도 수행함

㉯ 물관요소(vessel element): 대부분의 속씨식물과 일부의 겉씨식물, 양치식물에는 헛물관 뿐만 아니라 물관요소가 있음. 보통 헛물관에 비해서 폭이 넓고 길이가 짧으며 끝이 뭉툭함. 물관요소들은 끝과 끝이 맞닿아서 물관(vessel)이라고 하는 긴 관을 형성하는데 물관요소 끝부분의 벽에는 구멍이 뚫려 있어서 물이 자유롭게 흐를 수 있음

㉤ 체관부의 당분 운반세포: 물관부의 물 운반세포와는 달리 기능적으로 완성된 상태에서도 살아 있음. 비종자 관다발식물과 겉씨식물에서는 당분과 그 밖의 유기물질이 체세포(sieve cell)라고 하는 가늘고 긴 세포에 의해서 운반되지만 속씨식물에서는 이들 물질이 체관요소로 이루어진 체관에 의해서 운반됨

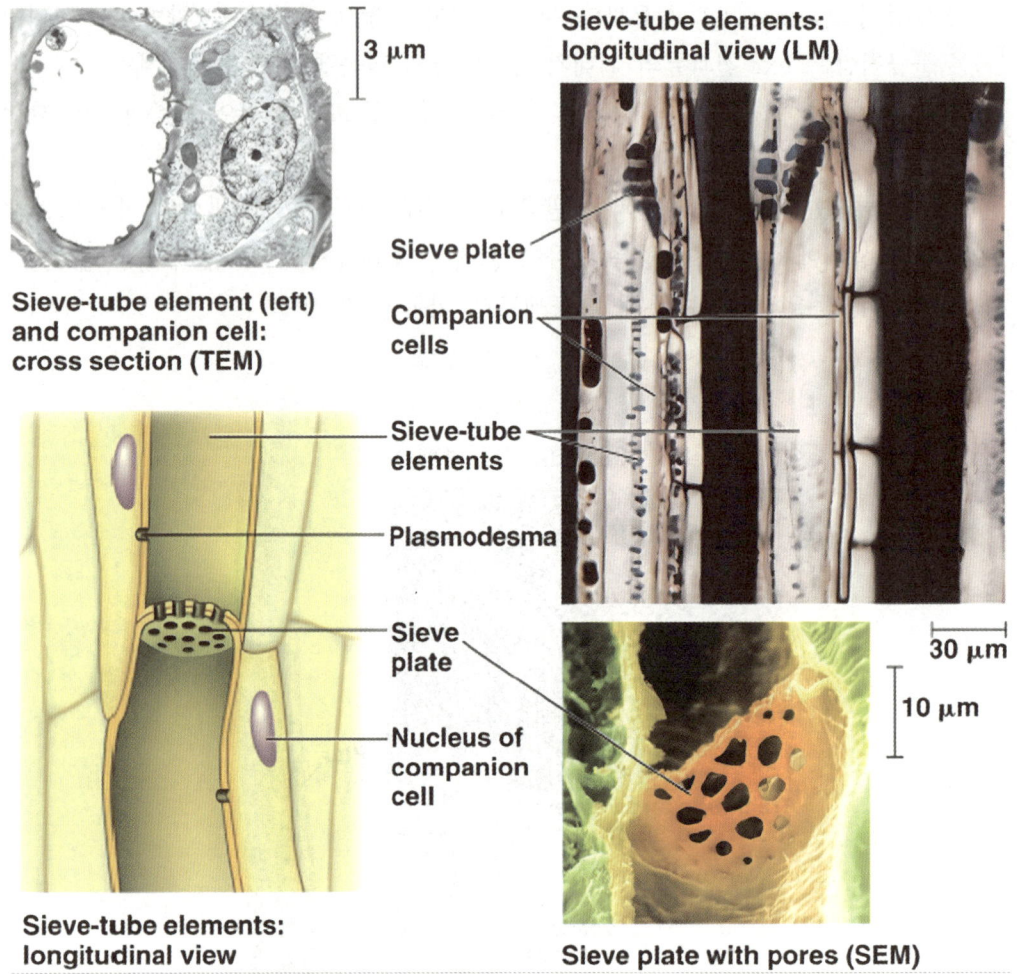

Sieve-tube element (left) and companion cell: cross section (TEM)

3 μm

Sieve-tube elements: longitudinal view (LM)

Sieve plate

Companion cells

Sieve-tube elements

Plasmodesma

Sieve plate

Nucleus of companion cell

Sieve-tube elements: longitudinal view

30 μm

10 μm

Sieve plate with pores (SEM)

ⓐ 체관요소(sieve tube element): 비록 살아있는 세포이지만 핵과 리보솜, 액포와 같은 소기관을 갖고 있지 않은데, 이러한 세포성분의 감소는 양분의 세포 통과를 보다 쉽게 함. 체관요소의 끝에는 체판(sieve plate)이 있어서 용액이 흐를 수 있음

ⓑ 반세포(companion cell): 원형질연락사에 의해 체관요소와 연결되어 있으며 핵과 리보솜은 자신의 세포 기능뿐 아니라 체관요소의 세포기능을 담당함. 일부 식물의 잎에서 발견되는 반세포는 당분을 체관요소로 옮겨주어 체관요소를 통해 양분을 다른 부분으로 옮길 수 있게 함

(2) 식물의 조직

㉠ 단순조직(simple tissue): 단 한 가지 형태의 세포로 구성된 조직

ⓐ 유조직: 유세포로만 구성된 조직

ⓑ 후각조직: 후각세포로만 구성된 조직

ⓒ 후벽조직: 후벽세포로만 구성된 조직

ⓛ 복합조직(complex tissue): 두 가지 이상 유형의 세포로 구성된 조직

　　ⓐ 물관부(xylem): 수송(물관요소, 헛물관), 지지(섬유세포), 저장(유세포)의 기능을 수행함

　　ⓑ 체관부(phloem): 체관요소, 반세포, 섬유세포, 보강세포, 유세포 등을 포함함

(3) 식물의 조직계

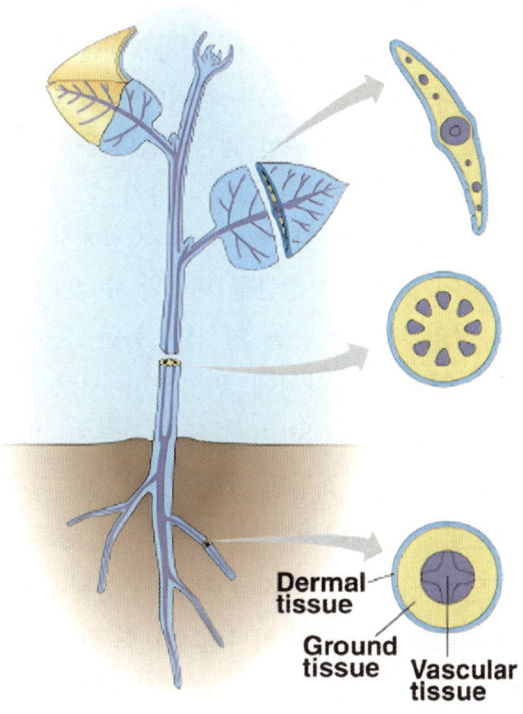

ⓐ 관다발조직계(vascular tissue system): 식물의 수송체계로서 체관부는 공급원(생산부위; 잎)로부터 탄수화물을 식물의 다른 부분에 있는 수용부(사용부위 또는 저장장소; 생장하고 있는 조직, 저장 괴경, 발달중인 꽃)로 수송함. 물관부는 뿌리가 흡수한 물과 무기염류를 줄기와 잎의 모든 세포로 수송함

ⓛ 표피조직계(dermal tissue system): 식물의 외부를 덮고 있는 피복

　　ⓐ 어린 식물: 몇 개의 표피세포층으로 구성됨. 식물체 지상부의 표피는 밀랍으로 덮인 각피질 층, 즉 큐티클을 분비하는데 이것은 줄기와 잎에서의 수분 손실이 지연되도록 함

　　ⓑ 목본 식물: 줄기와 뿌리에는 주피라는 보호 피복이 있음

ⓒ 기본조직계(ground tissue system): 관다발조직계와 표피조직계를 제외한 나머지 부분을 이루고 있음

　　ⓐ 유조직으로 구성되며, 가끔 후각조직이나 후벽조직으로 보충되기도 함

　　ⓑ 저장, 지지, 광합성 등을 수행하며, 방어물질과 유인물질을 생산하기도 함

(4) 식물의 영양 기관(vegetative organ)

식물은 3가지 영양기관인 뿌리, 줄기, 잎을 가짐

㉠ 뿌리(root): 토양에서 수분과 무기염류를 흡수함

ⓐ 원뿌리계(taproot system; 주근계): 진정쌍자엽식물의 뿌리 형태이며, 원뿌리는 하나의 크고 깊게 자라고 있는 일차근으로서 뚜렷한 곁뿌리(측근)은 별로 없음. 원뿌리 자체는 당근처럼 영양분 저장기관으로서의 기능을 나타내기도 함

ⓑ 수염뿌리계(fibrous root system; 수근계): 단자엽식물과 몇몇 진정쌍자엽식물의 뿌리형태이며, 수염뿌리는 가느다랗고 직경이 모두 거의 같은 수많은 뿌리로 구성되어 있음. 수염뿌리계는 물과 무기염류를 흡수하기 위한 넓은 표면적을 지니고 있으며, 토양입자에 대단히 잘 달라붙는 성질이 있음   ex. 잔디의 침식 방지

ⓒ 부정근(adventitious root): 식물 지상부의 여러지점에서 나오며 지상부 줄기의 한 부분을 잘라내어 물이나 토양에 꽂으면 부정근을 형성할 수 있음

㉡ 줄기(stem): 뿌리와는 달리 다양한 눈을 형성함. 눈은 곁눈과 끝눈으로 구분되는데, 곁눈(lateral bud; 측아)은 잎과 줄기사이에 위치하며 새로운 가지로 발달함. 끝눈(apical bud; 정아)은 줄기나 가지 끝에 위치하며 식물 지상부가 위와 옆으로 각각 생장하고 발달하는데 관여하는 세포를 생성함. 적당한 조건하에서 또 다른 눈은 꽃으로 발달함

㉢ 잎(leaf): 광합성 기관으로서 빛에너지를 잘 모을 수 있도록 적응되어 있으며, 엽신(blade; 얇고 넓적한 구조)과 엽병(petiole; 잎자루)으로 구성됨

ⓐ 잎의 형태: 단엽(simple leaf; 엽신이 하나인 잎), 복엽(compound leaf; 여러 개의 엽신으로 된 잎), 이중복엽(doubly compound leaf; 복엽이 더 작게 나뉜 잎)

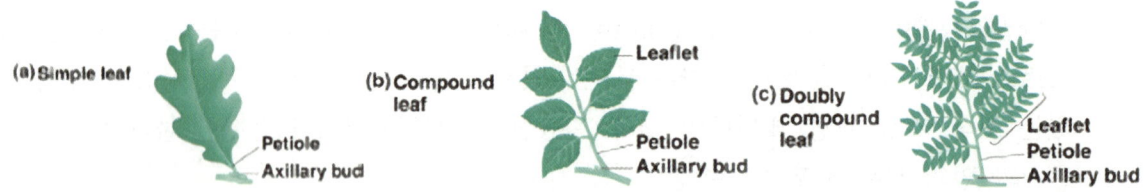

ⓑ 잎맥의 형태: 단자엽식물의 경우 서로 평행한 형태의 나란히맥이며, 진정쌍자엽식물의 경우 그물맥의 형태임

(5) 식물의 체제

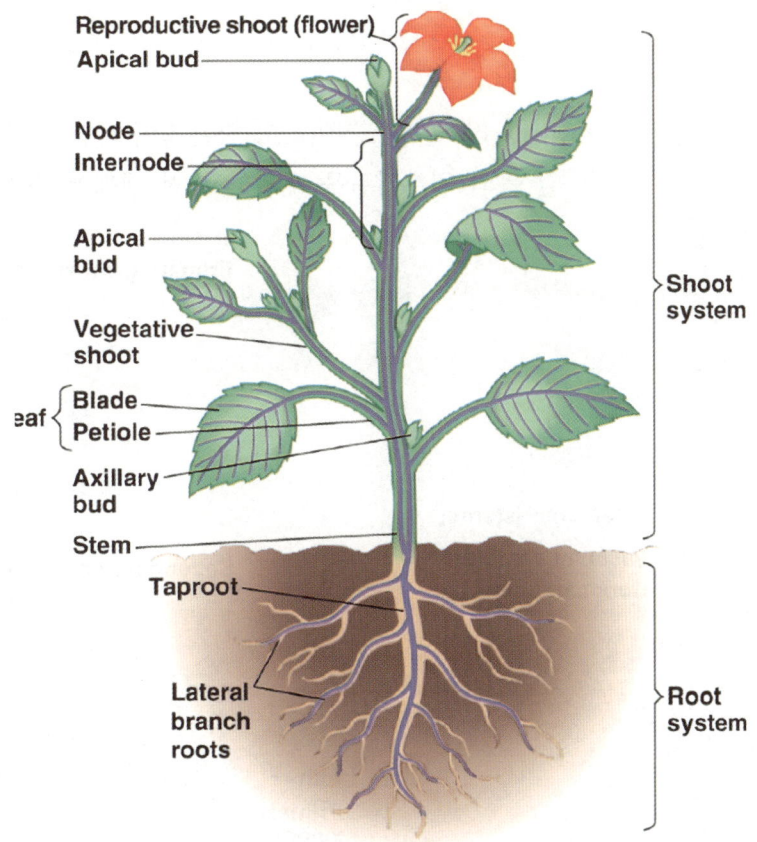

ⓐ 지상계(shoot system): 줄기, 잎, 꽃으로 구성됨. 잎은 광합성의 주요 기관이며, 줄기는 잎을 부착하여 햇빛에 노출시키며, 뿌리와 잎 사이에서 물질을 수송하는 연결체의 역할을 수행함. 줄기에서 잎이 붙어 있는 지점을 절(node)이라 하고, 절과 절 사이의 줄기 부분을 절간 또는 마디사이(intemode)라 함

ⓑ 근계(root system): 식물체를 한 자리에 고착시키고, 영양분을 제공함. 식물 뿌리의 분기는 극도로 많아져서 높은 표면적 대 부피비(S/V ratio)를 가짐으로써 토양으로부터 물과 무기영양분을 잘 흡수하도록 해 줌

3 **식물의 생장**

(1) 식물 생장의 개괄적 특징

㉠ 무한생장(indeterminate growth): 분열조직이라고 하는 영구적인 배 상태의 조직을 지니기 때문에 식물의 생장은 잎 등의 일부기관을 제외하고 전 생애에 걸쳐 끊임없이 일어남

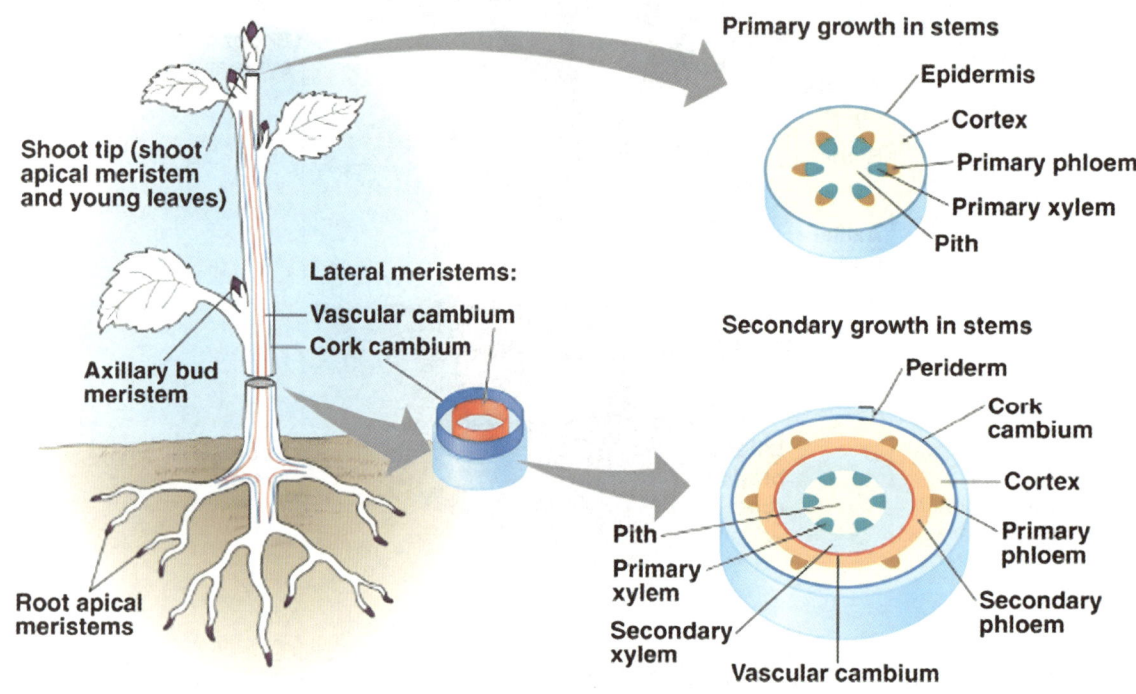

ⓐ 정단분열조직(apical meristem): 뿌리 끝과 새 가지의 눈에 위치하며 새로운 세포를 만들어서 길이생장을 하게 되는데 이를 1기 생장(primary growth)이라 하며, 초본은 1기 생장만으로도 식물체 전체를 형성함

ⓑ 측생분열조직(lateral meristem): 세포들의 분열로 인해 원기둥을 형성하는데 이것이 뿌리와 줄기의 길이에 따라 뻗어 있으며 2기 생장(secondary growth)에 관여함

　1. 관다발형성층(vascular cambium): 2기 물관부와 2기 체관부라고 하는 관다발 조직층을 증가시킴

　2. 코르크형성층(cork cambium): 표피를 더 두껍고 단단한 주피로 대체하는데 관여함

㉡ 생장 연한에 따라 1년생 식물, 2년생 식물, 다년생 식물로 구분

ⓐ 1년생 식물(annuals): 씨로부터 발아해서 꽃이 피고 다시 씨를 맺고 죽게 되는 기간이 1년 이하인 식물을 말함　ex. 대부분의 야생화와 곡류, 콩과류

ⓑ 2년생 식물(biennials): 보통 2년 동안 사는 식물로서 첫 번째 봄과 여름에 영양생장을 하고

추운 겨울을 거쳐 두 번째 봄 또는 여름에 꽃이 피고 결실하는 식물을 말함   ex. 사탕무, 당근

ⓒ 다년생 식물(perennials): 여러해살이 식물로 죽음의 이유가 수명을 다해서가 아니라 감염이나 산불, 가뭄과 같은 환경 재해가 그 원인인 경우가 대부분   ex. 나무, 관목 및 일부 풀 종류

(2) 뿌리의 1기 생장

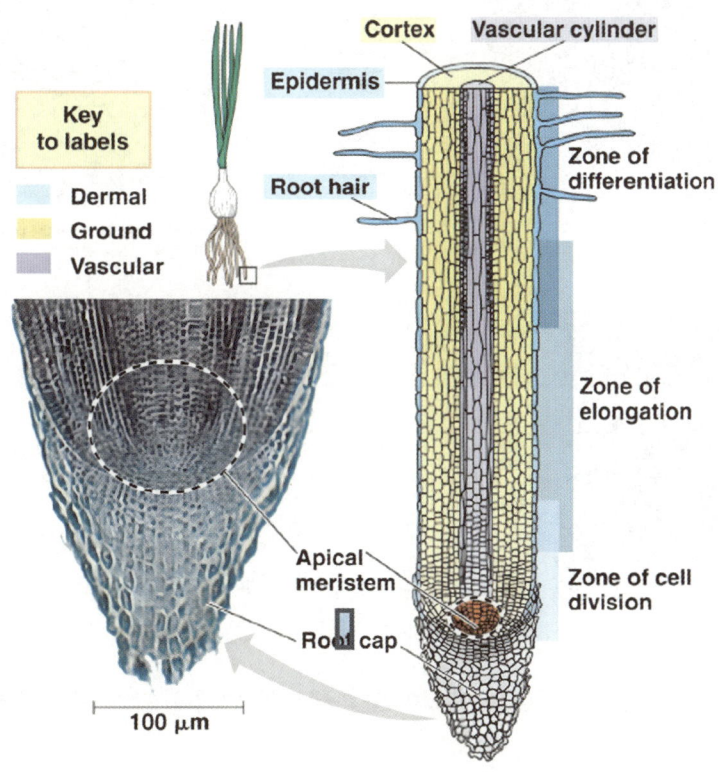

㉠ 뿌리골무(root cap): 뿌리가 1기 생장을 하면서 토양과 물리적으로 접촉할 때 정단분열조직을 보호하며 다당류인 점액을 분비하여 뿌리끝 주변 토양을 미끄럽게 하는 작용을 수행함

㉡ 뿌리의 1기 생장은 3개의 구역에서 이루어지는데 이들은 뿌리 끝에서부터 뚜렷한 경계 없이 분열대, 신장대, 성숙대 순으로 구성됨

ⓐ 분열대(zone of cell division): 뿌리의 정단분열조직과 그 유도체로 이루어지는데 이 부위에서 뿌리골무를 포함한 새로운 뿌리세포가 만들어짐

ⓑ 신장대(zone of elongation): 뿌리세포들이 보통 원래 길이의 10배 이상 길어지며, 세포신장은 토양 쪽으로 뿌리를 밀어내는 역할을 함. 뿌리 세포들의 길이생장이 끝나기 전에 대부분의 세포들은 구조와 기능에 있어서 특수화가 일어남

ⓒ 분화대(zone of differentiation; 성숙대): 세포들의 분화가 완전하게 이루어져 구조와 기능이 성숙하게 됨

ⓒ 뿌리의 1기 생장을 통해 형성되는 조직: 표피조직, 기본조직, 관다발조직

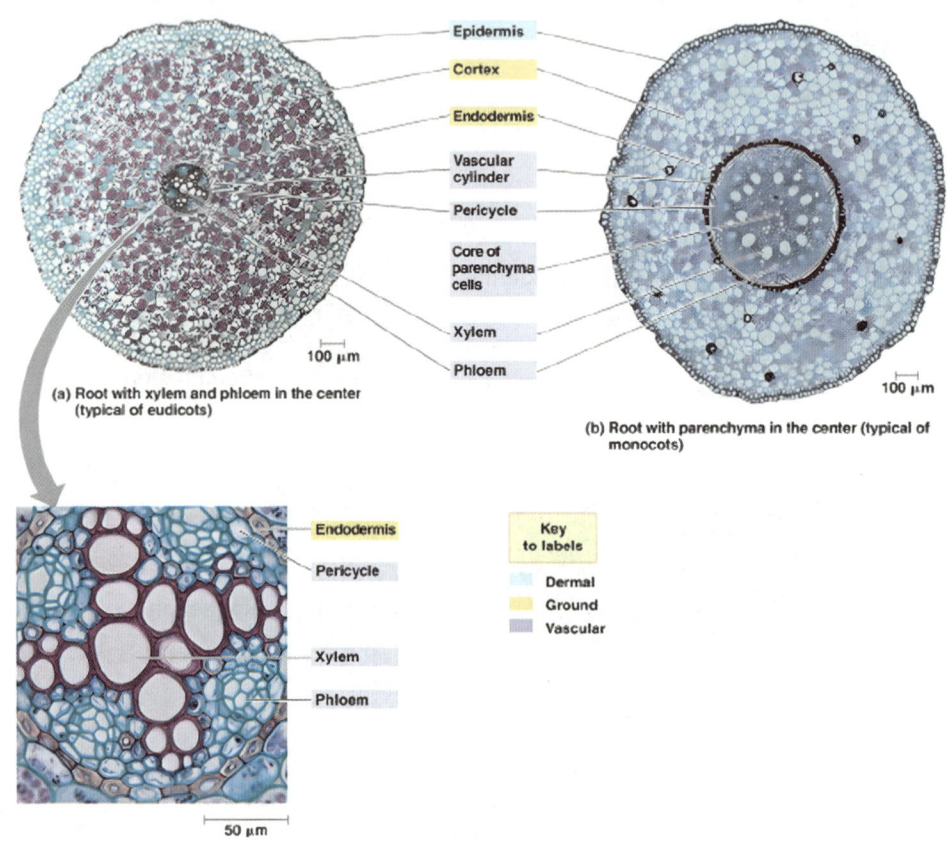

ⓐ 표피(epidermis): 뿌리털이 발달되어 표피세포의 면적을 크게 증가시켜서 수분과 무기염류의 흡수를 증대시킴

ⓑ 중심주(central cylinder): 관다발기둥으로서 물관부와 체관부로 단단한 중심을 형성함
   1. 대부분의 쌍떡잎식물: 물관부는 별 모양을 이루고 뻗어나가며 그 사이 부분에 체관부가 발달함
   2. 외떡잎식물: 관다발조직은 중심부의 유세포들을 물관부와 체관부의 환상구조가 교대로 둘러싼 구조임

ⓒ 피층(cortex): 표피와 관다발기둥 사이인 부분으로 대부분 유조직으로 구성됨

ⓓ 내피(endodermis): 피층의 가장 안쪽 세포층으로 1개 세포 두께이며 관다발기둥의 바깥 경계를 이루며 토양의 용액으로부터 관다발기둥까지 물질이동을 조절하는 선택적 장벽이 됨

ⓔ 내초(pericycle): 관다발기둥의 가장 바깥층이면서 내피의 바로 안쪽에 위치한 부분으로 곁뿌리가 발생하는 위치가 됨. 발생한 곁뿌리는 기존의 뿌리 밖으로 나갈 때까지 피층과 표피를 밀어냄

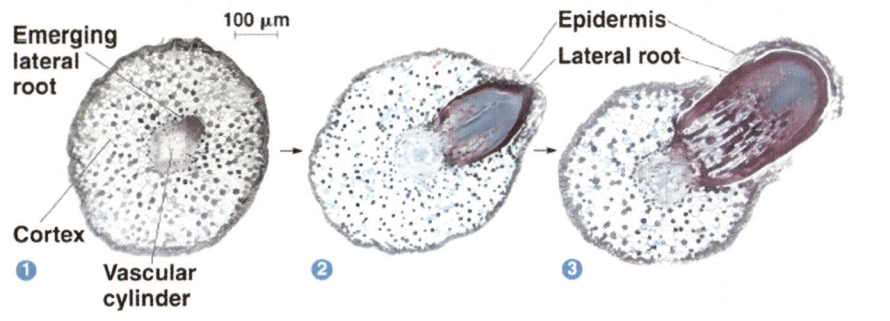

(3) 줄기의 1기 생장

㉠ 줄기의 분열조직

ⓐ 정단분열조직: 끝눈 끝부분의 분열중인 돔형의 세포집단이며 곁눈은 잎원기의 기부에 남겨진 일부의 정단분열조직으로부터 발달하며 후에 곁가지를 형성하게 됨

ⓑ 절간분열조직: 잎의 아랫부분과 줄기의 절간에 위치하며 절간분열조직이 있는 식물은 엽신이나 줄기의 상층부가 아무리 잘리어도 계속 자랄 수 있게 됨

㉡ 줄기의 1기 조직 구조

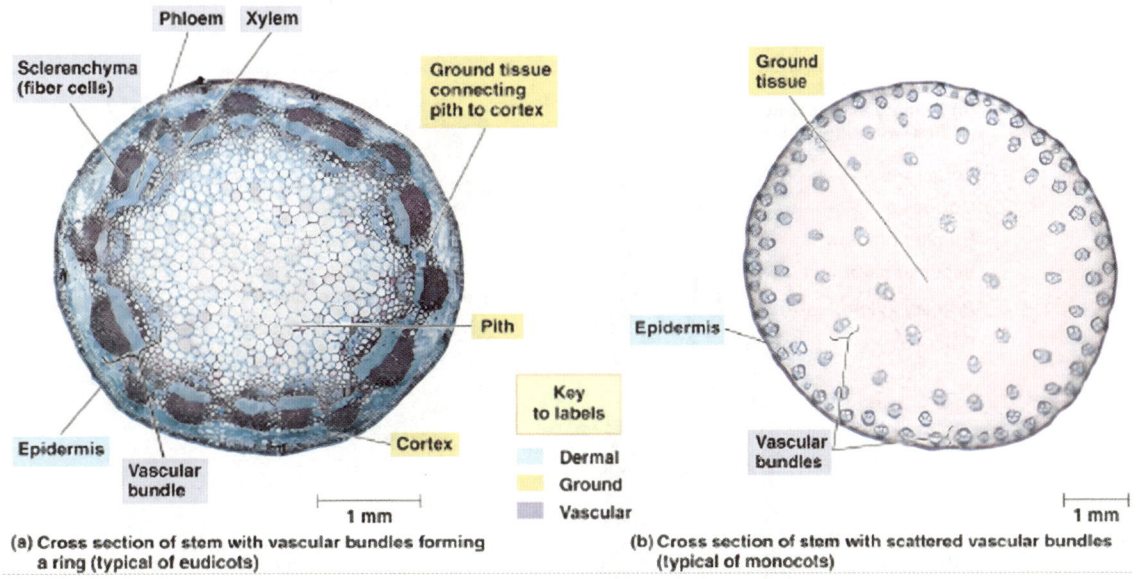

ⓐ 표피조직: 연속된 표피계의 한 부분으로서 줄기를 감싸고 있음

ⓑ 관다발조직: 줄기의 길이를 따라 배열되어 있으며 토양표면 가까운 위치에서 뿌리-줄기 전환 부위에서 뿌리의 관다발 기둥으로 합쳐짐

1. 겉씨식물과 대부분의 쌍떡잎식물: 관다발이 고리를 따라 배열된 형태를 하고 있음. 각 관다발 내의 물관부는 수(pith)와 맞닿고 있으며, 체관부는 피층과 맞닿고 있음
2. 대부분의 외떡잎식물: 관다발이 환상을 이루지 않고 기본조직 사이에 흩어져 있음
ⓒ 기본조직: 주로 유조직으로 구성되어 있으나 후각조직이 표피 바로 밑에 위치하면서 줄기를 강화시키는 역할을 하는데 후벽세포 중에서는 관다발 내부의 섬유세포가 지지역할을 수행함

(4) 줄기와 뿌리의 2차 생장

측생분열조직에 의해 두께를 증가시키는데 목본식물의 줄기와 뿌리에서 일어나지만 잎에서는 거의 일어나지 않음

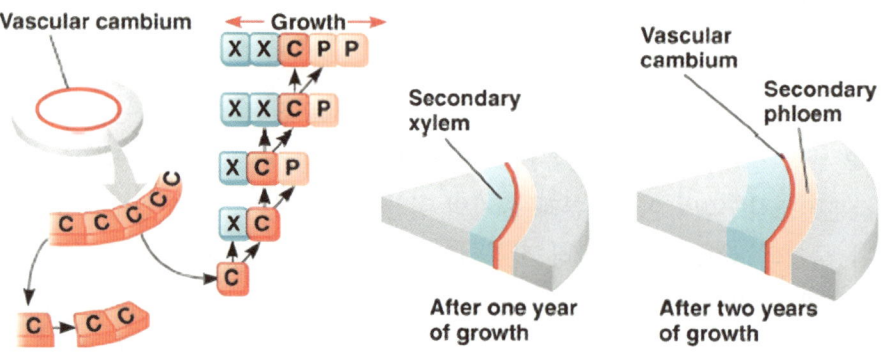

「줄기의 1기, 2기 생장」

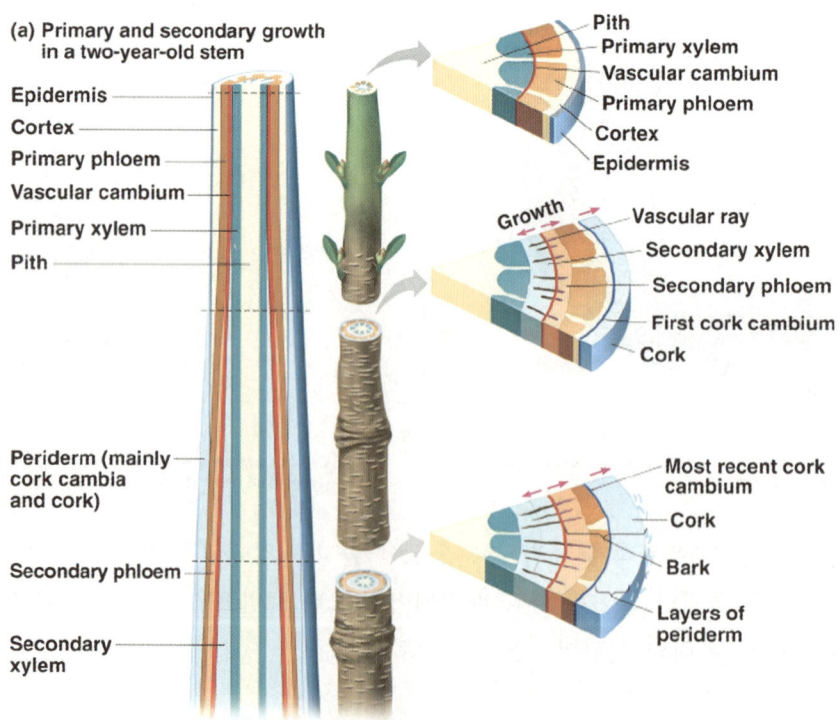

(a) Primary and secondary growth in a two-year-old stem

㉠ 측생분열조직

ⓐ 관다발형성층(vascular cambium): 분열세포로 이루어진 원통형의 구조로서 종종 한 개의 세포층으로 구성됨. 관다발형성층은 둘레의 길이가 증가하면서 그 안쪽에 새로운 물관부세포를, 바깥쪽에는 체관부세포를 부가시키는데 이들 새로운 층은 지난해의 것보다 더욱 큰 지름을 갖게 됨

 1. 전형적인 목본식물의 줄기에서 관다발형성층은 수와 1기 물관부의 바깥쪽에, 피층과 1기 체관부의 안쪽에 위치하는 미분화 유세포로 구성됨. 전형적인 목본식물의 뿌리에서 관다발형성층은 1기 물관부의 바깥에 1기 체관부와 내초의 안쪽에 위치함

 2. 관다발형성층은 방추형시원세포(fusiform initial)와 방사조직시원세포(ray initial)로 불리는 주변세포와 함께 환상으로 나타나는데, 이들 시원세포가 분열하면서 안쪽으로는 2기 물관부, 바깥쪽으로는 2기 체관부가 늘어남

 3. 방추형시원세포는 헛물관과 물관요소, 물고나부섬유를 비롯하여 체관요소, 반세포, 유세포와 체관부섬유 등 긴 세포들을 형성하며 이들 세포는 양끝이 뾰족하고 줄기 및 뿌리의 축과 평행하게 배열됨

 4. 방사조직시원세포는 보다 짧고 줄기 및 뿌리의 축과 직각으로 배열하여 유조직으로 이루어진 관다발방사조직(vascular ray)을 형성함. 관다발방사조직은 2기 물관부와 2기 체관부 간의 수분과 양분의 이동 통로가 되는데 녹말이나 다른 양분을 저장하기도 함. 2기 물관부의 관다발방사조직을 물관부방사조직, 2기 체관부의 관다발방사조직을 체관부방사조직이라 함

ⓑ 코르크형성층(cork cambium): 2기생장의 초기에 표피는 바깥쪽으로 밀려서 벗겨지고 말라버리게 되는데, 줄기의 바깥쪽 피층에 위치하거나, 뿌리의 내초 바깥에 위치한 첫 번째 코르크형성층에 의해 만들어진 2개의 조직(코르크피층, 코르크층)에 의해 대치되며 새로운 코르크형성층과 이들 조직을 합쳐 주피(periderm)라고 하며 관다발형성층의 바깥쪽 모든 부분, 즉 안쪽으로부터 2기 체관부, 새로형성된 주피들을 합쳐 수피(bark)라고 함

 1. 코르크피층(phelloderm): 코르크형성층 안쪽의 1개의 얇은 유세포층

 2. 코르크층(cork): 코르크형성층 바깥쪽에 위치한 세포층으로 코르크세포가 성숙하면 왁스물질인 슈베린을 세포벽에 축적하고 죽는데, 코르크조직은 줄기와 뿌리에서 수분이 유실되는 것을 막고 물리적 상해나 병원성 미생물의 침입을 막는 역할을 수행함

 3. 피목(lenticel): 주피의 일부가 터져서 코르크 피층이 노출된 구조로 코르크세포들간의 공간이 더욱 많아서 목본성 줄기나 뿌리 안의 세포들이 바깥공기와 기체교환을 할 수 있음

㉡ 2기 물관부(목재)의 특징: 2기 생장이 거듭될수록 2기 물관부층이 축적되는데 이들 세포들은 기능적으로 성숙하면서 두껍고 목질화되어 단단하고 강해지지만 죽음

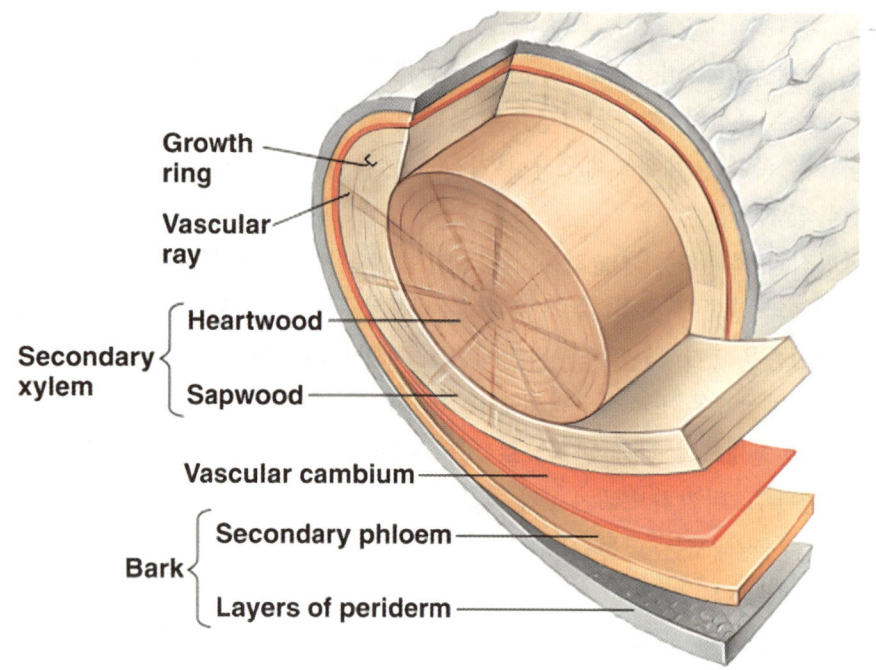

ⓐ 나이테: 봄에 생장한 헛물관과 물관요소를 춘재라 하는데 얇은 세포벽을 가지고 지름이 크고 생장하는 잎에 최대한의 물이 수송될 수 있게 함. 또한 늦여름과 늦가을에 형성된 헛물관과 물관요소를 추재라 하는데 물을 수성하지는 않지만 두꺼운 세포벽으로 인해 보다 강한 지지 작용을 수행함. 이렇게 형성된 춘재와 추재 간의 명확한 경계를 나이테라 함

ⓑ 목재의 구분

　1. 심재(heart wood): 줄기와 뿌리의 중심에 위치하며 오래되어 더 이상 물과 무기염류를 운반하지 않고 보통 변재에 비해 색깔을 띠는데 그것은 수지와 다른 화합물로 세포공간을 막아 곰팡이나 나무를 파먹는 곤충들로부터 보호하기 위함임

　2. 변재(sapwood): 심재보다 바깥층에 위치하며 물관액을 계속해서 운반하는 목재 부위

(5) 잎의 1기 생장: 잎은 2기 생장을 거의 하지 않음

ㄱ 잎의 분열조직: 세 가지 1기 분열조직에 의해 형성

　ⓐ 원표피(protoderm): 표피와 공변세포 발달

　ⓑ 기본분열조직(ground meristem): 유조직(광합성 수행)과 후각세포(지지기능) 발달

　ⓒ 전형성층(procambium): 물관, 체관을 포함한 잎맥으로 발달

ㄴ 잎의 조직구조

　ⓐ 표피(epidermis): 상면표피와 하면표피로 구성되며 군데군데 2개의 공변세포로 이루어진 기공(stoma)이 있어서 기체교환 뿐만 아니라 수분이 증발되는 통로로 작용함

　　1. 상면표피(upper epidermis): 큐틴 왁스층으로 덮여져 광택이 나고 수분 증발을 방지하며, 엽록체가 없어서 투명함

2. 하면표피(lower epidermis): 잎의 아랫면으로 대부분의 기공이 분포하며 표피는 변형되어 공변세포와 엽모(leaf hair; 기공 표면 위의 공기 흐름을 저해하여 증산을 감소시킴)로 분화됨

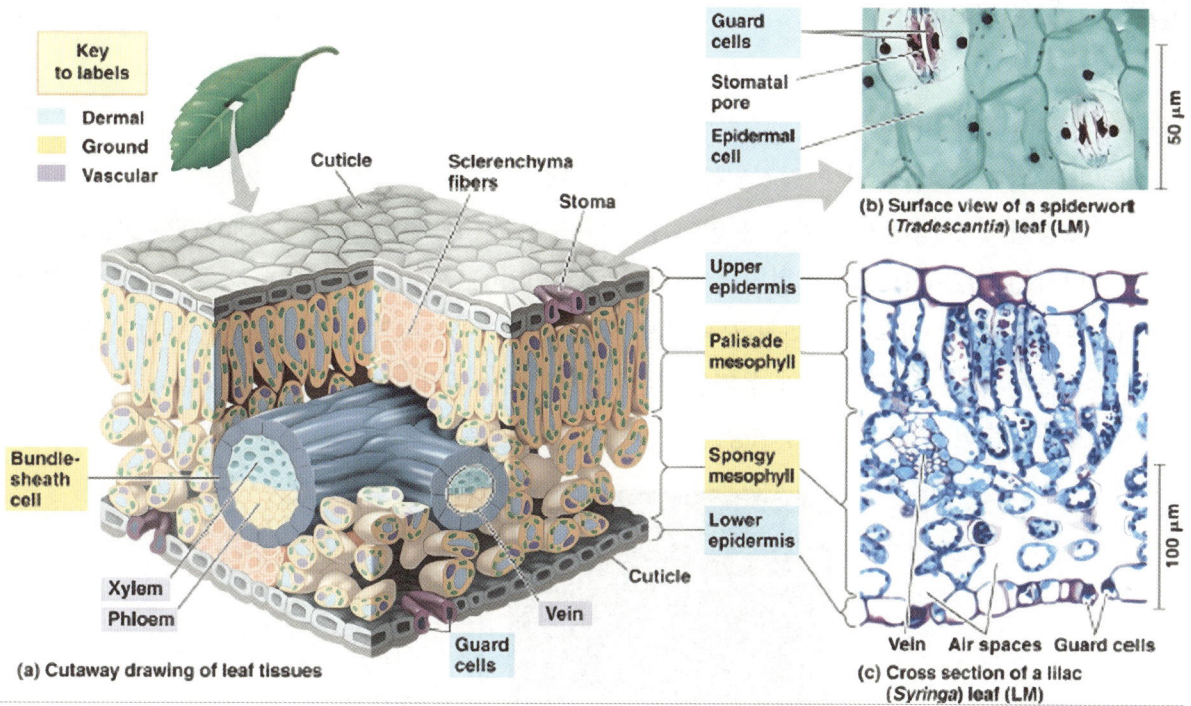

ⓑ 엽육조직(mesophyll): 상면표피와 하면표피 사이에 위치하며 광합성을 위해 특수화된 유세포로 이루어져 있고 대부분의 쌍떡잎식물의 잎은 책상조직과 해면조직이라는 2개의 뚜렷한 mdurd로 나뉨

  1. 책상조직(palisade mesophyll): 잎의 윗부분에 1개 이상의 세포층으로 이루어져 있음
  2. 해면조직(spongy mesophyll): 책상조직의 아래에 위치하는데 엉성하게 배열되어 있기 때문에 책상조직과 주변 세포로 이산화탄소와 산소를 순환시키기에 적당함. 특히 기공 근처의 기공간극이 크기 때문에 바깥공기와의 기체교환이 이루어짐

ⓒ 잎맥(vein): 잎의 관다발로서 엽육 속을 계속 갈라져 들어가는데 이 연결망에 의해 광합성 조직이 물관부 및 체관부에 근접하게 되어 무기질을 얻고 당분을 내줄 수 있음

ⓓ 유관속초(bundle sheath): 보통 유세포로 구성된 하나의 세포층으로 되어 있으며 특히 C_4 광합성을 하는 식물의 잎에서 뚜렷하게 나타남

(1) 토성(soil texture)

토양의 입자 크기에 의해 결정되는 토양의 성질

㉠ 토양입자: 토양입자는 주로 표면에 음전하를 띠며 그 크기는 굵은 모래(0.02~2mm)로부터 미사(0.002~0.02mm), 현미경 크기의 점토입자(0.002mm 이하)에 이르기까지 다양함

㉡ 토양의 형성: 암석의 풍화작용(물리적 작용, 화학적 작용)으로부터 형성된 토양입자는 죽은 생물체의 잔존물과 그 외 유기물의 혼합물인 부식질(humus)과 표토(topsoil)를 형성함

㉢ 토양단층의 수직적 구조: A층, B층, C층으로 구분

ⓐ A층: 표토로서 다양한 성질의 바위조각과 살아있는 생물체, 부식중인 유기물질이 혼합되어 있어 식물생장에 가장 중요한 단층부위임. 식물은 표토의 토양입자 간의 공극을 채우고 있는 용해된 토양액으로부터 양분을 얻음. 공극은 또한 공기주머니가 되기도 하며 점토와 다른 토양입자의 표면이 음이온으로 하전되어 물을 잡고 있음

ⓑ B층: A층보다 훨씬 적은 유기물을 지니며 덜 풍화된 단층부위

ⓒ C층: 주로 부분적으로 부숴진 바위로 이루어지는데 토양 상위층에 대한 모체로서의 역할을 함

(2) 표토의 구성

　㉠ 무기질 성분: 양이온과 음이온으로 이루어지며 토양입자의 표면 전하에 따라 많은 양분과의 결합능력이 결정됨

　　ⓐ 양이온(K^+, Ca^{2+}, Ma^{2+}): 토양입자 표면에 가깝게 결합되어 있기 때문에 토양을 통한 여과작용에 의해서도 잘 빠져나가지 않음. 식물의 뿌리는 토양입자로부터 무기질 양이온을 직접 흡수하지 못하며 식물이 내준 H+와 교환되어 흡수되는 방식, 즉 양이온교환(cation exchange)를 통해 흡수함

　　ⓑ 음이온(NO_3^-, $H_2PO_4^-$, SO_4^{2-}): 음으로 하전된 토양입자와 단단히 결합하지 않기 때문에 쉽게 용출되어 폭우와 관개가 이루어지는 동안에 지하수로 빠져나가 식물이 흡수하기 어렵게 됨

「토양에서의 양이온 교환」

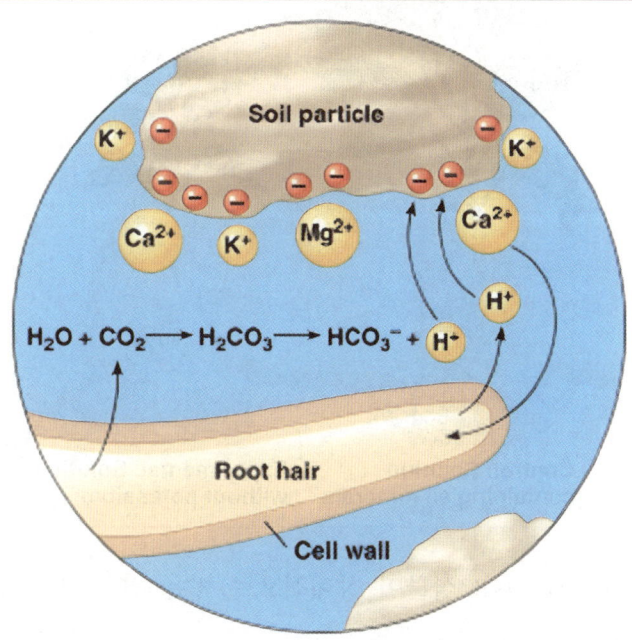

　㉡ 유기질 성분: 부식질과 생물체 등으로 구성됨

　　ⓐ 부식질: 표토의 중요한 유기질 성분으로서 죽은 생물체, 배설물, 낙엽, 그 외에 세균과 곰팡이에 의해 형성된 유기물질로 구성됨

　　　1. 점토가 서로 뭉치는 것을 막고 부숴지기 쉬운 토양을 만들어 수분을 유지하면서도 뿌리가 숨쉴 수 있게 해 줌

　　　2. 토양의 양이온교환능력을 향상시키고, 미생물이 유기질을 분해함에 따라 점차 토양으로 되돌려질 무기질 양분의 저장고 역할을 수행함

　　ⓑ 다양한 생명체가 서식하고 있어서 토양의 물리화학적 특성에 영향을 미침

2 식물의 필수원소

(1) 필수원소(essential element)

식물이 한 생활사를 마치고 다음 세대를 남기는데 필요한 화학원소를 가리키며 식물체에 단순히 존재하는 원소들과 필수적으로 존재하는 원소를 구분하기 위해 수경재배를 함

「수경재배를 통한 필수원소 규명」

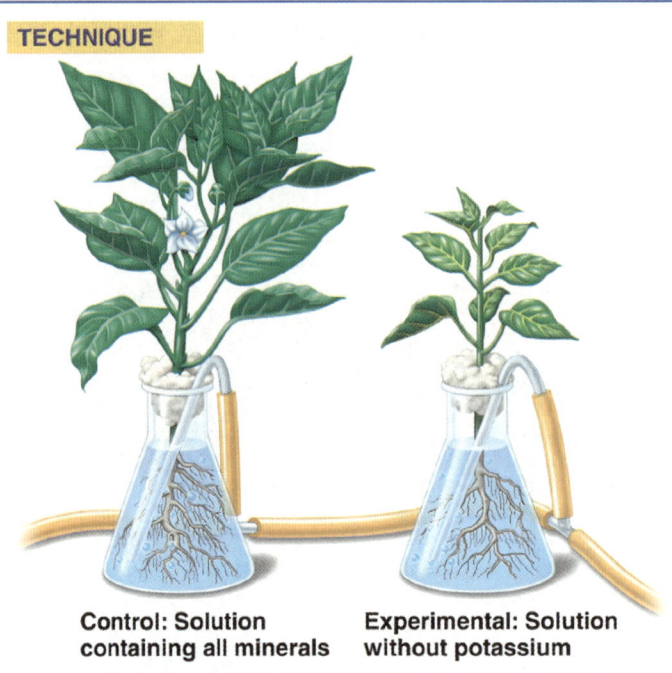

TECHNIQUE

Control: Solution
containing all minerals

Experimental: Solution
without potassium

ㄱ 대량원소(macronutrients): 식물이 상대적으로 많은 양을 필요로 하는 원소
  ex. C, H, O, N, P, S, K, Ca, Mg

ㄴ 미량원소(micronutrients): 식물에서 매우 소량이 필요한 원소로 주로 효소작용의 보조인자나 비단백질인자로서의 역할을 수행함   ex. Cl, Fe, Mn, B, Zn, Cu, Ni, Mo

원소	식물에 유용한 형태	건조중량(%)	주요 기능
대량원소			
탄소	CO_2	45%	식물 유기화합물의 주요 성분
산소	CO_2	45%	식물 유기화합물의 주요 성분
수소	H_2O	6%	식물 유기화합물의 주요 성분
질소	NO_3^-, NH_4^+	1.5%	핵산, 단백질, 호르몬, 엽록소, 조효소의 성분

원소	식물에 유용한 형태	건조중량(%)	주요 기능
포타슘	K^+	1.0%	단백질 합성의 보조인자, 수분평형을 유지하는 주요 용질, 기공의 작동에 관여
칼슘	Ca^{2+}	0.5%	세포벽 형성과 안정성, 막의 구조와 투과성 유지에 중요, 일부 효소의 활성화, 자극에 대한 세포의 반응 조절
마그네슘	Mg^{2+}	0.2%	엽록소의 성분, 다양한 효소의 활성화에 관여
인	$H_2PO_4^-$, HPO_4^{2-}	0.2%	핵산, 인지질, ATP, 몇 가지 효소의 성분
황	SO_4^{2-}	0.1%	단백질, 조효소의 성분
미량원소			
염소	Cl^-	0.01%	광합성의 물 분해 과정에 필요, 수분평형에 관여
철	Fe^{3+}, Fe^{2+}	0.01%	시토크롬의 성분, 일부 효소의 활성화
망간	Mn^{2+}	0.005%	아미노산 형성 과정의 활성화, 일부 효소의 활성화, 광합성의 물 분해에 관여
붕소	$H_2BO_3^-$	0.002%	엽록소 합성의 보조인자, 탄수화물 이동과 핵산 합성에 관여, 세포벽 기능에 관여
아연	Zn^{2+}	0.002%	엽록소 합성에 관여, 일부 효소의 활성화
구리	Cu^+, Cu^{2+}	0.001% 미만	산화-환원과 리그닌 생합성 효소의 성분
니켈	Ni^{2+}	0.001% 미만	질소대사에 관여하는 효소의 보조인자
몰리브덴	MoO_4^{2-}	0.001% 미만	질소고정세균과의 공생관계에 필요, 질산염 환원에 필요한 보조인자

(2) 무기질 결핍증상

영양소의 기능에 따라 결핍증상이 나타남. 어떤 경우에는 식물체내 이동성에 기인하여 결핍증상이 두드러지기도 하는데, 이동성이 좋은 원소의 결핍은 오래된 부위에서부터 그 증상이 나타나며, 이동성이 좋지 않은 원소의 결핍은 어린 부위에서부터 그 증상이 나타나는 것이 특징임

ㄱ 질소 결핍: 오래된 잎의 끝에서부터 황화현상이 일어남

ㄴ 포타슘 결핍: 오래된 잎에서 잎의 가장자리의 끝 부분이 타들어 가거나 마름

ㄷ 마그네슘 결핍: 오래된 잎부터 황화현상이 나타남

ㄹ 인 결핍: 어린 잎에서 잎의 가장자리가 붉은 보라색으로 나타남

ㅁ 철 결핍: 어린 잎부터 황화현상이 나타남

(3) 토양세균과 식물의 영양

ⓐ 질소순환(nitrogen cycle): 자연계의 질소와 질소화합물의 순환

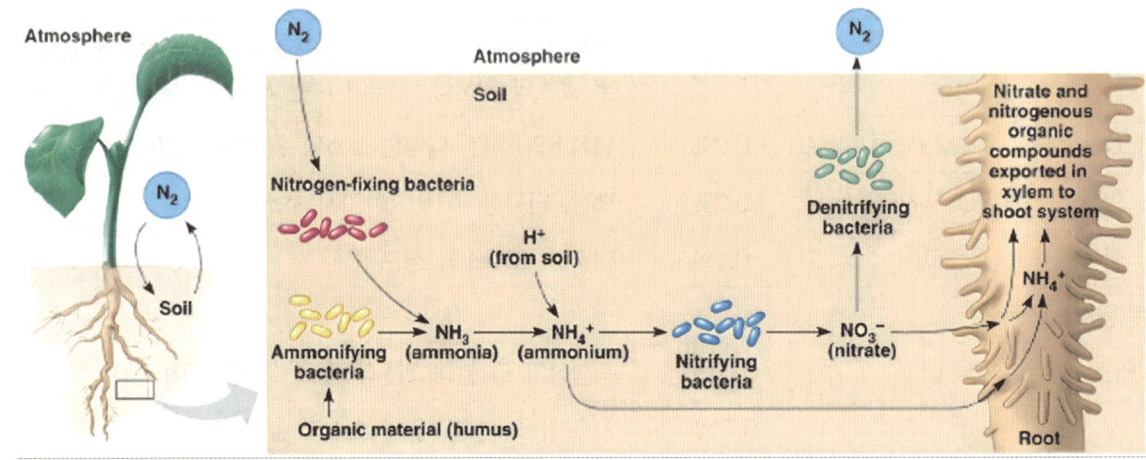

ⓐ 암모니아 형성: 질소고정세균(*Rhizobium*; 뿌리혹박테리아)은 기체상태의 질소(N_2)를 암모니아로 전환하고 암모니아화 세균(ammomifying bacteria)은 부식질 내의 단백질과 다른 유기화합물을 분해하여 암모니아를 방출함. 형성된 NH_3는 NH_4^+로 전환됨

ⓑ 질산화 과정(nitrification): 아질산 세균이 NH_4^+를 NO_2^-로 전환시키고 질산세균이 NO_2^-를 NO_3^-로 전환시킴

ⓒ 탈질화 과정(denitrification): 탈질화세균이 NO_3^-를 N_2로 전환시켜 질소순환을 완성함

ⓛ 질소고정세균

ⓐ 질소고정반응: $N_2 + 8e^- + 8H^+ + 16ATP \rightarrow 2NH_3 + H_2 + 16ADP + 16Pi$

1. 질소고정효소(nitrogenase): 질소 가스에 전자와 H^+를 첨가하여 암모니아로 환원시키는 전 과정을 촉매함

2. 질소고정은 암모니아 한 분자를 합성하면서 8개의 ATP 분자를 소모하기 때문에 질소고정세균은 부식하고 있는 유기물질, 뿌리의 분비물과 유관속 조직으로부터 탄수화물을 충분하게 공급받아야만 함

ⓑ 뿌리혹(nodule): 질소고정세균의 침입을 받는 식물세포로 구성됨. 뿌리혹 내에서 질소고정세균은 뿌리세포의 소낭 내에서 박테로이드(bacteroids)라는 형태로 존재함. 박테로이드는 혐기성 환경이 필요한데 뿌리혹의 목질화된 바깥층이 기체 교환을 제한하고 일부 뿌리혹은 레그헤모글로빈(leghemoglobin; 붉은색을 나타냄)이라고 하는 철 함유 단백질로 인해 산소 농도를 낮고 일정하게 유지함

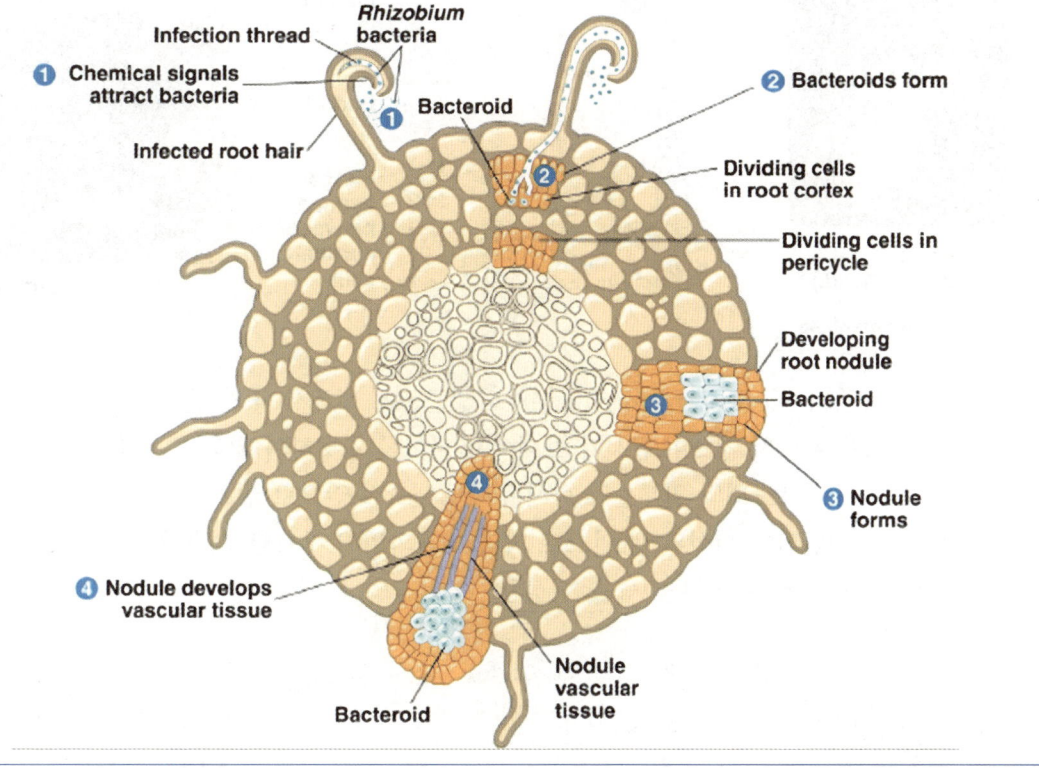

(4) 균근(mycorhyzae): 균류와 뿌리의 공생관계로 이루어진 연합체

ⓘ 균근에서 나타난 상리공생

ⓐ 균류는 숙주식물로부터 당을 공급받는 대신 수분흡수 표면적을 증대시켜 토양으로부터 인산 등의 무기질을 선택적으로 흡수하여 식물에게 공급함

ⓑ 균근의 균류는 그밖에도 뿌리의 생장과 분지를 촉진하는 성장인자를 분비하며, 토양의 병원 성 세균과 균류로부터 식물을 보호하는 항생물질을 분비함

ⓛ 균근의 유형

ⓐ 외생균근(ectomycorrhizae): 주로 목본성 식물에서 잘 발견되는데 균사가 뿌리의 표면을 덮어 토양으로 뻗어서 물과 무기염류의 흡수를 위한 표면적을 확대함. 균사는 또한 뿌리의 피층으로 자라는데 뿌리세포를 관통하지는 않지만 세포외부에 망상구조를 형성하여 균류와 식물 간의 양분교환을 도움. 외생균근이 형성된 식물의 뿌리는 뿌리털을 형성하지 않는 특징 이 있음

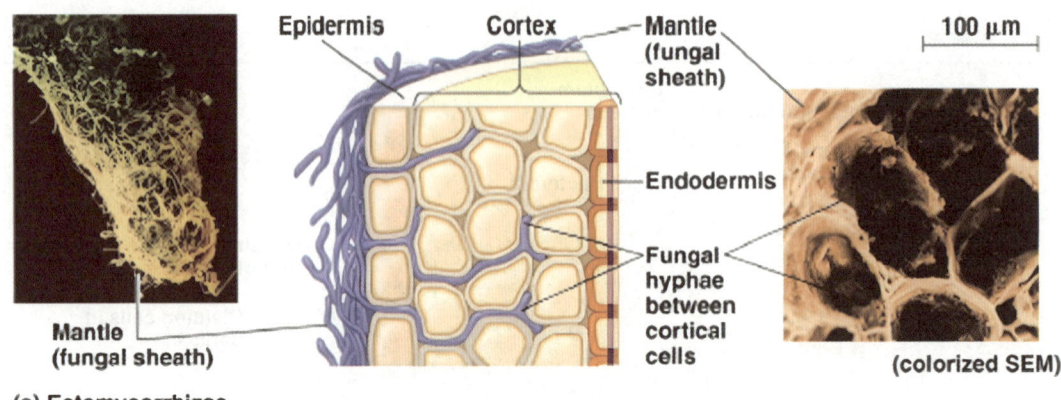

(a) Ectomycorrhizae

ⓑ 내생균근(arbuscular mycorrhizae): 외생균근에 비해서 훨씬 흔하고 뿌리를 감싸는 치밀한 껍질을 지니지 않으며 균사가 표피세포 사이를 침투하여 뿌리의 피층으로 들어가는데 뿌리 피층세포 세포벽의 일부를 소화시키지만 세포질 안으로 침투하지는 않음. 다만 뿌리세포의 막이 함입되어 형성된 관 안으로 자라 식물과의 양분교환을 수행함. 균사는 또한 균류의 먹이를 저장할 수 있는 소낭을 형성함

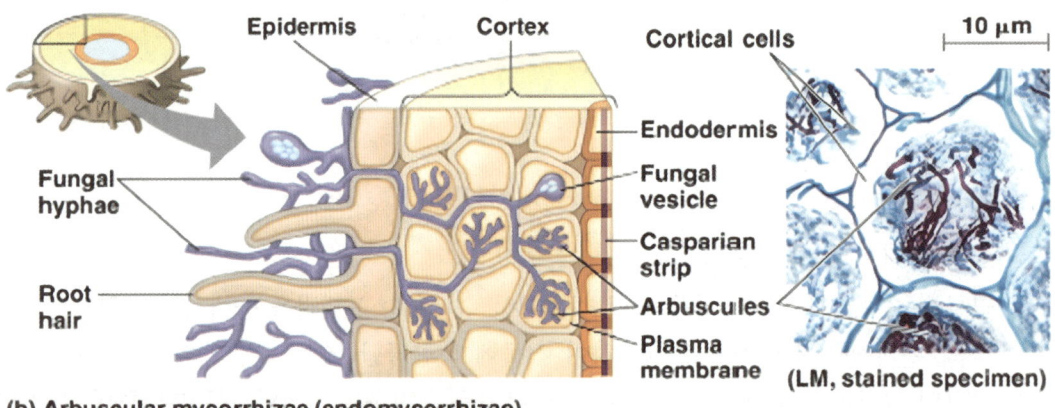

(b) Arbuscular mycorrhizae (endomycorrhizae)

(5) 식물의 영양 적응 형태

㉠ 착생식물(epiphyte): 자신이 영양을 얻기 위해 살아 있는 다른 식물의 줄기나 줄기 위에 몸체를 고정시켜 자람. 물과 무기염류를 뿌리가 아닌 잎을 통해 흡수하는데 비로부터 얻는 것이 일반적임 ex. 사슴뿔 고사리, 난초

㉡ 기생식물(parasitic plants0: 당과 무기염류를 살아 있는 숙주식물로부터 흡수하는데, 일부 기생식물은 광합성을 하기도 함. 많은 종류가 영양소를 흡수하기 위해 흡기로서의 기능을 하는 뿌리를 숙주식물로 침투시킴

ex. 광합성 수행 식물(겨우살이), 광합성 비수행 식물(새삼, 수정란풀)

ⓒ 식충식물(carnivorous plants): 광합성을 하지만 곤충이나 다른 동물들을 소화시킴으로써 질소와 일부 무기염류를 얻고자 함. 산성의 습지나 질소와 기타 무기염류가 부족한 토양에 주로 서식하며 변형된 잎으로 이루어진 다양한 곤충포획 함정은 가수분해효소를 분비하는 분비모를 갖추고 있음   ex. 파리지옥, 끈끈이주걱

1 식물의 영양분 흡수

(1) 용질의 수송

㉠ H⁺ 능동수송: 식물에서 H^+의 능동수송은 양성자 농도 구배 뿐만 아니라 막전위를 형성시키기 때문에 다른 물질의 수송 양상에 중요한 영향을 주게 됨

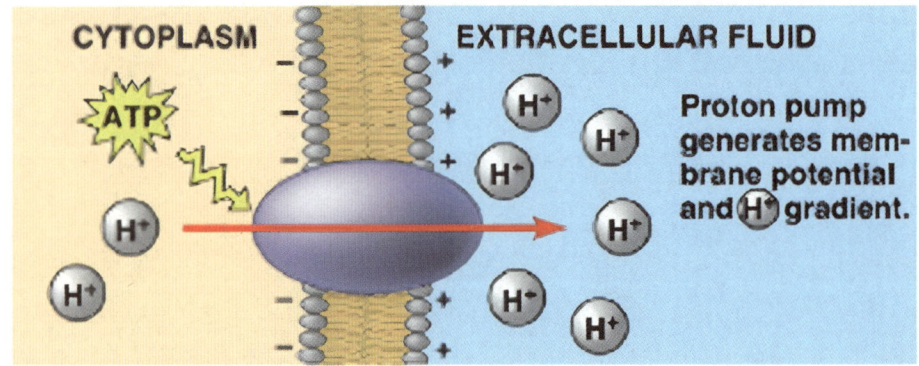

㉡ 다른 물질의 수송의 예

ⓐ 촉진확산: K^+과 같은 양이온이 막전위에 의해 세포 안으로 진입함

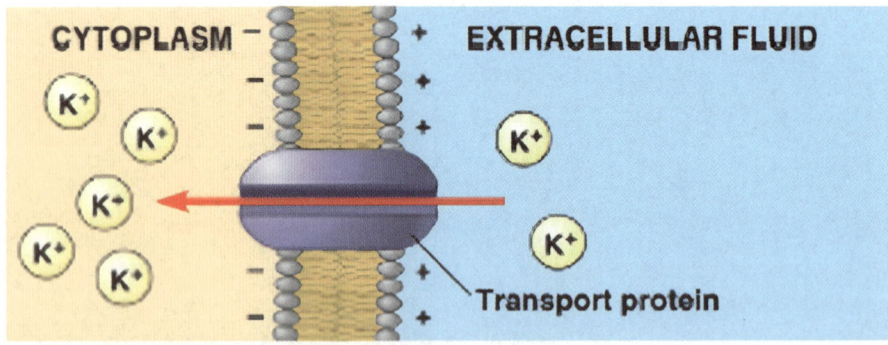

(a) Membrane potential and cation uptake

ⓑ 공동수송: 질산이온이나 당과 같은 물질이 H^+의 공동수송을 통해 세포 안으로 진입함

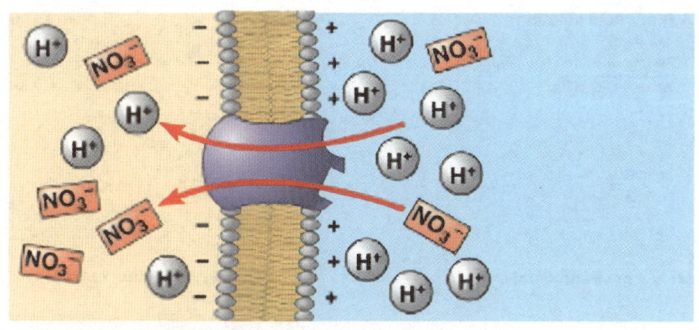

(b) Cotransport of an anion with H⁺

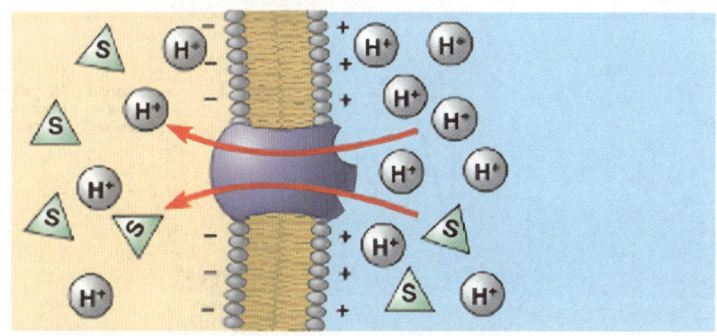

(c) Cotransport of a neutral solute with H⁺

(2) 삼투: 식물은 물의 흡수와 소모 간에 균형을 이루어야 함

㉠ 수분 포텐셜(water potential): 물의 위치에너지 개념으로 물은 수분 포텐셜이 높은 지역에서 낮은 지역으로 이동하게 됨. 단위는 MPa이며, 순수한 물의 수분 포텐셜을 0MPa로 규정함

  ⓐ 수분 포텐셜(Ψ) = 용질 포텐셜(Ψ_S) + 압력 포텐셜(Ψ_p)

   1. 용질 포텐셜(solute potential; Ψ_S): 녹아 있는 용질의 분자수에 비례하는 포텐셜로 용질의 농도가 높아질수록 용질 포텐셜은 음의 값을 갖고 그 절대값이 커짐. 삼투현상의 방향성에 영향을 주기 때문에 삼투 포텐셜(osmotic potential)이라고도 하며 순수한 물의 Ψ_S은 0이라고 정의함

   2. 압력 포텐셜(pressure potential; Ψ_p): 용액의 물리적 압력을 말함. 용질 포센셜과는 다르게 음의 값과 양의 값이 모두 가능함. 팽압이 커질수록 압력 포텐셜은 양의 값을 갖고 커짐

  ⓑ 수분 포텐셜의 측정: 물은 수분포텐셜이 높은 곳에서 낮은 곳으로 이동한다는 점을 명심하기 바람. 만약 동일한 흐늘흐늘한 세포($\Psi_p=0$)을 두 가지 다른 환경에 놓았을 경우 수분 포텐셜이 높은 환경에 놓아두면 원형질 분리가 일어나고 수분 포텐셜이 낮은 환경에 놓아두면 팽윤 상태($\Psi_p>0$)가 됨

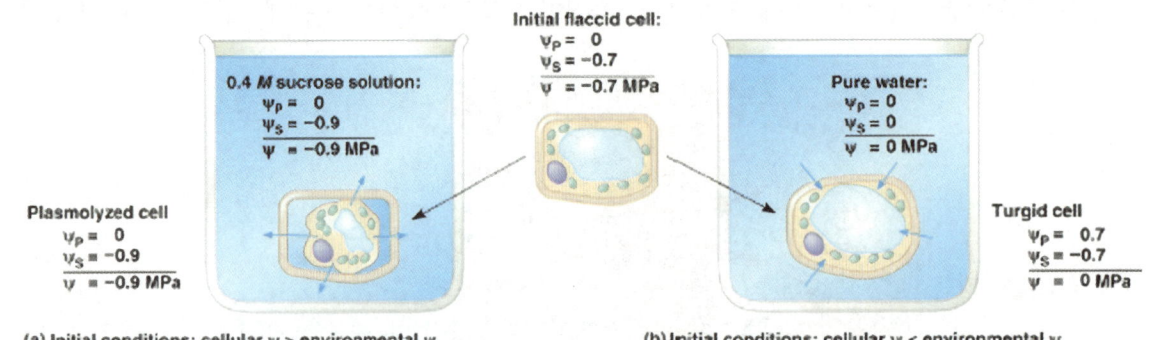

「수분 포텐셜과 물의 이동」

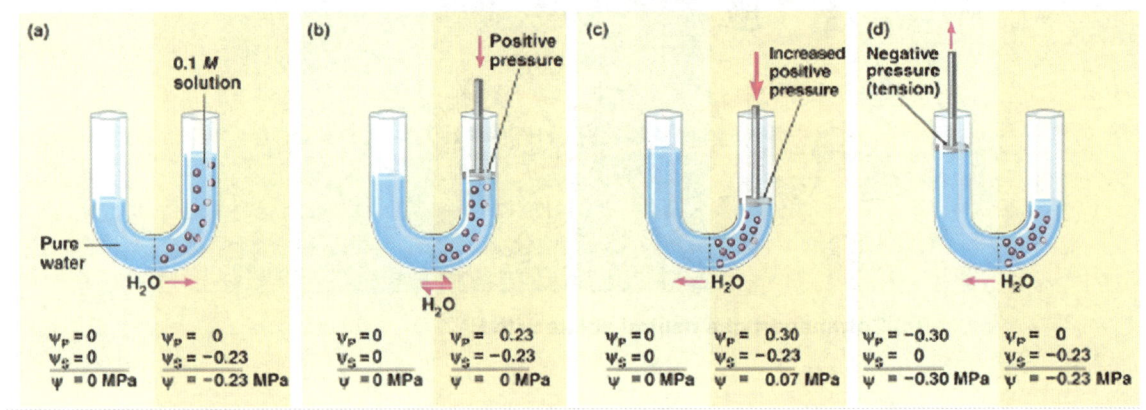

ⓛ 물 분자의 막을 통한 수송 방식

ⓐ 단순확산(simple diffusion): 지질 이중층을 관통하는 방식

ⓑ 아쿠아포린(aquaporin): 물분자의 수송 단백질로서 물의 확산을 도움

식물의 영양분 수송

(1) 수송방식에 대한 개관

㉠ 단거리 수송 방식

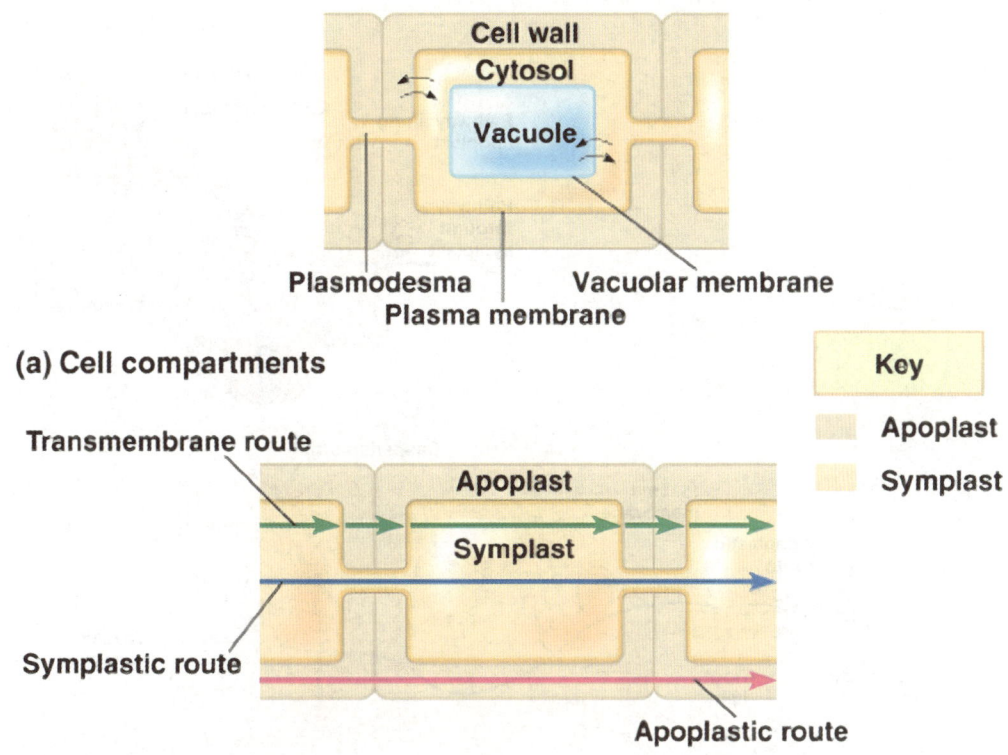

(a) Cell compartments

(b) Transport routes between cells

ⓐ 심플라스트 경로: 물과 용질이 식물조직 내의 세포질 연속물을 따라 이동하는 것을 말함

ⓑ 아포플라스트 경로: 물과 용질이 세포벽과 세포외 공간의 연속물을 따라 이동하는 것을 말함

ⓒ 세포막 통과 경로: 물과 용질이 세포 밖으로 나와서 세포벽으로 가로지르고 이웃세포로 들어가는 식을 반복하면서 이동하는 것을 말하며 이 경우 물과 용질이 세포 밖으로 나오고 다음 세포로 다시 들어갈 때마다 세포막을 통과하는 일이 반복됨

㉡ 장거리 수송 방식: 입력 차에 의한 용액의 부피유동

ⓐ 물관부의 헛물관과 물관요소, 체관부의 체관 내에서는 부피유동과 같은 방향으로 물과 용질이 함께 이동함

ⓑ 헛물관과 물관요소는 세포질이 없고, 체관의 세포질은 내부 세포소기관이 없기 때문에 부피유동을 위한 유효 지름을 증가시킬 수 있게 됨

(2) 물과 무기염류의 수송

ⓙ 뿌리세포에 의한 물기 무기염류의 흡수: 표피세포를 통해 물과 무기염류는 수송되어 피층까지 도달함

  ⓐ 무기염류의 흡수: 능동수송

  ⓑ 물의 흡수: 삼투

ⓛ 뿌리에서의 물과 무기염류의 수송

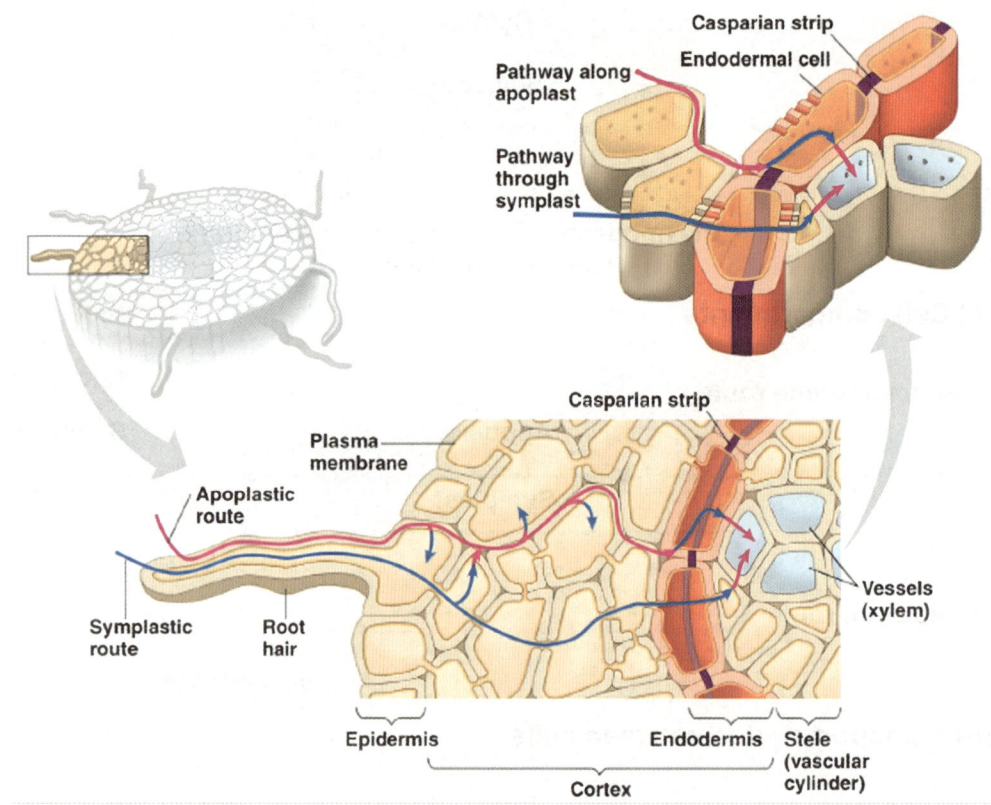

ⓐ 내피(endodermis): 중심주를 둘러싸고 있으며 뿌리 피층에서 관다발 조직으로 무기염류의 선택적 통과를 결정하는 마지막 관문으로 작용함. 각 내피세포는 카스파리안선(casparian strip; 물과 무기염류에 불투과성인 왁스물질 슈베린으로 이루어짐)을 지녀 물과 무기염류가 심플라스트 경로를 통해 또는 세포막을 관통함으로써 이동할 수 있게 함

ⓑ 내피에 도달하기 전에는 아포플라스트 경로, 심플라스트 경로, 막 통과 경로를 모두 이용하지만 내피를 통과할 때는 오직 심플라스트 경로를 통해서만 가능하고 내피를 통과한 이후에는 주로 아포플라스트 경로를 이용하게 됨

ⓒ 물관에서의 부피유동: 물관액을 밀어올리는 양압과 물관액을 당기는 음압이 모두 작용하여 부피유동을 가능케 함

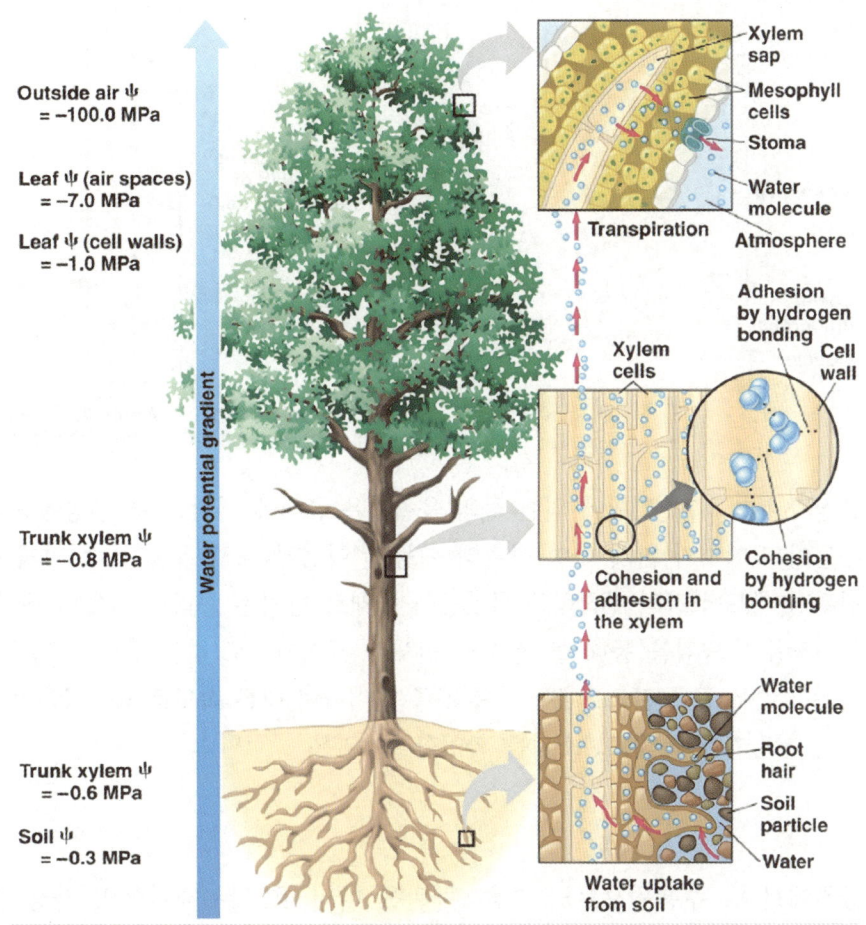

ⓐ 뿌리압: 물관액의 밀어올림 압력으로 증산작용이 거의 없을 경우 중심주의 낮은 수분포텐셜로 인해 뿌리 피층으로 물이 흘러들어와 물관액을 밀어올리는 뿌리압을 형성하게 됨. 때때로 잎에서 수분의 증발량보다 뿌리압을 통해 밀어올려진 물관액량이 많아 잎의 가장 자리에 물방울이 맺히는 일액현상을 관찰할 수 있음. 그러나 뿌리압이 모든 식물에 존재하는 것은 아니며 뿌리압이 존재한다 하더라도 증산작용이 왕성하면 뿌리압을 확인할 수 없게 됨

ⓑ 증산-응집-장력 기작: 물관액의 당김 압력의 형성, 전달에 관여함

1. 증산작용의 당김: 잎의 바깥쪽 공기는 하루 중 대부분 잎의 안쪽 공기보다 수분 포텐셜이 낮아 수증기는 기공을 통해 잎 바깥으로 빠져나가게 됨. 수증기가 증발하면서 식물 세포벽에 존재하는 물과 공기간의 접촉표면적이 커지고 물의 높은 표면장력으로 인해 물관으로부터 물을 당기게 되는데 이것이 일종의 음압으로 작용하여 아래로부터 위로 물을 당기는 원동력이 됨. 증산작용이 수행되는 부위의 수분 포텐셜이 가장 낮고, 증산작용이 수행되는 부위로부터 멀어질 수록 수분 포텐셜은 증가하게 됨

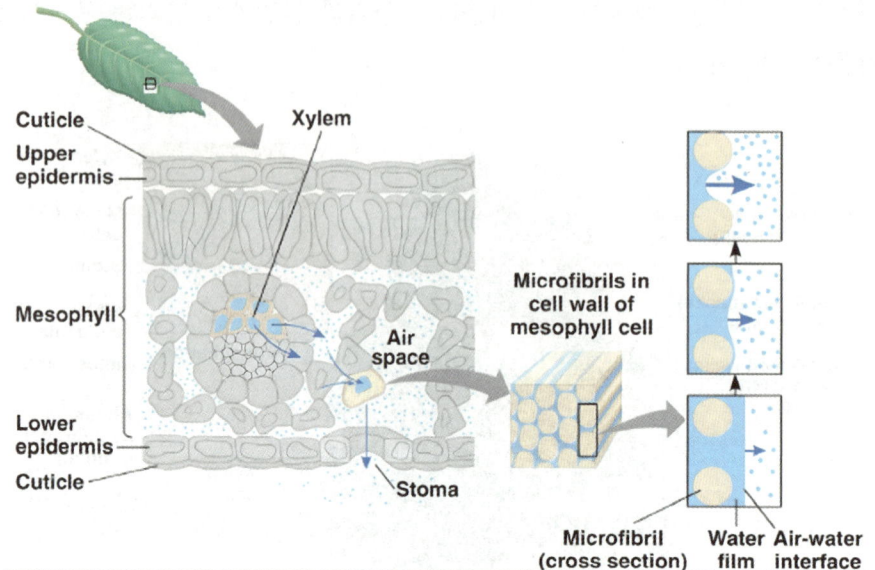

2. 응집과 부착: 수소결합에 의한 물의 응집력은 증산에 의한 장력 발생에도 불구하고 물분자들이 떨어지지 않게 하여 물관액 기둥이 형성된 채로 유동할 수 있게 하며 물분자와 친수성 세포벽 간의 부착력은 물기둥이 아래로 당기는 중력의 힘을 상쇄시키게 됨. 간혹 증산작용의 당김을 통해 물 분자의 연쇄가 끊어지기도 하는데 이런 경우는 헛물관보다 지름이 더욱 큰 물관요소에서 더욱 자주 일어나며 빠른 속도로 공기방울이 커지면 감도가 좋은 청진기를 통해 그 소리를 확인할 수 있음

(3) 체관을 통한 당의 수송

㉠ 당 공급원에서 당 수용원으로의 수송: 체관을 따라 흐르는 체관액의 가장 중요한 용질은 설탕으로 그 체관액은 시럽처럼 걸쭉하며 그 밖의 용질은 무기염류, 아미노산, 호르몬 등이 존재함

ⓐ 체관액의 이동방향: 물관액의 흐름이 잎을 향한 단방향성이라면 체관액의 흐름은 여러 가지 방향을 가지나 그 모든 경우에 언제나 당의 공급원(sugar source; 광합성 또는 녹말 분해작용으로 당의 순생산이 일어나는 식물의 기관)에서 당의 수용원(sugar sink; 당이 소모되거나 저장되는 기관)을 향하는 것임

1. 당 공급원의 예: 광합성 수행 능력이 있는 성장한 잎, 동면에서 깨어난 직후의 알뿌리나 덩이줄기

2. 당 수용원의 예: 자라고 있는 잎, 성장하고 있는 뿌리, 눈, 줄기, 열매, 여름에 탄수화물을 저장하는 알뿌리나 덩이줄기

ⓑ 당의 수용원은 일반적으로 가장 가까운 공급원으로부터 체관요소를 통해 수송된 당을 받음

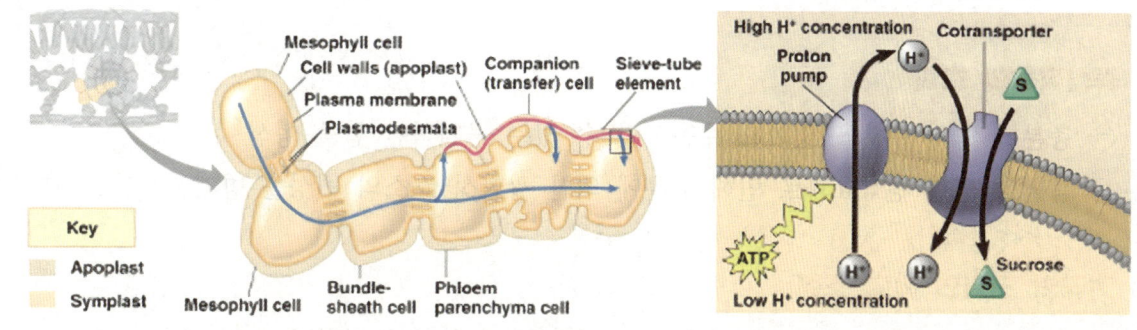

ⓒ 많은 식물에서 엽육세포보다 체관요소나 반세포의 설탕 농도가 더욱 높기 때문에 능동수송이 필요함. 양성자 펌프의 활동과 H^+-설탕의 공동 수송에 의해 세포가 설탕을 축적할 수 있음

ⓓ 수용원에서의 자유 당 농도는 항상 체관보다 낮기 때문에 당 농도기울기를 따라 당 분자는 체관에서 수용원으로 확산되고 삼투현상에 의해 물이 흡수됨

ⓛ 체관을 통한 당의 수송 방식: 압류설

「압류설의 내용」

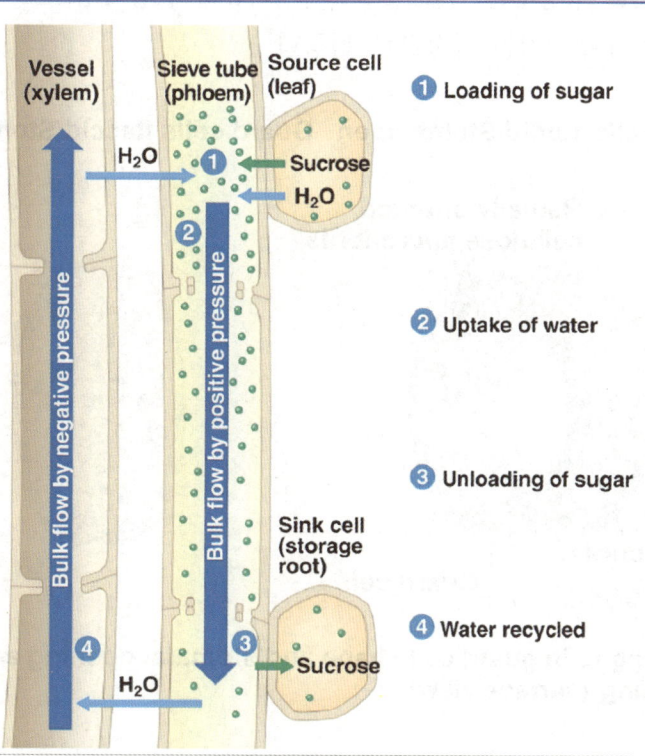

3 기공을 통한 증산작용

(1) 증산작용의 효과

ⓐ 충분한 양의 수분을 잎까지 수송시킬 수 있는 근원적인 힘을 형성
ⓑ 증발로 인한 냉각효과로 인해 고온에 의한 광합성 효소의 변성을 방지

(2) 기공의 크기와 밀도 조절

기공을 통한 물의 손실량은 기공의 수와 평균 크기에 따라 결정됨

ⓐ 기공의 크기 조절: 공변세포는 기공의 지름을 조절함으로써 식물의 광합성에 대한 요구와 물 보존 요구 사이의 균형을 유지함
ⓑ 기공의 밀도 조절: 유전적 환경적 조절을 받음
    ⓐ 사막식물은 습지식물보다 기공의 밀도가 낮은 편임
    ⓑ 발생 동안 강한 빛에 노출되고 이산화탄소량이 적으면 기공의 밀도가 증가하는 경향이 존재함

(3) 기공 개폐 기작

공변세포의 세포벽을 구성하는 셀룰로오스 미세섬유들이 방사형으로 배열되어 공변세포가 부풀 때 바깥쪽으로 구부러지는 방향으로 팽창함

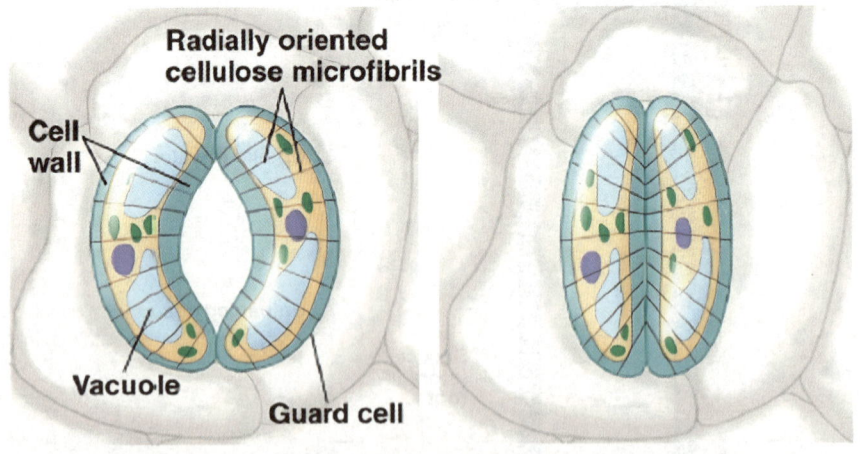

Guard cells turgid/Stoma open   Guard cells flaccid/Stoma closed

Radially oriented cellulose microfibrils
Cell wall
Vacuole
Guard cell

(a) Changes in guard cell shape and stomatal opening and closing (surface view)

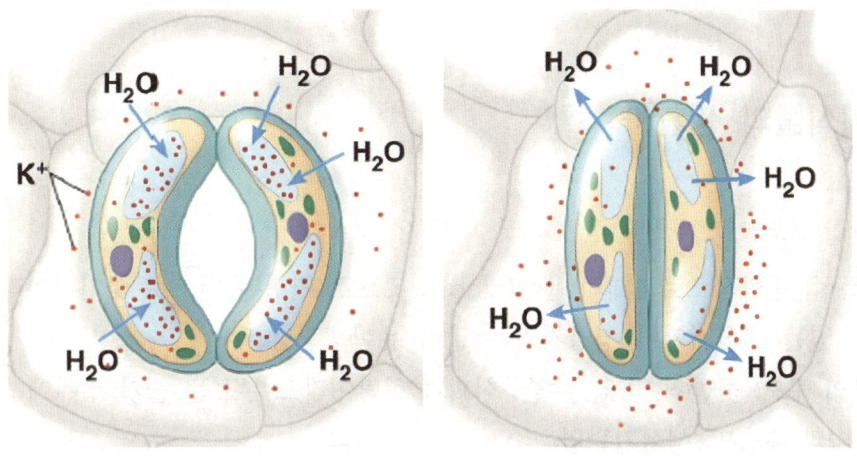

Guard cells turgid/Stoma open   Guard cells flaccid/Stoma closed

(b) Role of potassium in stomatal opening and closing

㉠ 공변세포의 팽압 변화: K+의 흡수와 방출을 통해 기공의 개폐를 조절

 ⓐ 기공의 열림: H+를 방출시킴으로써 음의 막전위를 형성하여 K+의 세포 내 진입을 유발함. K+이 세포 내부로 진입하면서 세포 내 수분포텐셜이 낮아지고 따라서 삼투에 의해 물이 더 들어오면서 공변세포가 부풀어오르는데 대부분의 K+과 물은 액포에 저장되므로 액포막도 공변세포의 변형을 조절하는 역할을 수행함

 ⓑ 기공의 닫힘: 기공 열림의 반대과정으로 주변세포로 K+이 빠져나가면서 삼투현상에 의한 물의 손실로 유도됨

㉡ 기공 개폐의 자극 요인

 ⓐ 기공의 열림 신호: 식물체내 CO_2 농도의 감소, 빛, 생체시계

 ⓑ 기공의 닫힘 신호: 식물체내 수분 부족으로 인한 엡시스산 호르몬 농도의 증가

15 식물의 생식과 발생

1 속씨식물의 생활사

(1) 꽃의 구조와 기능

ⓐ 꽃의 특성: 전형적으로 4개의 윤생(whorl; 고도로 변형된 잎으로 꽃기관이라 불림)으로 이루어져 있는 생식지이며 영양지와는 달리 유한생장함

ⓑ 꽃기관의 구조: 꽃받침, 꽃잎, 수술, 심피가 화탁이라고 부르는 줄기 부위에 붙어 있는 구조임. 암술과 수술만 생식기관임

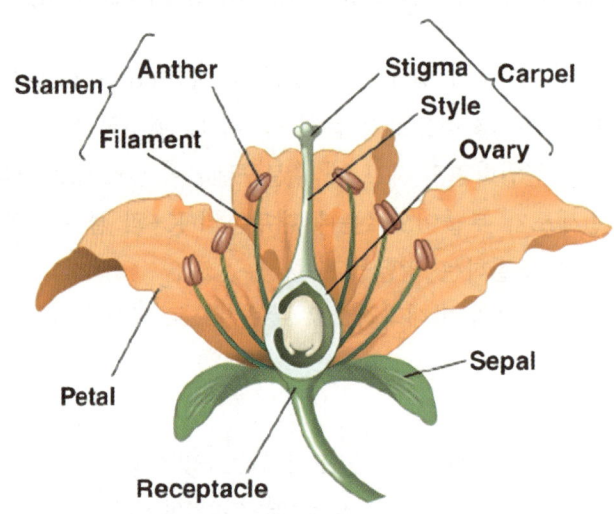

(a) Structure of an idealized flower

ⓐ 꽃받침(sepal): 꽃눈을 감싸고 보호하며, 일반적으로 녹색을 띠며 광합성을 수행함

ⓑ 꽃잎(petal): 일반적으로 꽃받침보다 더욱 색깔이 화려하며 꽃가루 전달자를 유인하며 꽃잎으로 이루어진 윤생을 화관이라 지칭

ⓒ 수술(stamen): 수술대(filament)와 꽃밥(anther)이라 부르는 말단 구조물로 구성됨. 꽃밥에는 소포자낭(microsporangja)이라는 방이 있어서 화분을 생성함

ⓓ 암술(pistil): 암술대(style)와 씨방(ovary)으로 구성됨
　　1. 암술대: 암술대의 맨 위에는 꽃가루가 내려앉을 수 있는 암술머리(stigma)가 존재함
　　2. 씨방: 대포자낭이 있어서 밑씨(ovule)가 형성됨

(2) 속씨식물의 생활사

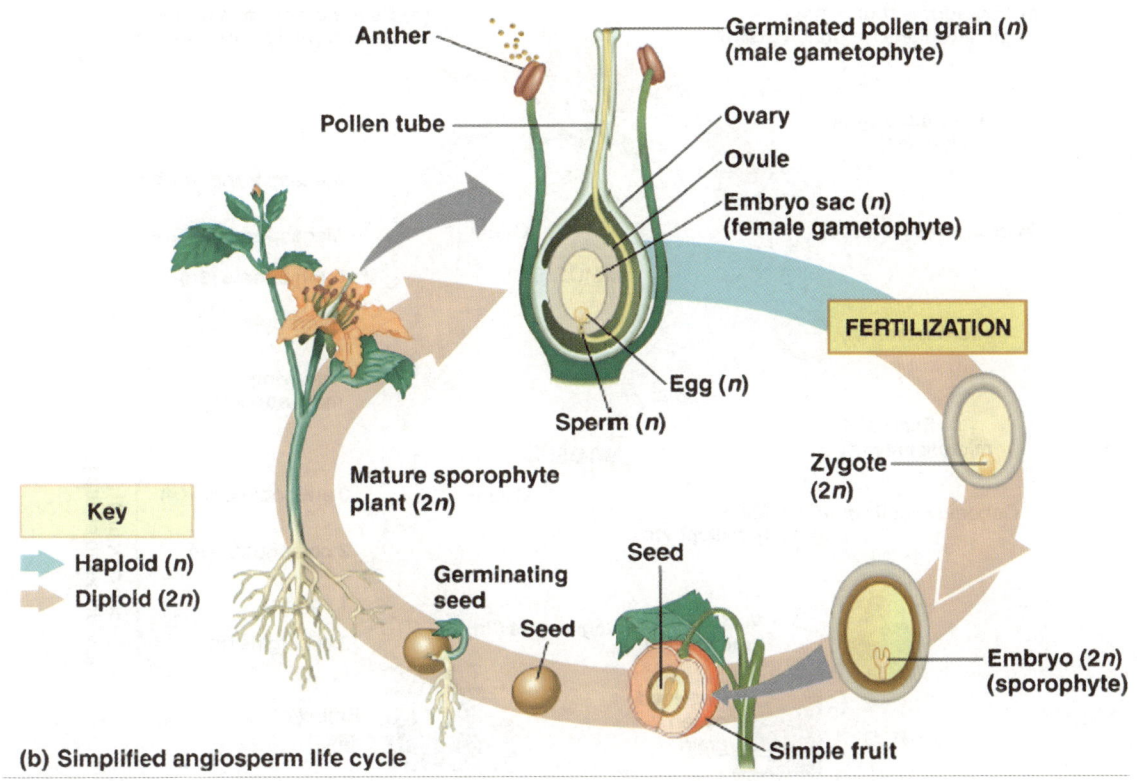

Anther

Pollen tube

Germinated pollen grain (*n*)
(male gametophyte)

Ovary

Ovule

Embryo sac (*n*)
(female gametophyte)

Egg (*n*)

Sperm (*n*)

FERTILIZATION

Zygote
(2*n*)

Mature sporophyte
plant (2*n*)

Key

Haploid (*n*)

Diploid (2*n*)

Germinating
seed

Seed

Seed

Embryo (2*n*)
(sporophyte)

Simple fruit

(b) Simplified angiosperm life cycle

ⓒ 배우체 형성: 꽃밥의 소포자낭에서는 꽃가루가 형성되며, 밑씨의 대포자낭에서는 배낭이 형성됨

　ⓐ 수배우체 형성: 꽃밥 안에 존재하는 소포자낭의 이배체 소포자가 감수분열을 하여 반수체 배우자를 포함하는 배우체인 화분(수배우체)을 형성함. 화분 내에는 생식세포(generative cell)와 관세포(tube cell)가 존재하는데 생식세포는 분열하여 2개의 정세포를 형성하고 관세포는 화분이 암술머리에 수분되었을 때 화분관을 형성하는데 관여함

　ⓑ 암배우체 형성: 밑씨 안에 존재하는 대포자낭의 이배체 대포자가 감수분열을 하여 반수체 배우자를 포함하는 배우체인 배낭(암배우체)을 형성함. 두 층의 외피가 주공(mycropyle)을 제외하고 대포자낭 주변을 감싸고 있음

　　1. 배낭 안에서 형성된 3개의 세포(2개의 조세포, 1개의 난세포)는 주공 근처에 있으며, 배낭의 다른쪽 끝에는 기능을 알 수 없는 반족세포가 있으며 2개의 극핵은 분리된 세포로 나누어지지 않고 중심의 세포질을 공유함

　　2. 난세포와 극핵이 수정에 참여하며 조세포는 화분관을 유인하고 안내하는 역할을 함

「배우체 형성과정」

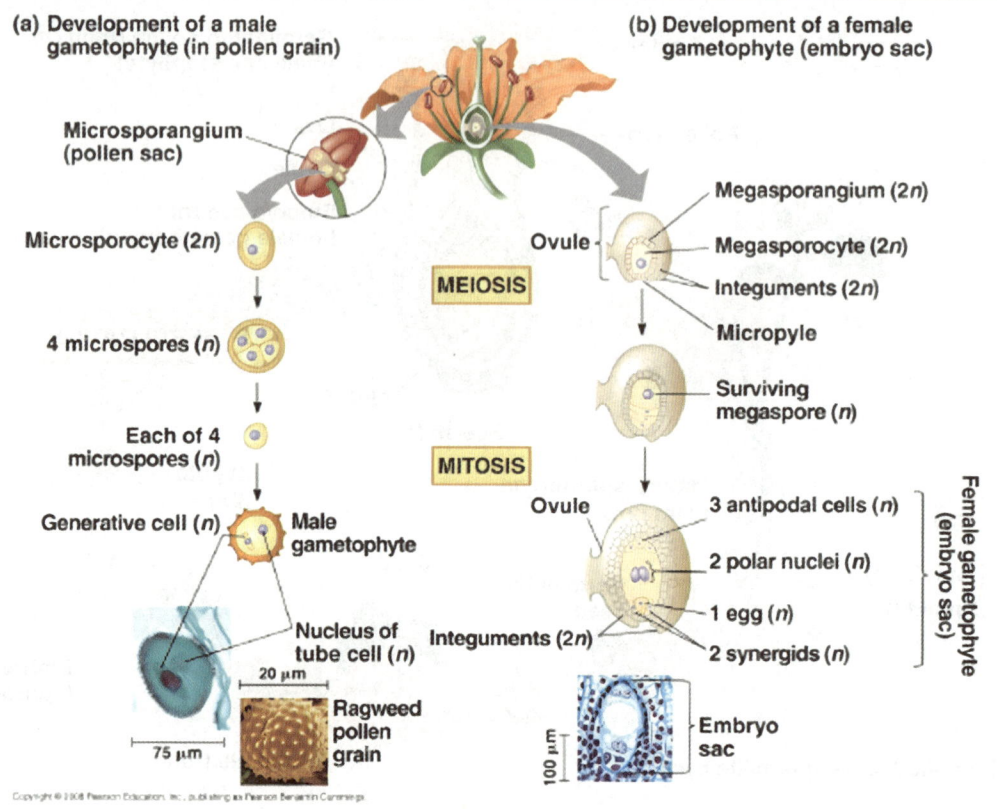

ⓛ 수분(pollination): 꽃밥에서 암술머리로 화분이 이동하는 것으로 바람이나 물, 또는 동물
에 의해 이루어짐

「수분 매개자의 종류에 따른 꽃의 구분」

Ⓐ 수매화: 물이 매개체가 되어 수분되는 꽃으로 화분이 물 속에 흩어져서 수분되는 것과 암꽃이 물 밑에서 피고 화분이 가라앉으면서 수분되는 것이 있음. 일부는 수꽃이 피면 모체에서 떨어져서 물에 뜨고, 암꽃은 꽃대가 길게 자라서 물 위에 뜬 화분을 받음

Ⓑ 충매화: 수분의 매개자가 곤충이며 곤충 주둥이의 형태와 꿀이 존재하는 꽃의 구조 사이에는 밀접한 관계가 있음. 주둥이가 짧은 꿀벌류는 꿀이 꽃 속의 얕은 곳에 있는 것은 찾아오지만, 깊은 곳에 있는 꽃에는 가지 않는다. 주둥이가 긴 것은 깊은 곳에 있는 꿀을 빨아먹는 데 적합함. 식물쪽에서 보면 이런 곤충이 오지 않으면 화분의 매개가 잘 되지 않고, 결실도 되지 않음. 따라서 충매화의 일반적인 특징은 꽃이 아름답고 향기가 있는 것임

Ⓒ 풍매화: 바람을 통해 수분을 하며 생식적 성공이 매력적인 화분 전달자에 의존하지 않기 때문에 색깔이나 향기로운 꽃을 선호하는 선택압력이 존재하지 않음. 바람에 의한 수분의 비효율성은 화분의 수적 증가로 보완하게 됨

Ⓓ 조매화: 새에 의해 수분되는 꽃은 일반적으로 크고 빨강이나 노랑색이지만 향기는 거의 없음. 새는 흔히 발달된 후각기관을 갖고 있지 않아 향기 생산을 선호하는 선택압력이 없으나 대신 수분하는 새의 고에너지 요구를 충족시키기 위해 많은 양의 꽃꿀을 형성해야 함

ⓐ 수분의 장점: 겉씨식물과 속씨식물의 경우 화분이 존재하기 때문에 수정하는 매질로 외부의 물이 요구되지 않음

ⓑ 자가불화합성(self-incompatibility): 일부 식물은 자가수분을 막아 유전적 다양성을 높이려는 기작으로 식물이 자신 또는 근연종의 화분을 거부하는 능력임. 자신의 화분을 인지하는 것은 S-유전자라는 자가불화합성 유전자에 근거하는데, 식물집단의 유전자풀에는 S-유전자가 수십 개 존재함. 암술머리의 대립유전자와 일치하는 대립유전자를 갖고 있는 화분에서는 화분관이 형성되지 않음

1. 배우체 자가 불화합성(gametophytic self-incompatibility): 화분 유전체에서 S-대립유전자가 수정의 방어를 좌우함. S_1S_2 부모 포자체에서 유래한 S_1화분은 S_1S_2꽃에서는 화분관 형성을 완료하지 않지만 S_2S_3 꽃에서는 화분관 형성을 완료하여 수정을 하게 됨. 이 경우에 있어서 자기 인식에는 효소를 통해 화분관 내의 RNA를 파괴하는 작용이 관여함

2. 포자체 자가 불화합성(sporophytic self-incompatibility): 화분의 벽에 붙은 포자체 조직의 S-대립유전자 산물에 의해 수정이 방해됨. S_1S_2 부모 포자체의 S_1이나 S_2 화분이 S_1S_2 꽃이나 S_2S_3 꽃에서 화분관을 형성하지 못함. 이것은 화분관의 발아를 방해하는 암술 표피세포의 신호전달경로가 관여하는 것임

ⓒ 수정(fertilization): 화분관 세포에 의한 화분관 형성 후 조세포가 형성한 물질(GABA)에 의한 주화성으로 이동한 정세포와 난세포간의 융합

　ⓐ 속씨식물의 중복수정(double fertilization): 2개의 정세포가 암배우체의 서로 다른 핵과 융합함. 난자의 수정이 일어난 밑씨 내에서만 배젖이 형성되기 때문에 영양분의 낭비를 막을 수 있다는 장점이 존재함

　　1. 정세포(n) + 난세포(n) → 배(2n)

　　2. 정세포 + 2개의 극핵(n,n) → 배젖(3n)

　ⓑ 겉씨식물의 단일 수정: 속씨식물과는 달리 정세포는 난세포와만 융합함

　　1. 정세포(n) + 난세포(n) → 배(2n)

　　2. 원배젖세포(n) → 배젖(n)

(3) 종자의 발생

㉠ 배젖의 발생: 배의 발생에 앞서 일어남

  ⓐ 곡류와 대부분의 다른 외떡잎식물, 일부 진정쌍떡잎식물은 발아 후 유식물에 의해 이용될 수 있는 양분을 배젖이 저장하고 있음

  ⓑ 콩과식물을 포함하는 다른 진정쌍떡잎식물은 종자의 발생이 완전히 끝나기 전에 영양소 저장이 배젖에서 떡잎으로 옮겨지므로 성숙한 종자는 배젖이 없음

㉡ 배의 발생: 밑씨가 종자가 되고 외피가 단단하고 두꺼워지면서 종자껍질을 형성하게 되면 미성숙한 기관을 갖는 배식물이 형성됨

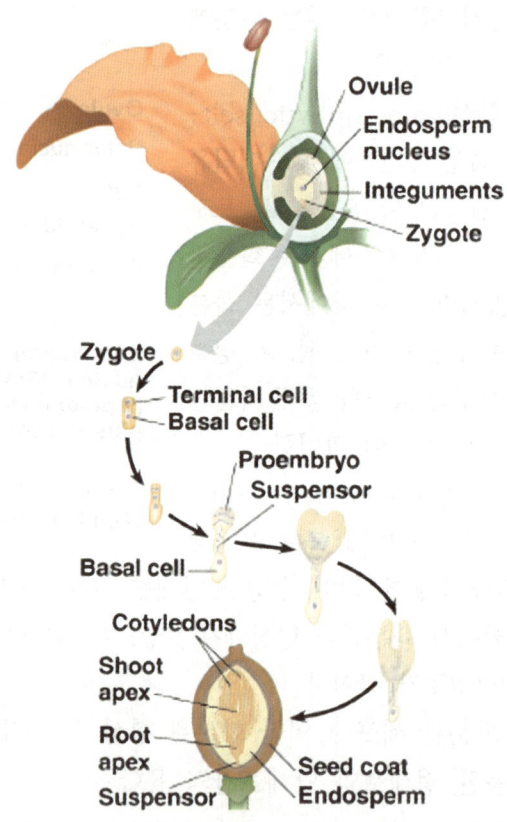

① 접합체 첫 번째 세포분열로 바닥세포와 끝세포가 형성되는데 결국 끝세포가 대부분의 배를 이루게 됨

② 바닥세포는 분열을 계속하여 배자루를 형성하는데 그것은 배를 모체에 붙어 있게 하며 모체로부터 또는 식물의 배젖으로부터 배에게 영양분을 옮겨주는 역할을 수행함

③ 배자루는 길어지면서 배를 양분 저장조직과 보호조직 안으로 점점 더 깊이 밀어 넣고 그 와중에 끝세포는 여러번의 분열을 통해 배자루에 붙어 있는 구 모양의 전배를 형성하게 됨

④ 떡잎은 전배 위에서 돌기처럼 형성되는데 외떡잎식물은 하나의 떡잎만이 발생하나 진정쌍떡잎식물은 두 개의 떡잎이 발생하여 하트 모양을 하고 있음

⑤ 미성숙 떡잎이 나타나고 배는 길어지는데 떡잎 사이에 지상부 정단분열조직을 포함한 지상부 끝이 자리하며 배자루가 붙어 있는 배축의 다른 쪽 같은 뿌리 정단분열조직을 포함한 배근 정점임

「성숙한 종자의 구조」

Ⓐ 종자 성숙의 마지막 단계 동나 전체 물의 양이 5~15%가 될 때까지 탈수작용이 일어나면서 배는 휴면에 들어감

Ⓑ 배와 배의 영양 공급처는 종피에 둘러싸여 있음

Ⓒ 일부는 종자의 발아 전에 배젖의 영양분이 떡잎으로 이동하기 때문에 떡잎이 두껍지만 또 다른 일부는 배젖 속에 영양분을 갖고 있어 떡잎이 얇음

Ⓓ 벼과식물은 배반(scutelium)이라는 특별한 형태의 떡잎을 지니고 있으며, 벼과 식물 종자의 배는 자엽초(coleoptile)와 근초(coleorhiza)로 둘러싸여 있음

Ⓔ 종자 내의 구조 명칭

　1. 하배축(hypocotyl): 떡잎이 붙어 있는 지점 아래의 배축으로 어린 뿌리에서 끝남

　2. 상배축(epicotyl): 떡잎이 붙어 있는 곳보다 위이며 한 쌍의 작은 첫째 잎보다 아래 배축 부분

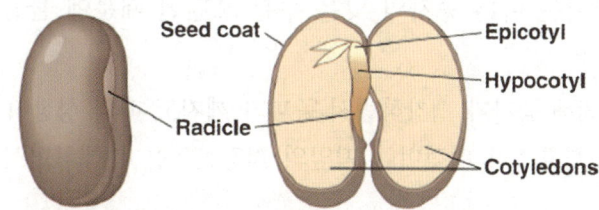

(a) Common garden bean, a eudicot with thick cotyledons

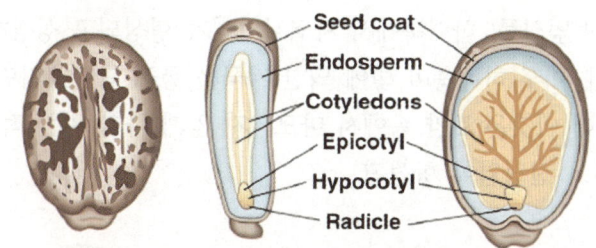

(b) Castor bean, a eudicot with thin cotyledons

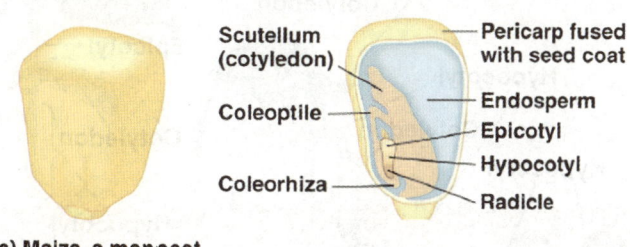

(c) Maize, a monocot

(4) 종자의 휴면과 발아

㉠ 종자의 휴면: 대사율이 극도로 낮으며 성장과 발생의 정지 상태이며 휴면 종자가 살아서 발아 능력을 유지할 수 있는 기간은 식물종과 환경 조건에 따라서 다름

ⓐ 휴면을 벗어나기 위해 필요한 환경 조건은 식물 종에 따라 다르며 일부는 적당한 환경 조건이 조성되면 바로 발아를 하게 되지만 또 다른 일부는 적당한 환경임에도 불구하고 특정한 환경 개시 신호가 생기기 전에는 발아를 하지 않음

ⓑ 종자의 휴면을 깨는 신호: 유식물에게 가장 유리한 시간과 장소에서 발아가 일어날 확률을 증가시킴

1. 사막 식물의 종자: 충분한 양의 소나기

2. 자연재해가 많은 곳의 종자: 높은 열과 연기

3. 겨울이 긴 곳의 종자: 오랫동안의 추위

4. 기타: 빛이나 동물 소화기관에 의한 종자껍질의 일부 소화

㉡ 종자의 발아: 발아는 마른 종자의 낮은 수분 포텐셜 때문에 물을 흡수하는 팽윤 과정에 의해 일어남

ⓐ 팽윤된 물에 의해 종자가 팽창하면서 종피가 깨지고 배의 성장이 다시 시작하는 대사적 변화가 일어남. 소화효소가 배젖이나 떡잎의 저장물질을 분해하면서 영양소는 배의 성장부위로 이동하게 됨

ⓑ 어린뿌리가 종자에서 처음 자라나오며 그 다음에는 어린싹이 토양 표면을 뚫고 나옴

1. 많은 진정쌍떡잎식물: 하배축에서 자엽갈고리가 형성되고 성장하면서 자엽갈고리를 땅위로 밀어 올림. 이후 하배축이 빛에 의한 자극을 통해 단단해지면서 떡잎과 상배축을 들어올리게 되는데 이것은 토양 속에서 마모되지 않게 하기 위한 적응임. 떡잎은 결국 떨어지고 상배축에서 진정엽이 형성됨

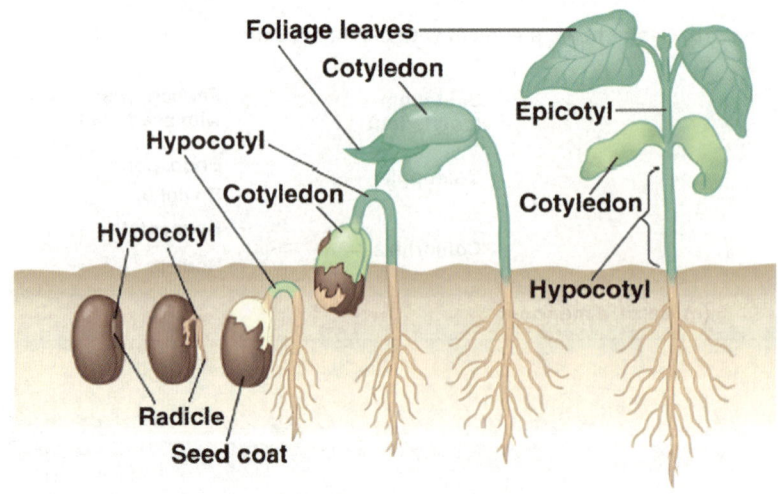

(a) Common garden bean

2. 외떡잎식물: 어린싹을 보호하는 덮개인 자엽초를 통해 형성된 굴을 통과하여 토양 밖으로 나옴

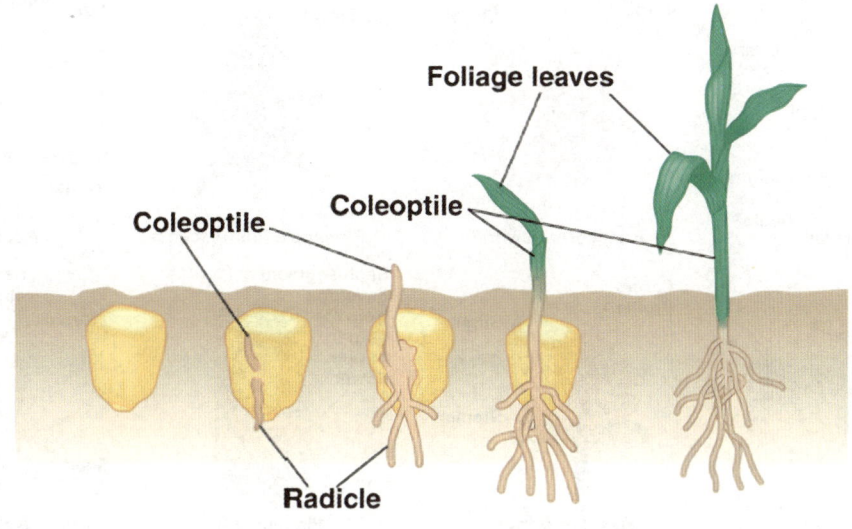

(b) Maize

(5) 열매

종자가 발생하는 동안 씨방은 열매로 발생하여 내부의 종자를 보호하고 성숙시 바람이나 동물에 의해 종자가 퍼지는 것을 도움

㉠ 열매의 형성과정

　　ⓐ 수정이 되면 씨방이 열매로 형태가 변화되도록 유도하는 호르몬 변화가 시작됨

　　ⓑ 씨방벽은 열매의 두꺼워진 벽인 과피가 되는데 씨방이 자람에 따라 꽃의 다른 부위는 시들고 떨어짐

ⓛ 열매의 분류

ⓐ 단과(simple fruit): 한 꽃의 단일 암술 또는 몇 개의 합해진 암술로부터 발생한 열매임
ex. 완두, 레몬, 땅콩

ⓑ 집합과(aggregate fruit): 한 꽃의 여러 다른 암술로부터 발생한 열매이며 각 암술이 작은 열매가 됨
ex. 산딸기, 블랙베리, 딸기

ⓒ 복합과(multiple fruit): 여러 꽃의 여러 다른 암술에서 발생하는 열매이며, 여러 개의 씨방 벽이 두꺼워지기 시작할 때 씨방벽들이 합쳐져서 파인애플처럼 하나의 열매로 통합됨
ex. 파인애플, 무화과

ⓓ 부과(accessory fruit): 씨방이 아닌 다른 조직으로부터 발생하는 열매이며 사과의 경우 씨 방은 화탁 안에 파묻혀 있고 단과의 과육 부위는 주로 비대해진 화탁에서 생기며 사과의 중심부만이 씨방에서 생겨남
ex. 사과, 배

16 자극에 대한 식물의 반응

1 식물의 호르몬

(1) 옥신(auxin)

일반적으로 자엽초의 신장을 촉진하는 물질임. 자연계의 식물체 내에서 합성되는 옥신은 인돌 아세트산(IAA)으로 트립토판이 변형된 물질임

㉠ 옥신의 발견

ⓐ 자엽초의 굴광성 규명

「다윈과 보이센-옌센의 실험」

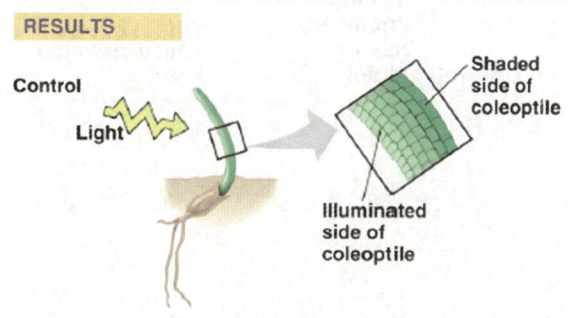

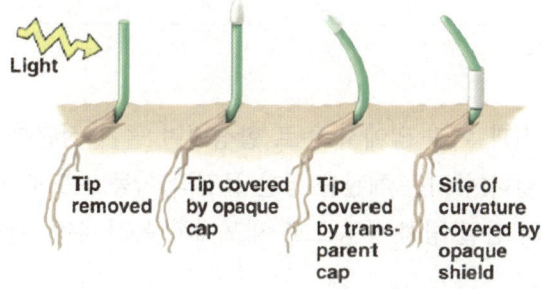

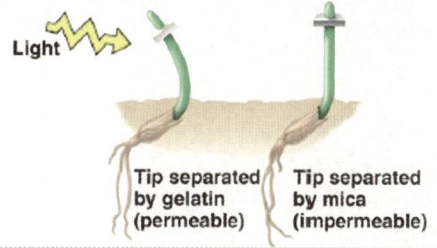

   ⓑ 옥신의 생성장소: 정단분열조직과 어린 잎에서 주로 합성됨

「벤트의 실험」

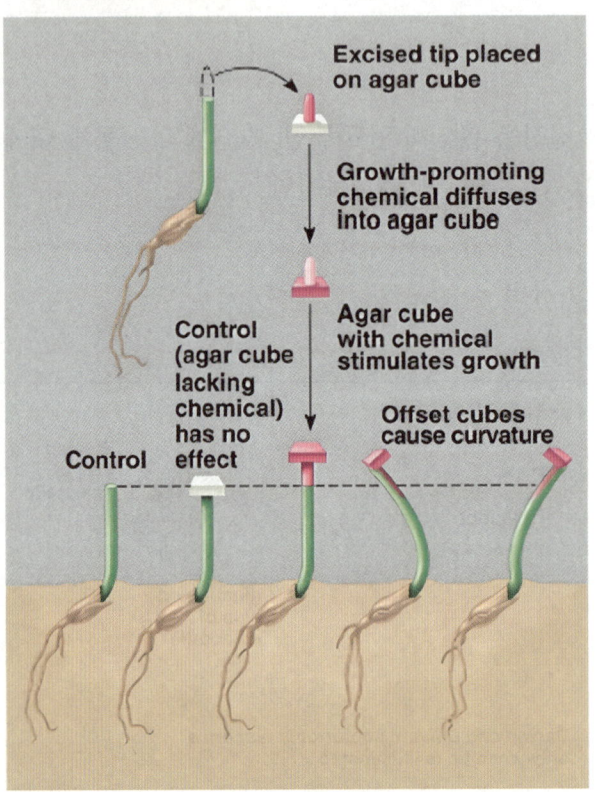

  ⓛ 옥신의 특성

    ⓐ 줄기 정단분열조직과 어린 잎에서 주로 합성되며 줄기 정단부에서 아래로 이동하는 속도는 약 10mm/hr에 달하며 이는 체관을 통한 물질의 이동 속도보다는 느리지만 확산보다는 빠름

    ⓑ 극성 이동: 옥신의 단일 방향 수송으로 세포에서 옥신 수송 단백질의 불균등 분포에 기인함

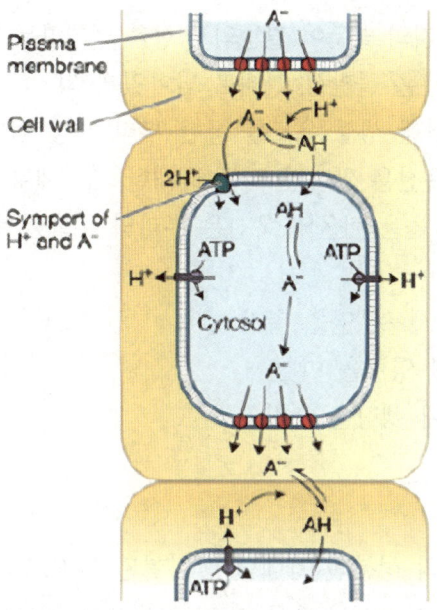

ⓒ 옥신의 기능

ⓐ 어린 줄기에서의 세포 신장을 촉진: 줄기 정단부위에서 생성되어 신장부위로 이동하여 세포
막에 존재할 것으로 추정되는 수용체에 결합하여 세포의 신장을 유도함. 그러나 고농도의
옥신은 세포의 신장을 억제하는 것으로 알려진 에틸렌의 합성을 유도하는 것으로 추정됨

「산성생장설(acid growth hypothesis)」

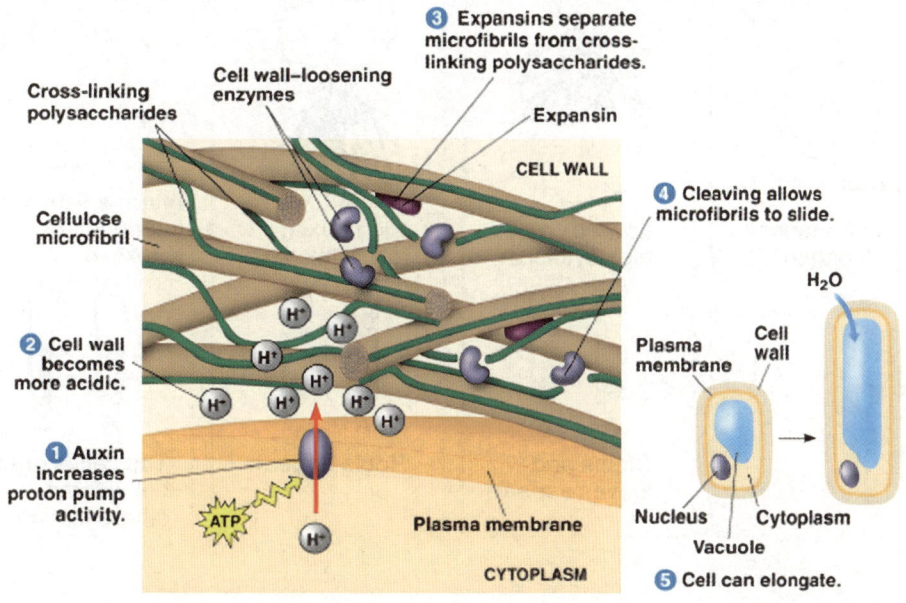

ⓑ 곁뿌리와 부정근의 형성 촉진

ⓒ 잎의 탈리를 방지함

ⓓ 정단 우성: 줄기나 가지의 끝눈이 곁눈의 생장을 억제하는 현상으로 식물이 온전한 상태이면 줄기는 신장하고 곁눈은 불활성 상태로 남아있게 됨

ⓔ 줄기 신장 촉진, 에틸렌 생성 유도를 통한 뿌리 신장 억제

ⓕ 2.4-D와 같은 합성옥신은 쌍떡잎 식물에 대한 제초제로 작용함

ⓖ 뿌리의 분화를 촉진: 높은 비율의 옥신은 뿌리의 분화를 촉진하고 높은 비율의 시토키닌은 줄기

ⓗ 관다발형성층에서의 세포분열을 촉진

ⓘ 2차 물관부의 분화에 영향을 미침

ⓙ 발달중인 종자의 열매 생장을 촉진

(2) 시토키닌(cytokinin)

㉠ 시토키닌의 발견: 핵산의 성분인 아데닌이 변형된 물질로 세포분열을 촉진하므로 시토키닌이라 했으며 자연상태의 식물체에서 가장 처음으로 발견된 시토키닌은 제아틴임

ⓐ 코코넛 씨의 액상 배유인 코코넛유를 식물세포배양배지에 첨가하면 식물 배의 생장이 촉진됨

ⓑ 분해된 DNA를 처리하여 배양담배세포의 분열을 유도함

㉡ 시토키닌의 기능

ⓐ 세포분열과 분화의 조절: 활발히 생장하는 조직(뿌리, 배, 열매)에서 생성되며 옥신과 함께 작용하여 세포분열을 촉진하고 분화에 영향을 줌

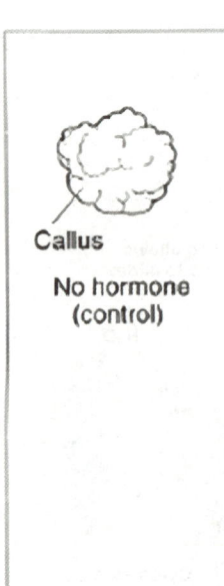
Callus
No hormone (control)

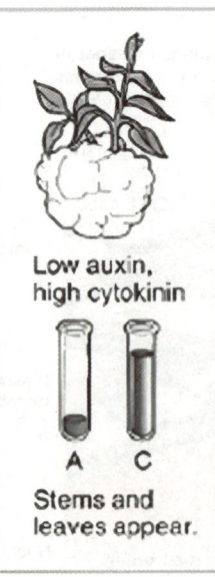
Low auxin, high cytokinin
A   C
Stems and leaves appear.

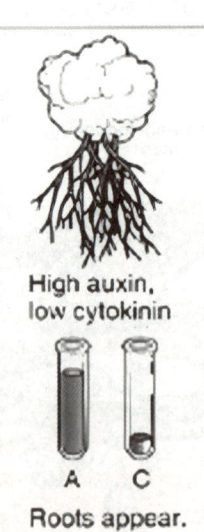
High auxin, low cytokinin
A   C
Roots appear.

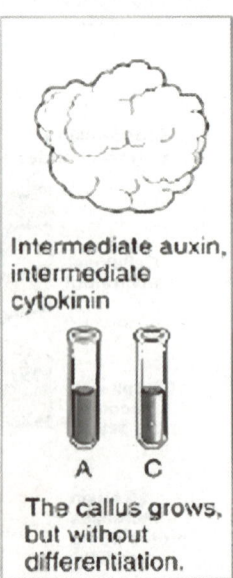
Intermediate auxin, intermediate cytokinin
A   C
The callus grows, but without differentiation.

1. 옥신과 함께 처리되면 세포분열을 촉진하는데 시토키닌과 옥신이 특정 비율로 유지되면 캘러스(미분화 세포덩어리)를 형성함
2. 시토키닌의 비율이 높으면 캘러스가 줄기로 발달하고, 옥신의 농도가 높으면 뿌리로 발달함
ⓑ 정단우성의 조절: 옥신과는 반대로 곁눈의 생장을 촉진하는 신호로 작용함
ⓒ 노화 억제작용: 잎 등의 일부 식물기관에서 단백질의 분해를 억제하고 RNA와 단백질 합성을 촉진하며 주변세포로부터 양분의 유입을 유도하여 노화를 지연시킴

(3) 지베렐린(gibberellin)

자연계의 식물체에서 100가지 이상의 지베렐린이 발견되고 있음

㉠ 지베렐린의 발견: *Gibberella* 속에 속하는 곰팡이가 특정 화학물질을 분비하여 벼 줄기의 길이신장을 유발하였음을 알게 된 이후 지베렐린이라 명명하였고 식물 역시 지베렐린을 합성할 수 있다는 사실을 알게 됨

㉡ 지베렐린의 기능

ⓐ 줄기의 신장: 잎과 줄기의 생장을 촉진하며 뿌리의 생장에는 뚜렷한 영향을 미치지 않음
1. 옥신과 마찬가지로 세포벽을 느슨하게 하지만 산성화시키지는 않음
2. 난쟁이 표현형의 식물에 처리하면 줄기신장을 볼 수 있지만 정상 식물에 처리하면 효과를 볼 수 없음
3. 추대(bolting): 환경 신호 없이도 2년생 식물 꽃자루의 급격한 생장을 유발함
ⓑ 과일의 성장: 씨 없는 포도에 지베렐린을 처리하면 포도달의 크기 성장이 촉진됨
ⓒ 발아: 종자 내의 배에 지베렐린이 다량 분포되어 있어 팽윤이 되면 배로부터 지베렐린이 분비되고 지베렐린은 α-아밀라아제의 합성을 촉진하여 저장된 양분을 분해, 이동시킴으로써 휴면 상태의 종자를 발아시키는 원인이 됨

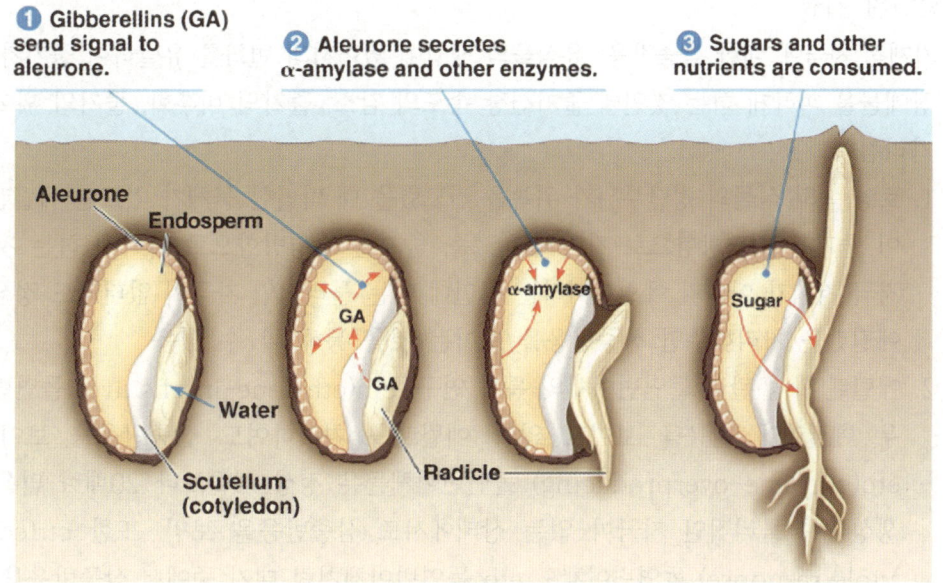

(4) 앱시스산(abscisic acid: ABA)

<u>스트레스 호르몬으로</u> 생장을 촉진하는 것이 아니라 더디게 하는 것이 여타의 호르몬과의 차이점임

㉠ 앱시스산의 발견: 목화 실면의 탈락을 연구하던 팀에 의해 분리되었으나 ABA는 현재 눈의 휴면이나 잎의 탈락에 1차적인 역할을 수행하지는 않는 것으로 간주됨

㉡ 앱시스산의 기능

    ⓐ 종자의 휴면: 성숙중인 종자에서 고농도의 ABA는 발아를 억제하고 성숙시 동반되는 탈수 과정에 견딜 수 있도록 도와주는 특정 단백질의 합성을 유도함. ABA와 지베렐린의 비율이 종자가 발아를 할 것인지 휴면을 유지할 것인지를 결정하게 됨

    ⓑ 내건성: 식물이 수분부족으로 시들게 되면 ABA가 잎에 축적되면서 기공을 닫게 함으로써 증산을 줄이고 더 이상의 수분 손실을 막게 함

        1. Ca^{2+} 등의 2차 신호전달자에 영향을 주어 공변세포의 세포막에 존재하는 K^+ 통로를 열게 해 공변세포 내의 삼투압은 감소하고 물의 손실이 유발되면서 공변세포의 팽압이 감소하고 따라서 기공이 닫힘

        2. 수분이 부족할 때 뿌리에서 먼저 감지하여 ABA가 잎으로 이동하여 작용하기도 함

(5) 에틸렌(ethylene)

식물은 가뭄과 침수, 기계적인 자극, 상처, 감염, 세포예정사, 고농도의 옥신 등의 자극에 대한 반응으로 에틸렌을 합성함

㉠ 에틸렌의 발견: 가스관에서의 석탄가스 누출로 인해 잎들이 일찍 떨어진 것을 통해 잎의 탈리가 에틸렌의 작용으로 인한 것이었다는 점을 알게 됨

㉡ 에틸렌의 기능

    ⓐ 기계적 자극에 대한 삼중반응: 유식물의 생장에 있어서의 변화를 유발하여 줄기가 돌과 같은 장애물을 피하게 하는 것인데 줄기신장 속도의 감소, 줄기의 비후화, 줄기의 휘어짐 현상을 가리킴

        1. 토양 속의 식물의 정단부위가 위쪽을 건드렸을 때 딱딱한 물체가 있으면 에틸렌이 합성되어 줄기를 수평방향으로 자라게 함. 즉, 줄기를 수평방향으로 자라게 하는 것은 물리적 자극 자체가 아니라 에틸렌이라는 점인데 이는 물리적인 자극이 없더라도 정상 유식물에 에틸렌을 처리해주면 삼중반응을 보이는 것을 통해 알 수 있음

        2. 에틸렌 합성 관련 돌연변이체의 특징 연구: ein(ethylene-insensitive) 돌연변이체들의 경우 에틸렌에 반응을 보이지 않아 에틸렌을 처리하여도 삼중반응을 보이지 않으며 eto(ethylene-overproducing) 돌연변이체들은 정상 식물보다 20배나 많은 에틸렌을 생성하여 물리적인 자극이 없는 상태에서도 삼중반응을 보임. 또한 ctr(constitutive triple response) 돌연변이체도 eto 돌연변이체처럼 대기 중에서 삼중반응을 보이게 되

는데 둘의 차이점은 에틸렌 합성 억제제를 eto 돌연변이체에 처리하면 정상표현형을 유도할 수 있지만 ctr 돌연변이체에 처리하면 정상표현형을 유도할 수 없다는 점임

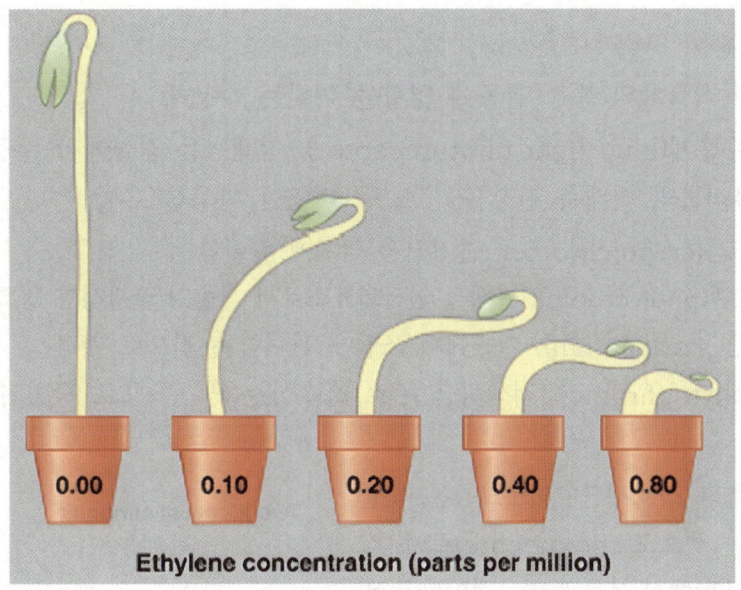

Ethylene concentration (parts per million)

  ⓑ 노화: 세포나 기관, 혹은 식물체 전체의 예정세포사 유발에 관여함

  ⓒ 잎의 탈리: 잎이 오래되면 합성되는 옥신의 양이 감소하고 탈리층 세포들의 에틸렌에 대한 민감도가 증가하여 탈리층을 구성하는 유조직 세포의 세포벽 구성물질을 분해하는 효소들의 합성이 촉진됨

  ⓓ 열매의 성숙: 세포벽 성분의 분해로 인한 과일의 연질화, 녹말의 분해 등을 유발함. 에틸렌은 기체이기 때문에 주변의 미성숙 과일의 성숙을 유발하기도 함

    1. 양성 피드백 조절: 에틸렌의 생성은 과일의 성숙을 유발하고 성숙된 과일은 더 많은 양의 에틸렌을 합성함

    2. 과일의 성숙을 억제하기 위해 CO_2를 불어 넣은 통에 보관하거나 에틸렌 합성 관련 유전자의 전사를 억제하는 등의 방법을 이용함

(6) 브라시노스테로이드(brassinosteroid)

동물에서 발견되는 콜레스테롤이나 성호르몬과 화학적으로 유사함

  ㉠ 브라시노스테로이드의 발견: 암실에서 키워도 빛이 존재하는 곳에서 키운 식물과 유사한 형태를 띠는 애기장대 연구를 통해 밝혀짐

  ㉡ 브라시토스테로이드의 기능: 옥신과 기능이 유사함

    ⓐ 10^{-12}M의 낮은 농도에서 줄기나 유식물의 세포 신장과 분열을 촉진함

    ⓑ 잎이 탈리를 지연시키며 물관의 분화를 촉진함

2 빛에 대한 식물의 반응

(1) 광수용체(photoreceptor)

빛을 흡수하여 식물체의 특정 활동에 영향을 미치는 수용체

㉠ 청색광 광수용체(blue-light photoreceptor): 청색광은 식물에서 굴광성과 기공개폐, 빛에 의한 유식물의 하배축 신장률 감소 등 다양한 반응을 유발

ⓐ 크립토크롬(cryptochrome): 줄기신장 억제에 관여함

ⓑ 포토트로핀(phototropin): 단백질 인산화효소로서 식물의 굴광성과 엽록체의 운동에 관여함

ⓒ 제아크산틴(zeaxanthin): 기공개폐 조절에 관여하는 것으로 추정

㉡ 피토크롬(phytochrome): 적색광을 주로 흡수하는 광수용체로 광범위한 식물 반응에 관여함

ⓐ 피토크롬의 상호전환: 피토크롬은 빛을 흡수하는 색소포(chromophre)로서 작용하는 비단백질 부분과 공유결합하고 있는 단백질로 구성됨. 피토크롬은 흡수파장영역에 따라 P_r과 P_{fr}로 구분되는데 P_r은 660nm 파장의 빛(적색광)을 받아 P_{fr}로 전환되고 P_{fr}은 730nm 파장의 빛(근적외광)을 흡수하여 P_r로 전환되는데 P_r과 P_{fr}간의 상호전환은 식물의 빛에 의해 유도되는 다양한 반응들을 조절하는 스위치로서 작용하게 됨

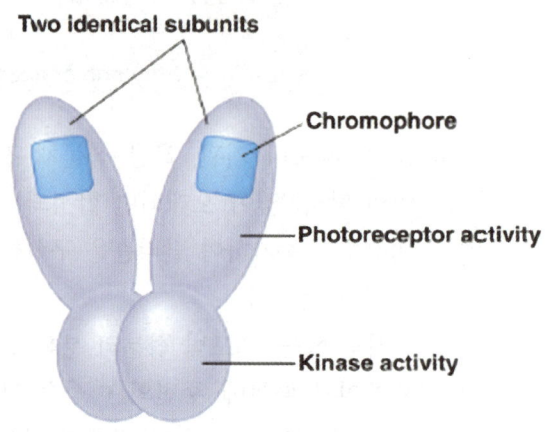

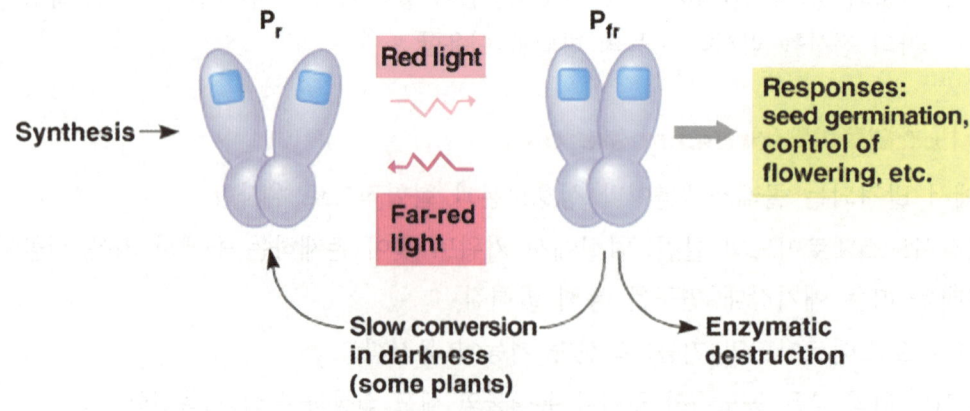

ⓑ 피토크롬의 기능: 종자 발아, 음지 회피반응, 식물의 탈황화, 일주기성 리듬형성, 식물의 개화에 관여함

(2) 각종 식물반응에 관여하는 피토크롬의 역할

ⓞ 피토크롬과 종자발아

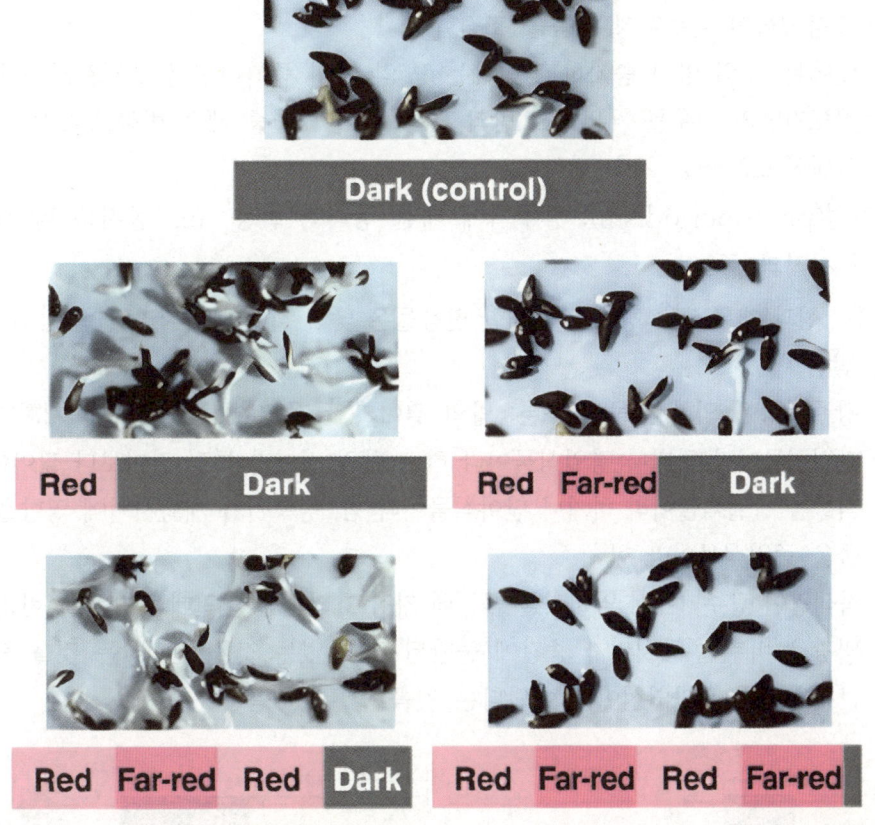

ⓐ P_r: 종자의 발아를 억제함. 종자는 암상태에서 P_{fr}보다는 P_r의 비율이 높아지면서 발아가 억제되는 경향이 있음

ⓑ P_{fr}: 종자의 발아를 촉진함. 종자는 적색광을 포함한 빛을 받게 되면 P_r보다는 P_{fr}의 비율이 높아지면서 발아가 촉진되는 경향이 있음

ⓛ 피토크롬과 음지회피반응: 키가 큰 나무들은 주로 적색광을 흡수하고 키가 큰 나무에 의해 빛에 가려져 있는 키가 작은 나무들은 주로 근적외광을 흡수함

ⓐ P_r: 식물이 가진 양분을 길이 생장에 이용하도록 함

ⓑ P_{fr}: 길이 생장이 억제되고 곁가지가 많이 생겨 옆쪽으로 자라게 함

ⓒ 생체시계와 피토크롬

ⓐ 일주기성 리듬: 약 24시간의 주기를 갖고 반복되며 다른 외부요인들에 의해 직접적으로 그

주기가 조절되지 않는 것을 가리킴. 식물의 경우 기공의 개폐와 광합성 관련 효소 합성, 콩과 식물의 수면운동 등이 일주기성 리듬을 갖고 진행됨

1. 생체시계의 작동 기작: 되먹임 억제를 통해 자기 자신의 합성을 조절하는 억제자 단백질의 합성에 의존함

2. 생체시계의 정상적 작동 검사: 일주기성 리듬을 띠게끔 하는 프로모터 뒤에 리포터 유전자(루시퍼라아제 등)를 붙여서 일주기성 리듬을 갖고 작동하는지를 검사함

ⓑ 생체시계에 대한 빛의 영향: 빛은 생체시계를 외부환경과 동조화시키는데 피토크롬과 청색광 수용체들이 일주기성 리듬을 조절함

1. 낮에는 P_{fr}의 양이 증가하고 밤에는 P_{fr}의 양이 증가하면서 생체시계를 조절함

2. 적도지방의 경우를 제외하고 밤과 낮의 길이가 연중 계속 변하므로 P_r과 Pfr의 비율도 상대적으로 연중 계속 변함

ⓓ 광주기성(photoperiodism): 광주기에 대한 생리적 반응 ex. 종자의 발아와 개화, 눈의 휴면의 시작과 종료

ⓐ 광주기성과 개화조절: 광주기에 대한 반응들은 낮의 길이가 아니라 연속된 밤의 길이의 영향을 받음

1. 광주기성에 의한 식물의 구분: 밤의 길이가 특정 길이보다 길어야 개화가 되는 식물을 단일식물이라 하거나 장일식물이라 하고 밤의 길이가 특정 길이보다 짧아야 개화가 되는 식물을 장일식물이라 하거나 단야식물이라 함. 광주기가 개화시기에 영향을 주지 않는 식물을 중일식물이라 함

2. 적색광이 광주기에서 암처리를 끊는데 가장 효과적인 빛인데 적색광을 비춘 후 바로 근적외광을 비추면 암처리가 중간에 중단된 적이 없는 것을 인지하는 것을 볼 때 적색광과 근적외광의 광가역성이 일어난다는 것을 알 수 있음

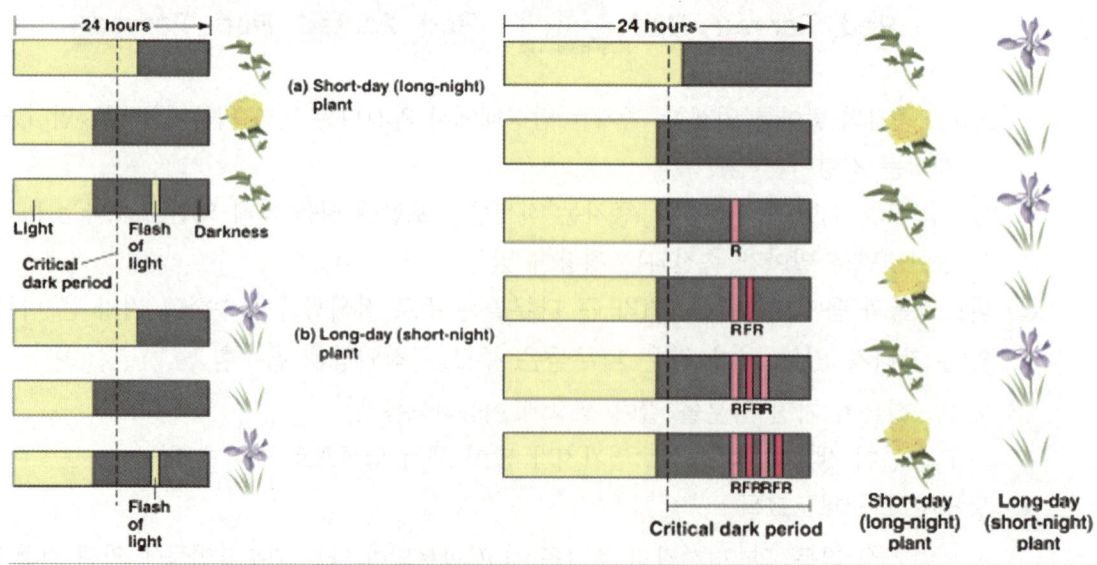

3. 춘화처리(vernalization): 저온 등의 특정 환경요인에 미리 노출된 경우에만 광주기에 반
   응하는 식물이 있는데 개화를 유도하기 위해 미리 저온처리를 하는 것을 춘화처리라 함
ⓑ 개화호르몬(florigen; 화성소): 꽃발달을 유도하는 신호물질이 형성되는 곳은 잎이며 단 하
   나의 잎만을 적당한 광주기에 노출시키는 것만으로도 식물 개체의 개화를 유도할 수 있음

1. 아직까지는 화학적으로 규명되지 않았으나 최근 화성소가 거대 분자(단백질, mRNA)일
   가능성에 주목하고 있음
2. 애기장대의 경우 CONSTANS 유전자가 발현되어 CONSTANS 단백질이 합성되면
   FLOWERING LOCUS T(FT) 유전자의 발현을 유도하여 이렇게 합성된 FT 단백질이 정
   단분열조직으로 이동하여 개화를 유도하는 것으로 알려져 있음
ⓒ 분열조직의 변화와 개화: 분열조직결정유전자(meristem identity gene)가 먼저 발현되어
   영양줄기 대신 꽃을 형성하도록 유도하고 그 다음 기관결정유전자(organ identity gene)가
   발현되어 꽃기관이 정확한 위치에 형성되도록 함

3 포식자와 병원균에 대한 식물체의 반응

(1) 초식동물에 대한 방어

ㄱ 가시와 같은 물리적 방어와 싫어하는 맛을 내거나 해로운 물질을 분비하는 등의 화학적
   방어로 대처하기도 함

「카나바닌(canavanine)」

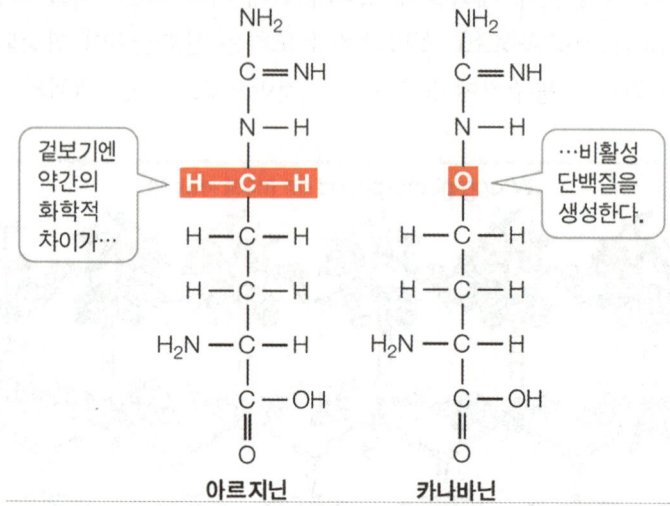

겉보기엔 약간의 화학적 차이가…

…비활성 단백질을 생성한다.

아르지닌   카나바닌

Ⓐ 이 물질을 만드는 식물 중 하나인 Canavalia ensiformis에서 그 이름이 유래함

Ⓑ 아미노산 중 아르기닌과 유사하여 곤충이 카나바닌을 가지고 있는 식물을 먹으면 곤충 내에서 단백질 합성 과정 중 아르기닌이 첨가되어야 할 자리에 카나바닌이 대신 첨가되는데 카나바닌이 들어간 단백질은 원래의 기능을 상실하여 곤충의 적응도를 낮추게 됨

ⓛ 초식동물에 의한 피해의 반응으로 식물이 발산하는 휘발성 물질은 주변에 서식하는 같은 종의 식물들 간에 조기경보계로 작용하여 해당 초식동물에 대한 저항성 유전자의 발현을 유도하기도 하며 어떤 경우는 특정 초식동물로부터 자신을 보호하기 위해 해당 초식동물에 대한 포식자를 유인하기도 함

「초식동물의 포식자를 유인하는 식물의 반응 메카니즘」

① 나방 유충인 쐐기벌레가 잎을 갉아서 생기는 물리적 상처와 쐐기벌레의 타액 속에 들어 있는 특정 물질이 짝을 이루어 특정 신호를 형성함

② 식물체 내에서 신호전달 과정이 진행됨

③ 신호전달 과정에 대한 반응으로 휘발성 유인물질이 합성되고 분비됨

④ 그 결과로 기생말벌이 유인되는데 기생말벌은 자신의 알을 그들의 먹이 안에 찔러 넣어 부화된 알이 결국 쐐기벌레의 몸 안으로부터 바깥

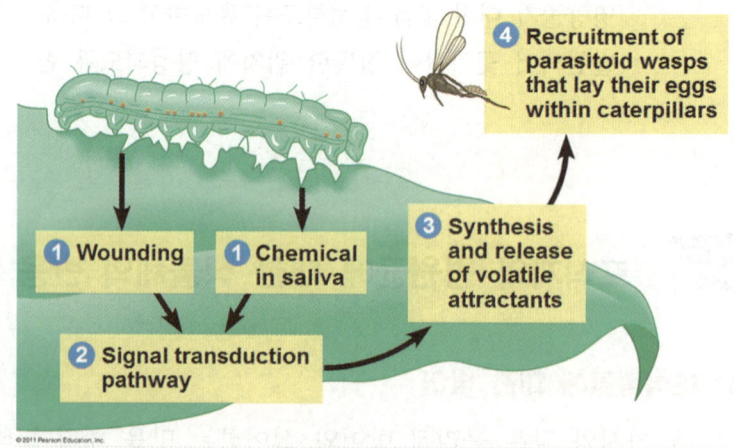

쪽으로 갉아먹게 함. 결국 식물의 잎을 먹이로 하는 쐐기벌레가 죽게 되는 과정에서 식물이 이득을 얻게 됨

(2) 병원균에 대한 방어

㉠ 병원균에 대한 방어의 종류

  ⓐ 물리적 방어: 표피에서의 방어 등이 이에 속함. 하지만 이러한 물리적 방어선은 완벽하지 않음

  ⓑ 화학적 방어: 식물이 병원균을 죽이거나 침투한 위체에서부터 확산하는 것을 막기 위해서 이용되는 방어기작으로 유전적으로 특정 병원균을 인지할 때 효율적이 됨

㉡ 병원체에 대한 인식 기작: 유전자-유전자 인식(gene-for-gene recognition) 형태인데 병원균의 특정 비병원성 유전자(Avr gene)에서 유래한 물질(elicitor)이 식물의 특정 질병 저항 관련 유전자(R gene)의 단백질 산물에 인식됨

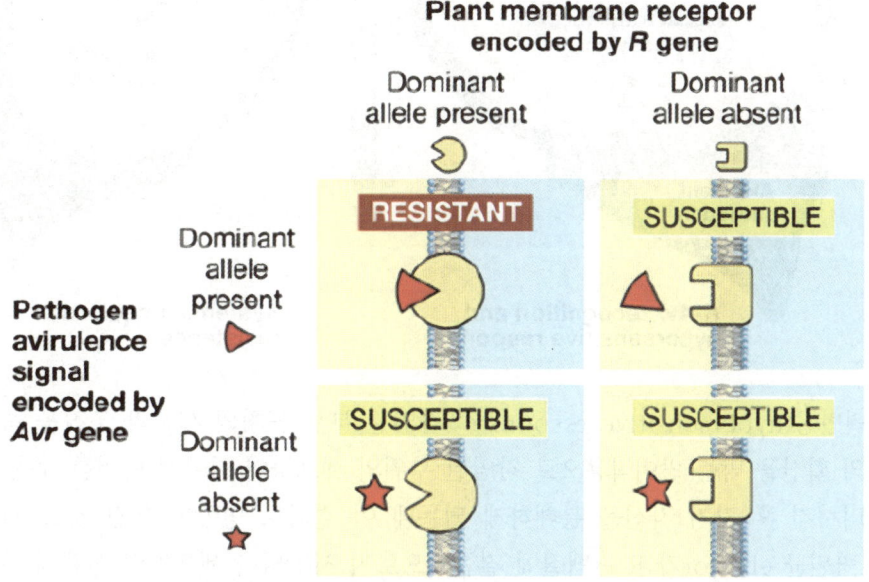

  ⓐ 식물이 특이적인 방어기작을 갖고 있지 않은 병원균을 병원성(virulent)이라고 하며 숙주식물을 죽이지 않고 약간의 영향만 미치는 병원균을 비병원성(avirulent)이라고 함. 비병원성 균은 Avr gene를 가지고 있어 발현하는 것임

  ⓑ 병원체는 Avr gene을 발현하고 동시에 식물체도 R gene을 발현해야만 식물체가 특정 병원체에 대해서 저항적이 될 수 있으며 둘 중 하나라도 발현되지 않으면 식물은 특정 병원체에 대해 저항적이 될 수 없음

㉢ 병원체에 대한 인식으로 발생하는 방어: 감염된 부위에서의 조직 강화와 항생물질의 합성뿐 아니라 과민반응이나 전신성 획득 저항 등이 포함됨

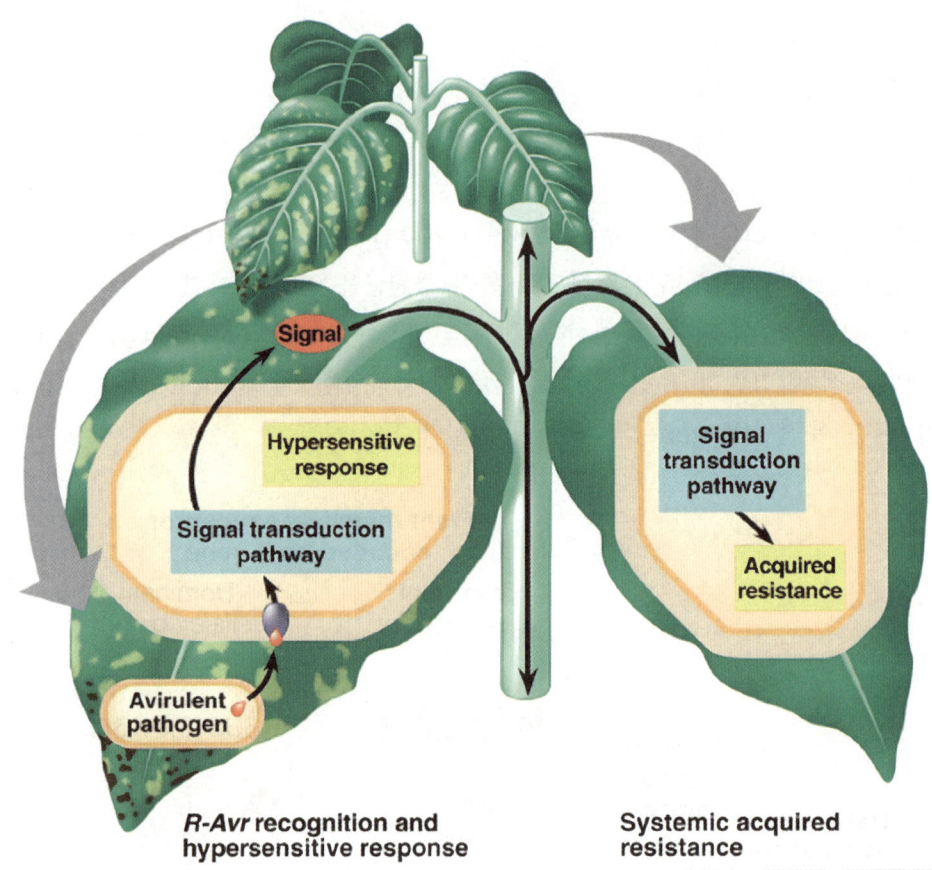

ⓐ 과민반응(hypersensitive response): 감염된 부위 근처의 세포와 조직을 죽임으로써 병원균의 확산을 막는 방어작용으로 감염된 부위의 세포들이 화학적 방어를 구축하고 그 부위를 격리시킨 후 자기 자신을 분해하게 되는데 이 결과로 병반이 생긴 것을 관찰할 수 있음

1. 병원균 elicitor가 R 단백질에 결합함으로써 시작되어 세포막의 선택적 투과도를 변화시키고 독성물질인 파이토알렉신(phytoalexin)의 합성을 촉진함

2. PR 단백질(pathogenesis-related proteins)의 합성을 유도하여 병원균의 세포벽 구성물질을 분해함

3. 식물세포벽에 있는 물질들 사이의 결합과 리그닌의 축적을 유도하여 병원균이 식물의 다른 부분으로 퍼지는 것을 지연하는 국부적인 장벽의 형성을 유도함

ⓑ 전신성획득저항(systemic acquired resistance): 비특이적이고 전체적인 방어기작

1. 병원균의 침투가 발생하면 여러 방어유전자의 발현을 식물체 전체에서 유도하며 이 반응은 비특이적으로 다양한 병원균에 대해 며칠동안 저항성을 보임

2. 메틸살리실산(methylsalicylic acid): 감염 부위 근처에서 합성되어 물관을 따라 식물 전체로 이동하여 감염 부위와 떨어진 곳에서 살리실산(salicylic acid)로 전환되어 신호전달경로를 활성화시켜 여러 PR 단백질의 합성을 유도하여 저항성을 갖게 함

3 그 외의 다양한 자극에 대한 식물의 반응

(1) 중력에 대한 반응 - 굴중성(gravitropism)

식물을 옆으로 놓으면 생장 방향이 바뀌어 줄기는 위쪽으로 굽고 뿌리는 아래쪽으로 휘어지는데 이러한 중력에 대한 반응을 굴중성이라 함. 뿌리는 양성 굴중성으로 보이고 줄기는 음성 굴중성을 보이는데 굴중성에는 옥신이 중요한 역할을 수행함

「평형석(statolith)」

Ⓐ 밀도가 높은 녹말덩어리로 특수화된 색소체를 중력방향으로 가라앉게 하여 중력에 대한 인지를 강화시켜 줌
Ⓑ 평형석 하강 가설: 뿌리의 경우 뿌리골무에만 평형석이 존재하는데 가설에 따르면 평형석이 세포들의 아래쪽에 모이면 칼슘의 재분포가 일어나고 이것은 다시 뿌리에서 옥신의 측면 이동을 유발하게 됨. 칼슘과 옥신은 능동적으로 하강하여 뿌리 아래쪽 면의 세포들의 생장을 억제하여 뿌리를 아래쪽으로 휘도록 함

(2) 기계적인 자극에 대한 반응 - 접촉형태형성(thigmomorphogenesis)

ex. 덩굴손을 통해 포도나 그 외 기어오르는 식물의 성향(굴촉성), 접촉으로 인해 잎이 접혀지는 미모사의 반응

㉠ 기계적인 자극의 결과로 유발되는 형태적인 변화를 의미하는데 식물은 기계적인 자극에 매우 민감해서 심지어는 잎의 길이를 자로 재는 정도도 향후 생장에 영향을 주게 됨
㉡ 기계적인 자극은 세포내 칼슘이온의 농도를 높이는 신호전달경로를 활성화시키고 칼슘이온은 세포벽의 성질에 영향을 줄 수 있는 유전자들의 발현을 활성화시킴

(3) 여러 가지 환경 자극

㉠ 가뭄: 식물은 수분부족이 극단적이지 않은 경우 대처할 수 있는 조절기작을 지니나 동시에 광합성 과정을 억제하는 결과를 동시에 수반하게 됨
　ⓐ 수분 부족시에 나타나는 잎에서의 반응
　　1. 수분 부족시에 공변세포의 팽압을 낮추어 기공을 닫게 하여 증산율을 낮춤. 특히 잎에서 앱시스산의 합성과 분비를 촉진하는데 앱시스산은 공변세포의 막에 작용하여 기공이 계속 닫혀 있게 함
　　2. 어린 잎의 생장이 제한 받거나 잎을 돌돌 말아서 잎의 표면적을 줄여 증산율을 낮춤
　ⓑ 수분 부족시에 나타나는 뿌리에서의 반응: 가뭄 시에 토양은 지표면부터 말라가기 때문에 지표면 근처의 뿌리는 세포 신장에 필요한 팽압을 유지할 수 없어서 생장이 억제되며 수분을 유지하고 있는 깊은 곳의 뿌리는 계속 생장하게 되어 결국 토양 속의 뿌리는 상대적으로 수분이 풍부한 곳으로 자라게 됨

ⓛ 침수: 수분이 너무 많으면 산소가 토양을 통해 제공될 수 없어 호흡 곤란이 유발됨

  ⓐ 일부 식물(ex. 망그로브)의 경우 공기뿌리(aerial tube; 기근)를 형성하여 산소를 공급받게 됨

  ⓑ 침수된 환경에 적응되지 않은 식물의 경우 산소 부족에 의해 에틸렌 합성이 촉진되고 에틸렌은 뿌리 피층 세포들의 죽음을 유발하여 이른바 기관이 형성되고 산소를 공급받게 됨

ⓒ 염류 스트레스: 토양에 염들이 고농도로 존재하면 토양의 수분포텐셜이 감소하여 식물의 수분 흡수가 어려워지고 체내의 이온 균형 유지가 어려워지게 됨

  ⓐ 많은 식물들은 해가 되지 않는 용질을 합성하여 토양으로부터 염류를 흡수하지 않고도 토양보다 낮은 수분 포텐셜을 유지하려는 경향이 있으나 오랫동안 견뎌 내기는 힘든 기작임

  ⓑ 일부 내염성 식물은 염류샘을 통해 염분을 잎의 표피 바깥으로 배출함

ⓔ 고온 스트레스: 너무 높은 온도는 효소 등을 변성시켜 식물의 물질대사를 비정상적으로 만듦

  ⓐ 증산작용을 통해 증발열을 방출하여 체온조절을 할 수 있으나 이 경우 식물에서의 수분 부족을 유발하게 되나 수분 부족 현상이 심해지면 증산작용을 중단하게 됨

  ⓑ 특정 온도 이상에서 열충격단백질(heat-shock protein)을 형성하여 열에 의한 다른 단백질의 변성을 억제함

ⓜ 저온 스트레스: 온도가 떨어지면 막유동성이 낮아져 막을 통한 용질 수송에 문제가 생기고 막단백질의 기능이 저하됨. 특히 어는점 이하의 온도에서 용질의 농도가 상대적으로 낮은 세포벽과 세포간극이 얼어 수분포텐셜이 낮아지고 따라서 세포질의 수분이 손실되며 동시에 세포질의 염류 농도가 증가하여 식물에 해로운 상태가 됨

  ⓐ 막지질의 불포화지방산 비중을 높여 막이 고형화되는 것을 막을 수 있으나 갑작스러운 온도 변화에는 저항적이지 못함

  ⓑ 동결 스트레스에 내성을 갖는 식물의 경우 당과 같은 특정 용질의 세포내 농도를 증가시켜 동결시 나타나는 수분 손실량을 최소화시킴

비밀병기

심화편 ④

(진화, 분류, 식물, 생태)

PART 04

생태학

17 개체군 생태학(population ecology)

1 개체군 구조

(1) 개체군 밀도: 단위면적에 서식하는 개체군의 개체 수

㉠ 개체군 밀도의 구분

ⓐ 조밀도: 전체 면적에 대한 개체 수나 생체량. 즉, 서식하지 않는 공간까지 포함한 밀도

1. 셀 수 있는 경우: 개체군 밀도 = 개체 수/면적

2. 셀 수 없는 경우: 개체군 밀도 = 생체량/면적

ⓑ 생태밀도(ecological density): rm 종의 서식에 적합한, 실제 서식지 면적당 개체수

㉡ 개체군의 밀도를 측정하기 위한 개체수 측정 방법

ⓐ 총계법(total counts method): 조사지역의 총 개체 수 조사

ⓑ 표본법(sampling methods): 소 표본의 밀도를 측정한 후 개체군 전체의 밀도를 추정

ⓒ 방형구법: 조사지역내의 추정밀도를 알기 위해 적절크기와 수의 방형구 설정 후 그 중에 포함된 개체수를 세거나 무게를 측정해 전체를 추정

ⓓ 표식-재포획 방법(mark-recapture methord): 표시하여 놓아주었다가 재포획하는 방법

┌ 「포획-재포획 방법을 통한 개체수 측정」

⟨공식⟩

개체군의 개체수(N) = (표지한 후 풀어준 개체 수 × 두 번째 잡힌 총 개체 수) ÷ 풀어준 후 다시 잡힌 개체 중 표지된 개체 수

⟨예⟩

180마리를 포획하여 표식한 후 전부 풀어주고 나서 다시 포획한 마리수가 44마리인데 그 중 표식이 있는 것이 7마리인 경우 개체군의 개체수는 아래와 같음

180×44÷7=1131마리

(2) 개체군의 분포형(dispersion pattrern)

㉠ 공간적 분포

ⓐ 집중 분포(군생형): 환경자원이 불균등하게 분포되어있을 때 나타나는데, 먹이의 불균등한 분포, 짝짓기 또는 여러 사회적 행동과 관련이 있음. 자연계에서 가장 흔히 볼 수 있음

(a) Clumped

ⓑ 균일 분포: 한 개체군에 속하는 개체간의 상호작용에 의해 이루어지는데 식물의 경우 빛, 수분, 토양의 유기물에 대해 경쟁하는 인접한 개체들의 발아와 생장을 억제하는 화학물질을 분비한 결과이거나 동물의 경우 세력권 형성 등의 적대적인 상호작용의 결과임

(b) Uniform

ⓒ 무작위 분포(임의분포): 개체군 내에서 개체들 간에 강력한 끌림이나 반발이 없을 때, 또는 물리·화학적으로 생존에 핵심적인 요인들이 주어진 공간에 상대적으로 균일할 때, 또는 각 개체들의 위상이 다른 개체들과는 독립적일 때 나타나는 분포 유형임

(c) Random

ⓛ 연령분포: 개체군에서 각 연령대의 개체들이 차지하는 비율로서 연령구조의 연구를 통해 그 개체군의 수적 동태를 짐작할 수 있음

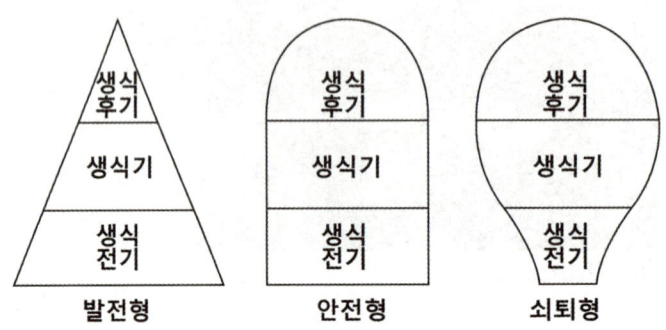

ⓐ 발전형: 생식 전 연령층이 많아 개체군의 수적 증가가 예상되는 연령 분포임

ⓑ 안정형: 각 연령층이 일정한 비율로 구성되어 안정되고 변화가 없을 것으로 예상되는 연령 분포

ⓒ 쇠퇴형: 어린 개체수가 감소하고 장년층이 많아져 장차 쇠퇴할 것으로 예측되는 연령 분포

2 개체군 통계학(demography)

(1) 개체군 통계학에서의 분석 도구

㉠ 생명표(life table): 어떤 개체군에서 출생한 개체가 시간이 지남에 따라 감소되어 가는 것을 나타낸 표

x	n_x	l_x	d_x	q_x	L_x	T_x	e_x
0	5	1.0	2	0.4	4	7.5	1.5
1	3	0.6	2	0.4	2	3.5	1.2
2	1	0.2	0	0.0	1	1.5	1.5
3	1	0.2	1	0.2	0.5	0.5	0.5

n_x = x 시기일 때의 개체수

$l_x = n_x/n_o$

d_x = x~(x+1) 동안에 사망한 개체수

$q_x = d_x/n_O$

$L_x = (l_x + l_{x+1})/2$

$T_x = L_x + L_{x+1} + L_{x+2} + L_{x+3} + \cdots$

e_x(기대수명) $= T_x/n_x$

ⓒ 생존곡선(survivorship curve): 생명표의 자료를 이용하여 나타내는 도표로서 한 동령군의 각 연령에서 아직 살아 있는 개체의 비율 또는 수를 나타냄

「생존곡선」

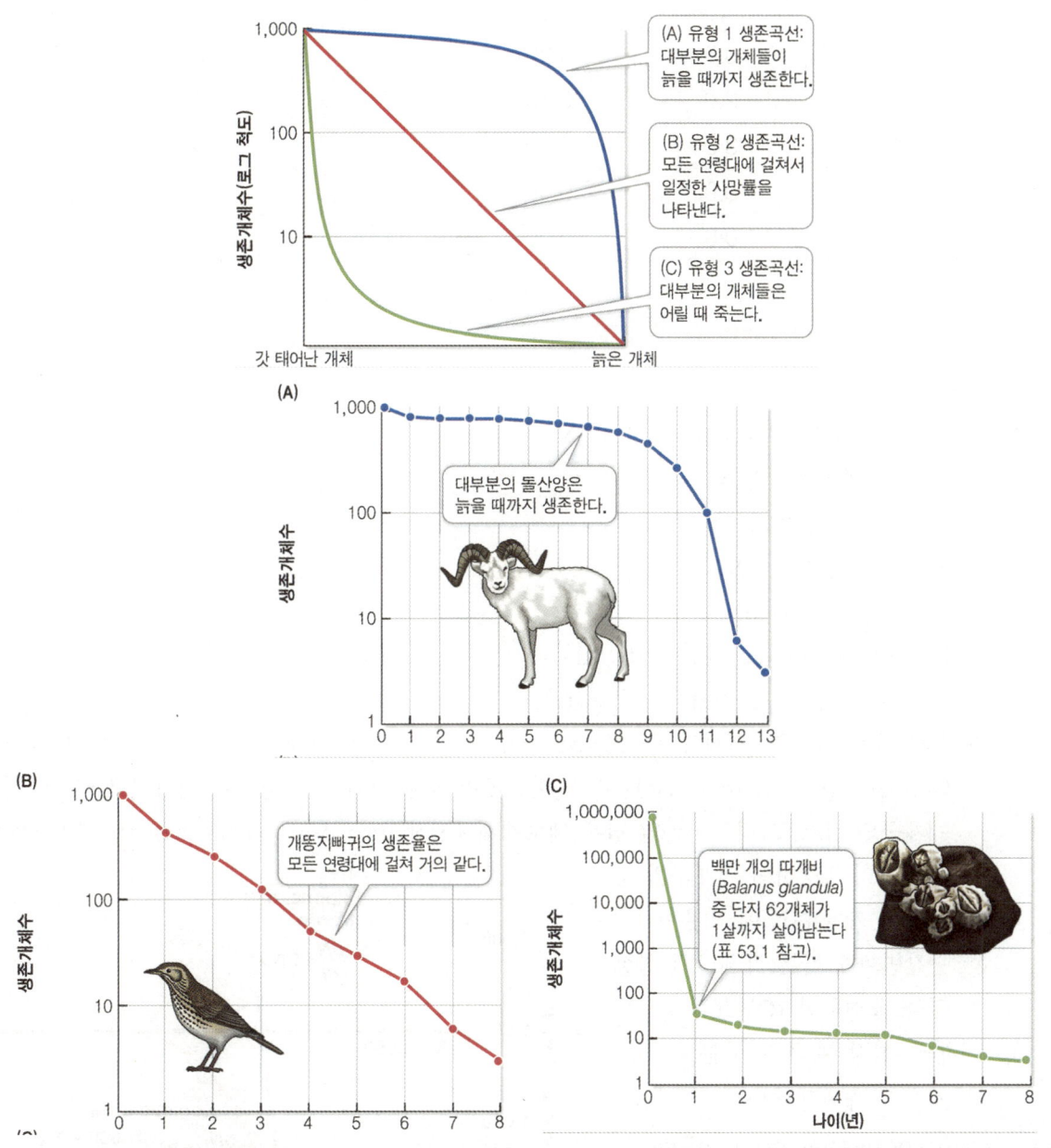

Ⓐ 곡선 I : 초기부터 중기까지 사망률이 낮지만 노년층에 이르러 사망률이 높아지면서 급격하게 하강되는 경우
　　ex. 인간과 대형 포유류
Ⓑ 곡선 II : 시간당 일정한 사망률　ex. 설치류, 다양한 무척추동물, 몇몇 도마뱀, 일년생 식물, 성체 조류
Ⓒ 곡선 III : 초기부터 매우 높은 사망률을 나타내어 급격하게 하강하지만 그 후에는 일정한 연령에 도달할 때까지
　　살아 남은 적은 개체들이 결정적인 연령까지 잘 생존하는 경우
　　ex. 다년생의 식물들과 대부분의 어류, 해양 무척추동물

ⓒ 개체군 성장 예측표: 암컷의 연령별 생식률(b$_x$)과 생존률(s$_x$)를 통해 해당 개체군의 성장을 예측할 수 있게 함. 암컷의 생식률만 고려하는데 오직 암컷만이 자손을 낳고 수컷은 유전자의 전달자로서의 의미만 있기 때문임

x	b$_x$	s$_x$	0	1	2
0	0.0	0.25	40	50	59
1	2.0	0.50	20	10	13
2	3.0	0.60		10	5
3	3.0	0.45			6
4	0.0	0.00			

(2) 개체군 동태론(population dynamics)

㉠ 개체군의 성장의 특징

ⓐ $\triangle N/\triangle t = B - D = (b - d) \times N$

$\triangle N$ = 개체수의 변화

$\triangle t$ = 시간의 변화

B = 출생자수 = bN

D = 사망자수 = dN

b = 출생률(per capita birth rate)

d = 사망률(per capita death rate)

ⓑ b와 d의 차이를 개체당 증가율(per capita rate of increase; r) 또는 실제 증가율 (realized rate of increase)이라 하며 r>0인 경우 개체군의 생장이 예상되고 r<0인 경우 개체군의 감소, 그리고 r=0인 경우 제로개체군생장(zero population growth; ZPG)가 예상됨. r이 일정하면 개체군의 성장률은 개체수(N)에 의존함

ⓒ 순간변화에 따른 개체군의 성장률을 표현하면 dN/dt = r$_{inst}$N

㉡ 개체군 성장 패턴의 구분

ⓐ 지수적 개체군 성장 (exponential population growth): 이상적인 조건 하에서의 개체군 성장을 가리키며 기하학적 개체군 성장이라고도 함

1. 환경적 제한이 없을 때, r은 최고치를 보이며 이를 내재

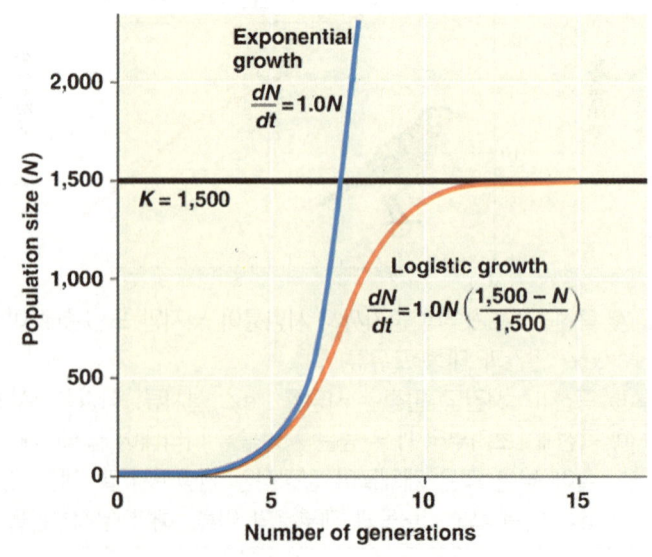

성 증가율(intrinsic rate of increase; r_{max})을 보임. 따라서 최상의 조건 하에 있는 개체군의 성장률은 다음과 같이 표현됨

$$\triangle N / \triangle t = rmax \times N$$

2. 일정한 비율로 지수적 성장을 하는 개체군의 크기를 시간의 경과에 따라 나타내면 J자형 성장곡선(J-shaped growth curve)을 그리게 되며 그래프의 기울기는 r_{max}값과 N값에 의존하게 됨

ⓑ 로지스트형 개체군 성장(logistic population growth): 자연 개체군은 잠시 동안은 기하급수적으로 증가할 수는 있지만, 개체군의 밀도가 높아지면 먹이의 부족, 생활 공간의 협소, 수명의 단축 등 환경 저항에 부딪치기 때문에 선천적 번식능력이 감소하여 기하급수적 생장이 계속되지 못하는데 개체군의 성장형은 S자형 곡선을 그리게 됨

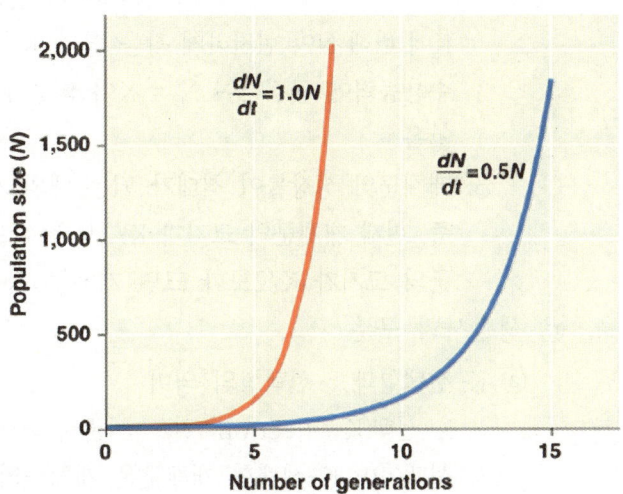

「로지스형 모형에 적용되는 몇 가지 기본적 가정」

Ⓐ 개체군의 크기 성장은 바로 환경저항으로 작용함으로써 개체군의 크기는 자연스럽게 환경수용능력에 접근하도록 조절됨. 하지만 개체군의 크기 성장은 곧바로 환경저항으로 작용하지 않으며 따라서 개체군의 크기는 일시적으로 환경수용능력을 넘어서기도 함

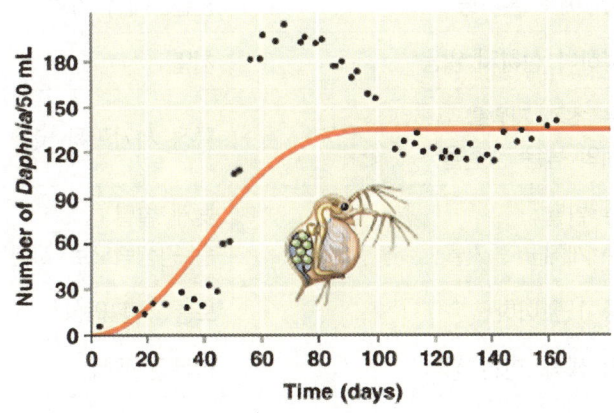

(b) A *Daphnia* population in the lab

Ⓑ 개체군 밀도와 관계없이 개체군에 추가된 개체는 개체군 성장률에 부정적인 영향을 미침. 하지만 일부 개체군들은 개체군의 크기가 너무 작을 때 개체들의 생존과 생식이 오히려 저해되는데 이를 알리 효과(Allee effect)라고 함

1. 환경수용능력(carrying capacity; K): 제한된 자원을 갖는 환경이 수용하는 최대한의 개체 수로서 수용능력은 고정된 것이 아니라, 시간이 지남에 따라 변화할 수 있으며, 생물적 요인과 비생물적 요인에 의해 계속적으로 영향을 받음

2. 로지스트형 개체군 모형에서 개체당 증가율은 환경수용능력에 근접함에 따라 감소하게 되며 개체군 성장률은 다음과 같이 표현됨

$$\triangle N / \triangle t = r_{max} \times (K - N)/K \times N$$

K에 비해 N이 현저하게 작을 경우, K − N 〉 0이므로 개체군은 성장하게 되나, N이 환경수용능력에 근접하여 N = K이 되면 K − N = 0이 되므로 개체군은 더 이상 성장하지 않음

3. 개체군의 성장률이 최대가 되는 때의 개체군 크기는 보통 환경수용능력의 절반일 때임. 즉, 현재 개체군의 크기가 K/2보다 작으면 당분간 개체군 성장률은 증가하며 현재 개체군의 크기가 K/2보다 크면 개체군 성장률은 감소할 것으로 예상됨

ⓒ 생활사의 구분

ⓐ K-선택형과 r-선택형의 의미

1. K-선택(K-selection; 밀도-의존적 선택): 개체군의 밀도에 민감한 생활사의 특성에 대한 선택이며 K-선택형 개체군은 개체군의 크기를 극대화하려는 경향이 존재함

2. r-선택(r-selection; 밀도-비의존적 선택): 밀집되지 않은 환경에서 생식적 성공을 극대화하는 선택이며 r-선택형 개체군은 r값을 극대화하려는 경향이 존재함

ⓑ K-선택형과 r-선택형의 비교

	r-선택	K-선택
기후	다양, 예측 불가능	균일, 예측 가능
종내 경쟁	다양하나 심하지 않음	치열
생존	높은 초기 사망률 성체의 높은 생존율	특정 시기까지 낮은 사망률 또는 사망률 일정
성장과 발달의 양식	빠른 발달 높은 개체군 증가율	늦게 발달 큰 경쟁력으로 지연된 생식
개체 수명	보통 1년 이하	보통 1년 이상
생식 횟수와 시기	초기 생식, 한번 생식	반복된 생식
개체 크기	작은 체형	큰 체형
선호 선향	생식	효율

(3) 개체군 크기의 조절

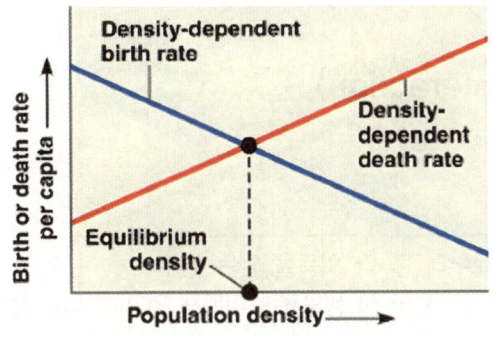

(a) Both birth rate and death rate vary.

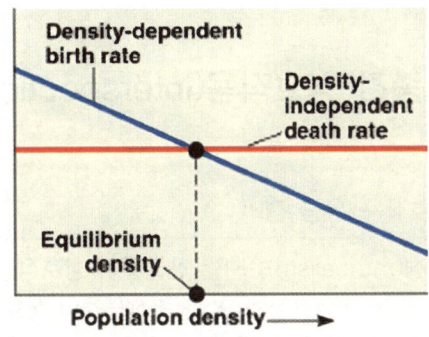

(b) Birth rate varies; death rate is constant.

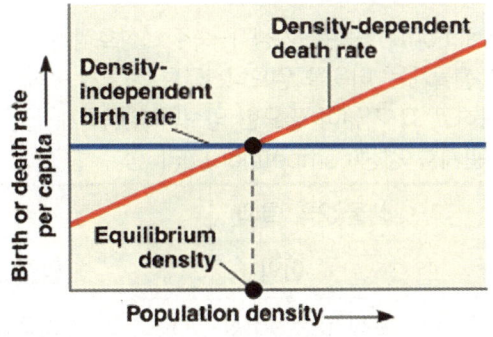

(c) Death rate varies: birth rate is constant.

㉠ 밀도 의존적 요인

  ⓐ 식량부족, 서식처 부족, 경쟁증가, 세력권 노폐물(질병초래) 증가, 포식자, 질병 등

  ⓑ 개체수가 증가할수록 사망률이 증가하고 출생률이 감소하여 개체군의 성장률이 떨어짐

㉡ 밀도 비의존적 요인

  ⓐ 기후, 날씨, DDT 등의 무생물적 요인

  ⓑ 밀도 비의존적 요인은 개체군의 크기에 관계없이 같은 비율로 영향을 미침

18 군집 생태학(community ecology)

1 종간 상호작용(interspectic interaction)

「종간 상호작용 유형 정리」

Ⓐ 상리공생(mutualism): 관련 생물들이 상호작용으로부터 둘 다 이득을 얻는 경우

Ⓑ 편리공생(commensalism): 관련 생물들이 상호작용으로부터 한 생물체는 이득을 얻으나, 다른 생물체는 영향을 받지 않는 경우

Ⓒ 편해공생(amensalism): 관련 생물들이 상호작용으로부터 한 생물체는 해를 받으나, 다른 생물체는 영향을 받지 않는 경우

Ⓓ 포식자-피식자 상호작용(predator-prey interaction) 또는 기생자-숙주 상호작용(parasite-host interaction): 관련 생물들이 상호작용으로부터 한 생물체는 이득을 얻으나, 다른 생물체는 해를 받는 경우

Ⓔ 경쟁(competition): 두 생물체가 같은 자원을 이용하고 그 자원이 필요한 양보다 부족하게 공급될 때 이들 개체를 경쟁자(competitor)라고 하며, 이들 간의 관계를 경쟁(competition)이라 함

		생물 2의 효과		
		손해	이익	영향 없음
생물 1의 효과	손해	경쟁(-/-)	포식 또는 기생(-/+)	편해공생(-/0)
	이익	포식 또는 기생(+/-)	상리공생(+/+)	편리공생(+/0)
	영향 없음	편해공생(0/-)	편리공생(0/+)	–

(1) 종간 경쟁(interspecific competition)

한 가지 자원을 두고 두 종이 경쟁하는 것을 말하며 그 결과는 한쪽이 불리하게 나타나거나 양쪽이 모두 불리해지는 경우임(-/-)

㉠ 생태적 지위(ecological niche): 어떤 환경에서 한 종이 이용하는 생물학적 자원과 비생물학적 자원의 총량

㉡ 생태적 지위의 구분: 경쟁이 존재한다면 기본지위와 실현지위는 동일하지 않을 것임

ⓐ 기본지위(fundamental niche): 생물들이 경쟁과 같은 요인을 통해 억압되지 않을 때 이론적으로 존재할 수 있는 상호작용

ⓑ 실현지위(realized niche): 현실적인 상황을 고려한 개념으로 실제적으로 차지하게 되는 기본지위의 한 부분을 의미함

㉢ 가우스의 법칙: 경쟁배타의 법칙(principle of competitive exclusion)이라고도 하며 생태적 지위가 같은 두 종은 자원이 제한된 조건 아래서 무기한 같이 살지 못하고 또 같

은 방식으로 환경과 상호작용 할 수 없다는 원리. 즉, 생태적 지위가 같은 두 개체군은 같은 지역에 장시간 공존할 수 없다는 것임. 그러나 야생에서는 경쟁으로 멸종하는 경우가 드물며, 경쟁은 자원과 서식처의 분할을 야기하고 각 종은 나름대로의 최적 서식처에서 살게 됨

ⓐ 짚신벌레(Paramecium) 속의 두 종 P, aurelia, P, caudatum에 대한 실험: 짚신벌레 두 종간의 경쟁으로 인해 혼합배양시에 한 종이 절멸하게 됨

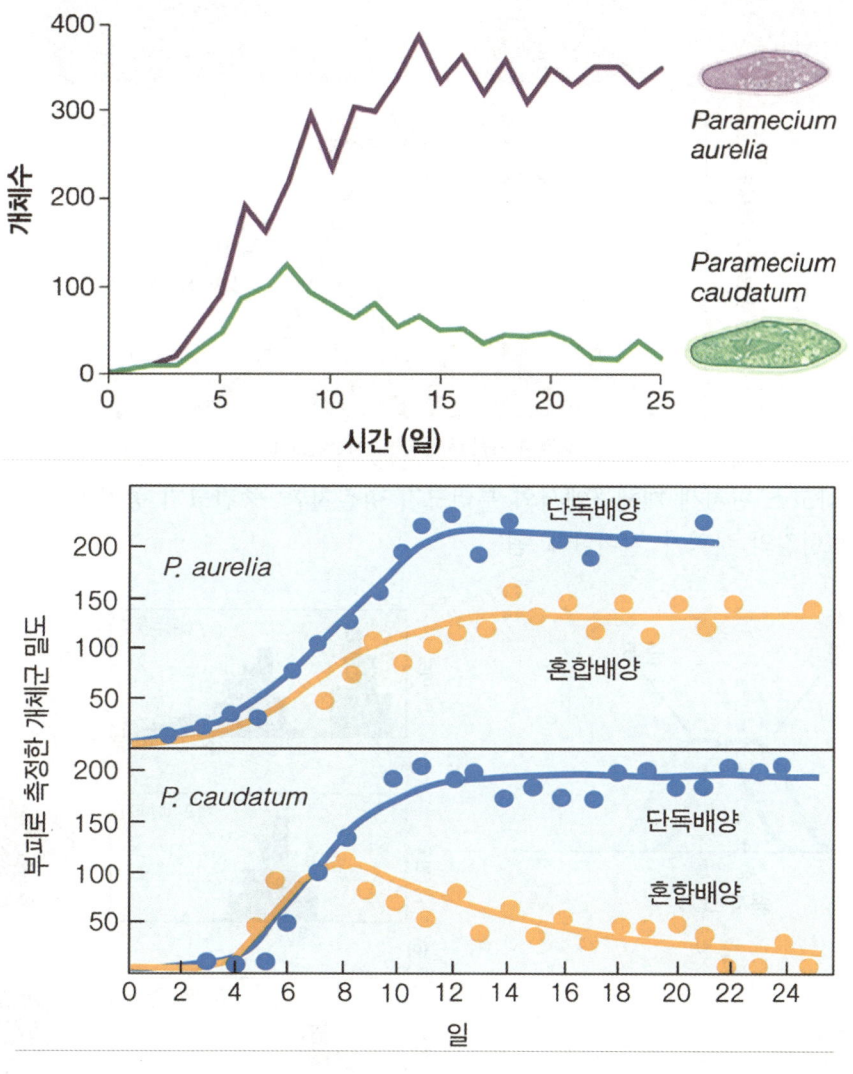

ⓑ 큰잎부들과 애기부들간의 경쟁에 대한 관찰: 큰잎부들과 애기부들의 경쟁으로 인해 생태적 지위가 변경됨

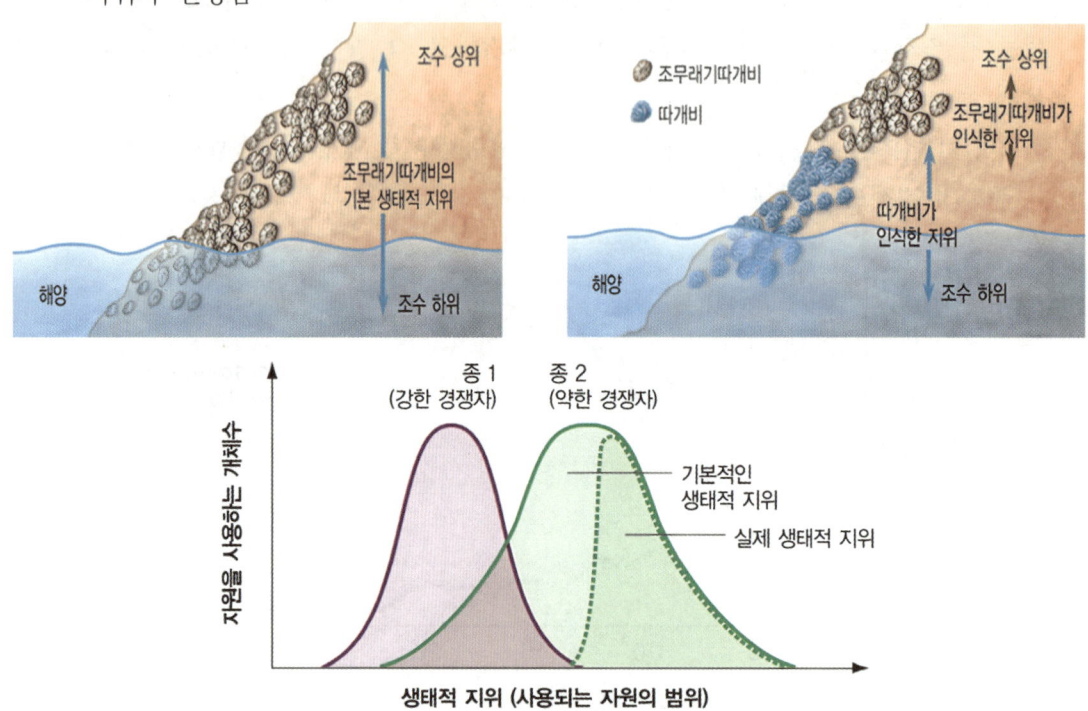

ⓒ 갈라파고스 핀치새 개체군에서의 부리크기 형질치환: 중간크기 종자에 대한 경쟁으로 인해 부리 형질의 분화가 일어나게 됨

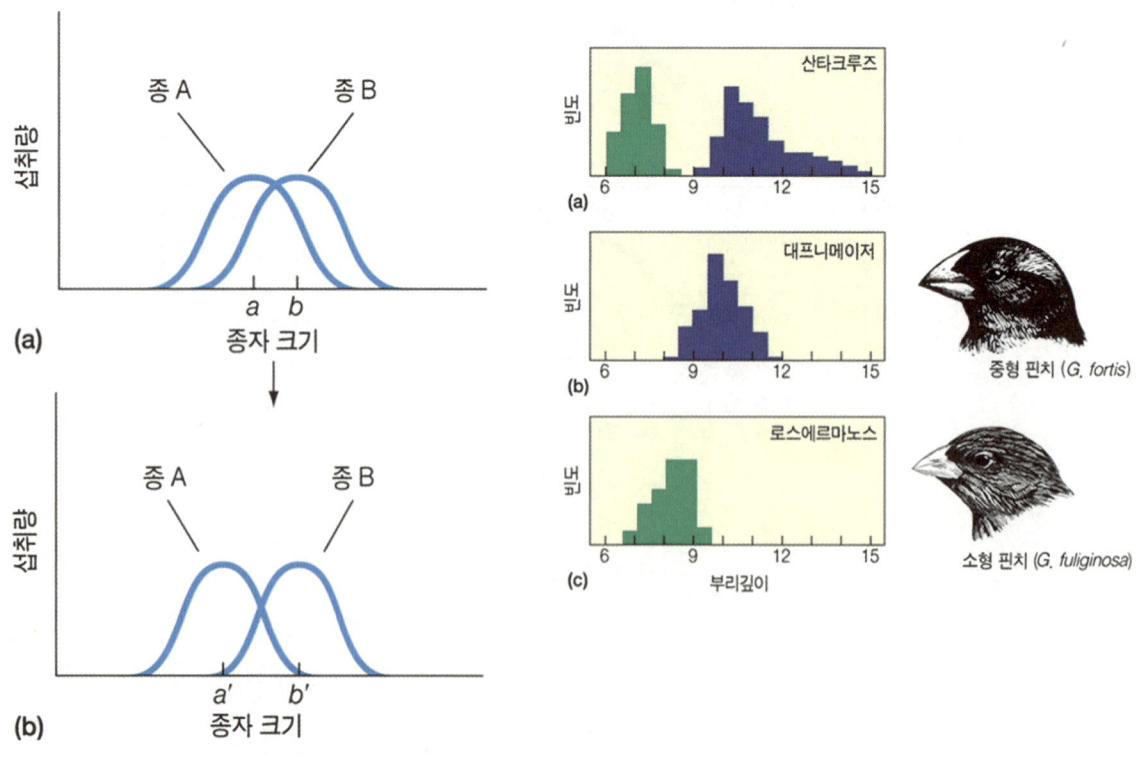

(2) 포식(predation)

포식자인 한 종이 피식자인 다른 종을 죽이고 잡아먹는 +/-의 상호작용

㉠ 포식자와 피식자의 상호관계: 포식자의 수는 피식자의 수를 제한하며, 또는 피식자의 수는 포식자의 수를 제한함

㉡ 로트카-볼테라설(Lotka-Volterra theory): 포식자는 피식자 밀도 변화에 수적으로 반응하게 되며 피식자 또한 포식자 밀도에 의해 자신의 수가 제한됨

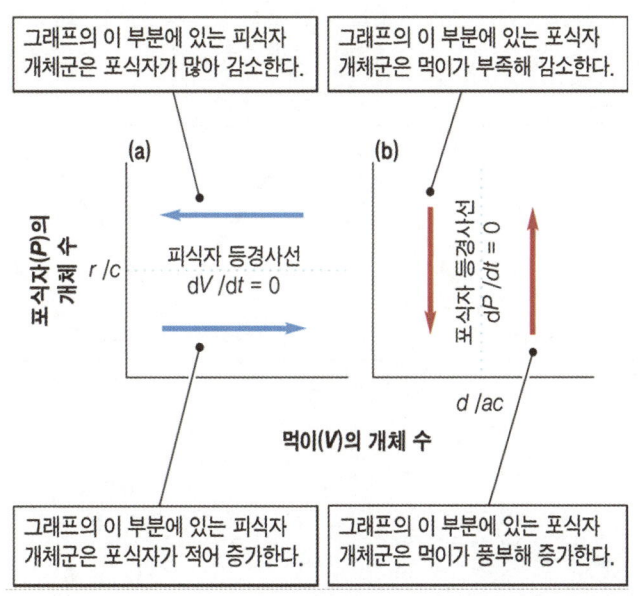

그래프의 이 부분에 있는 피식자 개체군은 포식자가 많아 감소한다.

그래프의 이 부분에 있는 포식자 개체군은 먹이가 부족해 감소한다.

(a) 피식자 등경사선 $dV/dt = 0$

포식자(P)의 개체 수 r/c

(b) 포식자 등경사선 $dP/dt = 0$ d/ac

먹이(V)의 개체 수

그래프의 이 부분에 있는 피식자 개체군은 포식자가 적어 증가한다.

그래프의 이 부분에 있는 포식자 개체군은 먹이가 풍부해 증가한다.

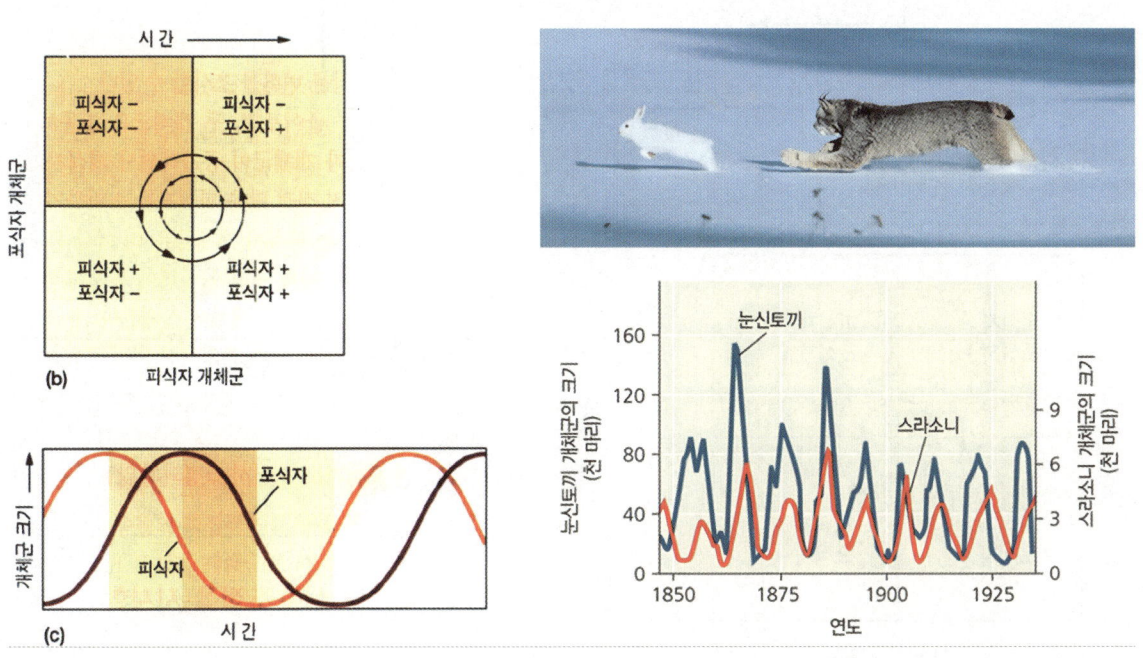

시간 →

포식자 개체군

피식자 −
포식자 −

피식자 −
포식자 +

피식자 +
포식자 −

피식자 +
포식자 +

(b) 피식자 개체군

개체군 크기

포식자

피식자

(c) 시간

눈신토끼 개체군의 크기 (천 마리)

스라소니 개체군의 크기 (천 마리)

눈신토끼

스라소니

160
120
80
40

1850 1875 1900 1925

연도

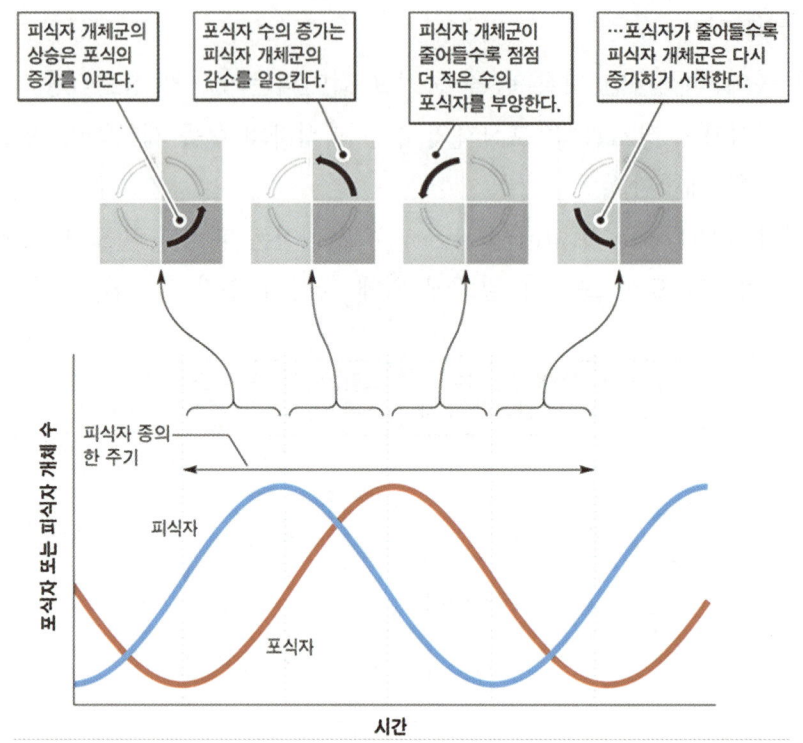

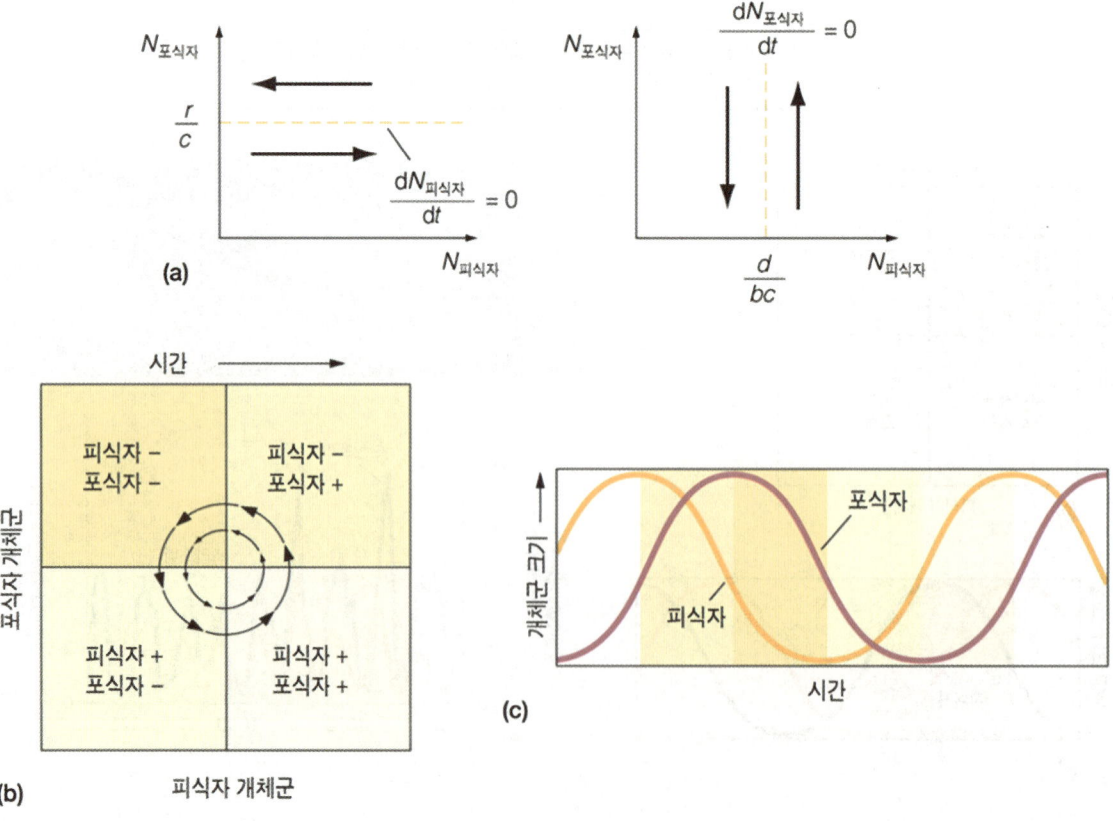

ⓐ 피식자의 수가 증가하면, 그에 따라 포식자의 수도 증가

ⓑ 포식자의 수가 증가하면, 피식자에 대한 압력이 증가

ⓒ 결국 피식자는 급격히 감소하고, 포식자는 먹이부족과 질병 등으로 개체군 감소

ⓓ 따라서 피식자는 또 다시 개체수가 증가

ⓒ 로트카-볼테라설을 입증하는 예: 시라소니와 눈신토끼의 주기적 변동

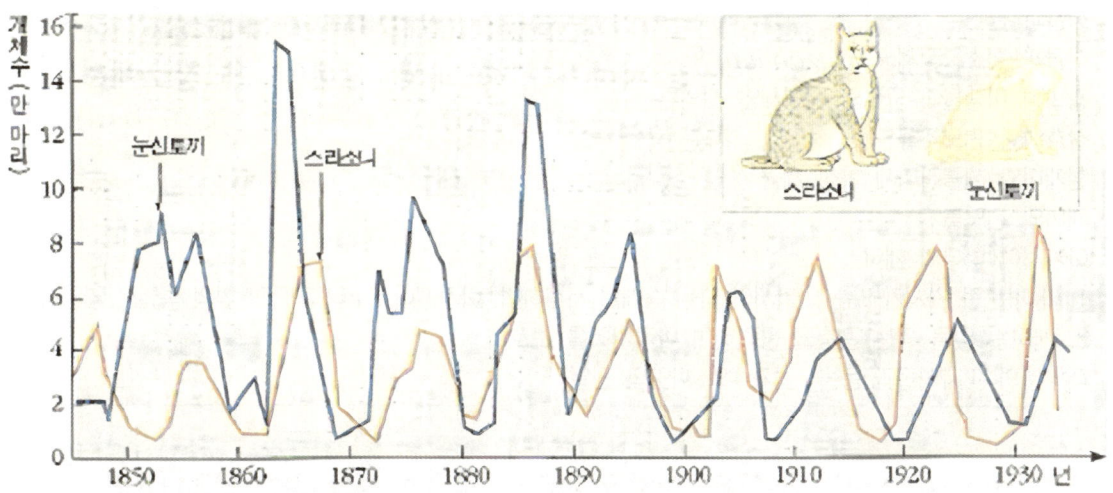

스라소니와 눈신토끼의 주기적 변동

ⓔ 포식자와 피식자의 적응

　　ⓐ 피식자를 잡기 위한 포식자의 적응

　　　　1. 동물 포식자의 적응 양상: 발톱, 송곳니, 침, 독 등의 무기를 갖도록 적응

　　　　2. 식물 포식자(초식자)의 적응 양상: 독이 있는 식물을 구분할 수 있고 초식에 알맞도록 변화된 이빨이나 소화기관을 가짐

　　ⓑ 포식자를 피하기 위한 피식자의 적응

「피식자의 적응양상」

Ⓐ 동물 피식자의 적응양상

　1. 보호색(cryptic coloration)이나 경고색(aposematic coloration)을 갖거나 기계적인 화학적인 방어를 수행하게 됨

　2. 베이츠 의태(Batesian mimicry): 맛 좋고 해가 없는 종이 맛없고 해가 있는 모델을 흉내냄   ex. 주홍왕뱀의 산호뱀 의태

　3. 윌러 의태(Mullerian mimicry): 둘 이상의 맛 없는 종들이 서로를 닮는 것으로 수렴 진화의 결과임   ex. 뻐꾹벌과 말벌의 의태, 말벌과 산호뱀의 의태

Ⓑ 식물 피식자의 적응양상: 식물은 잡아먹히지 않기 위해 달아날 수는 없고 물리적 방어(침과 가시)나 화학적 방어를 위한 2차 화합물(secondary compound; 심각한 독성 물질이나 소화 저해제 화합물)을 생성함   ex. 카나바닌

(3) 상리공생: 2종류의 생물이 모두 이익을 얻는 공생

ㄱ 절대 상리공생(obligate mutualism): 파트너의 도움 없이는 생존할 수 없는 공생

ㄴ 조건적 상리공생(facultative mutualism): 두 종이 각각 독립해서도 생존할 수 있는 공생

「상리공생의 예」

Ⓐ 식물과 균근

Ⓑ 식물과 질소고정세균 *Rhizobium* 속

Ⓒ 광합성 미생물과 균류의 연합체인 지의류

Ⓓ 산호와 쌍편모조류

Ⓔ 흰개미와 셀룰라아제 합성 세균

Ⓕ 개미와 진딧불

Ⓖ 아카시아 나무와 개미

　　1. 개미는 큰 가시가 있는 아카시아 나무 속에서 서식하며, 아카시아로부터 과즙과 잎의 특별한 영양분을 얻음

　　2. 개미는 잎을 먹는 곤충을 공격하여 아카시아를 보호

Ⓗ 대부분의 피자식물과 동물: 꽃가루와 씨앗의 전달자

(4) 기생(parasitism): 기생자는 이익을 얻지만, 숙주는 해를 입는 관계(+/-)

ㄱ 기생생물의 구분

　　ⓐ 내부기생생물(endoparasite): 숙주의 몸 속에 서식함

　　ⓑ 외부기생생물(ectoparasite): 숙주의 몸 바깥 표면에 붙어 먹이를 취함

ㄴ 기생생물의 특징

　　ⓐ 많은 기생생물이 숙주를 여럿 갖는 복잡한 생활사를 지님 ex. 주혈흡충: 사람과 담수산 달팽이를 숙주로 함

　　ⓑ 일부 기생생물은 한 숙주로부터 숙주로 옮기는 기회를 높이기 위해 숙주의 행동 변화를 유도 ex. 기생성 구두동물의 갑각류 숙주 행동 변화 유발

　　ⓒ 기생생물은 숙주의 생존, 생식 및 개체군의 밀도에 직접 또는 간접적으로 심각한 영향을 끼침 ex. 진드기의 숙주 뿔사슴에서의 영향: 뿔사슴의 털이 부러지고 빠지게 됨

(5) 편리공생과 편해공생

실제로 편리공생이나 편해공생적인 상호작용은 자연계에서는 찾기 어려움

ㄱ 편리공생(commensalism): 한 쪽의 생물은 이익을 얻지만, 다른 한 쪽은 이익도 손해도 맞지 않음(+/0)

ㄴ 편해공생(amensalism): 한 쪽은 해를 받지만 다른 한쪽은 이익도 손해도 받지 않음(-/0)

2 군집의 구조

(1) 군집에 영향력이 큰 종

ⓐ 우점종(dominat species): 군집에서 밀도, 빈도, 피도가 높아 군집을 대표할 수 있는 1~2종의 생물 종

「식물군집의 조사와 우점종 결정 과정: 방형구법」

① 조사지역에 방형구틀 형성함
② 방형구틀의 식물 이름과 개체수 조사하여 표에 나타냄
③ 방형구틀 내에 나타난 식물의 분포상태를 표시
④ 각 종의 밀도, 빈도, 피도를 조사함
　1. 상대밀도(%): 특정 종의 개체수/모든 종의 개체수×100
　2. 상대빈도(%): 특정 종이 출현한 방형구수/모든 종이 출현한 방형구수의 총합×100
　3. 상대피도(%): 특정 종이 점유한 면적/모든 종이 점유한 면적×100

ⓑ 핵심종(keystone species): 군집구조에 수적인 힘 뿐만 아니라, 중추적인 생태적 역할, 생태적 지위에 의해 강력한 지배력 발휘하는 종　ex. 해달과 다시마 숲의 종다양성과의 관계: 해달은 성게의 수를 제한하여 다시마 숲의 종다양성을 높이는데 기여하게 됨

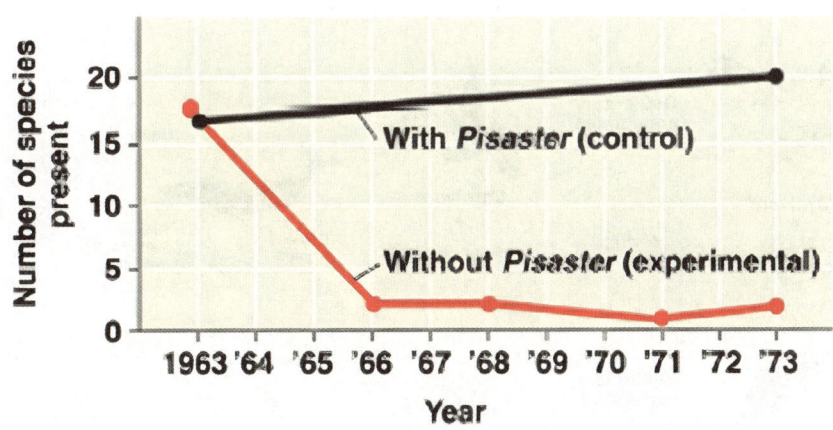

ⓒ 창시종(founder): 환경의 구조나 역동성을 변화시켜 군집 내에서 다른 종들의 생존과 생식에 영향을 미침

「창시종으로서의 골풀」

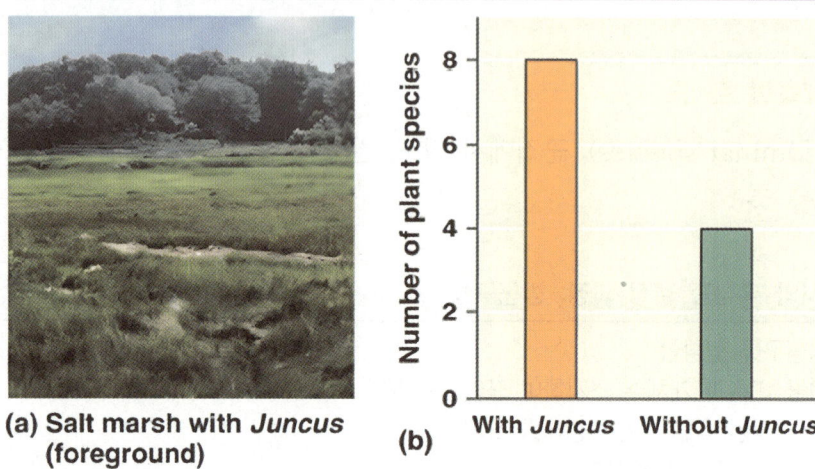

(a) Salt marsh with *Juncus*
(foreground)

(b) With *Juncus*   Without *Juncus*

Ⓐ 염습지의 토양 표면에 그늘을 드리워 증발을 감소시켜 염분의 농도가 증가하는 것을 막음
Ⓑ 염습지의 토양이 산소를 하층으로 수송하여 무산소화되는 것을 막음

(4) 영양구조(trophic structure)

생물간의 먹이 상관관계로서 영양구조는 먹이사슬을 통해 표현되며, 실제 생태계는 먹이사슬이 단순히 분리된 단위가 아니라 서로 연관된 먹이그물 상태이며 먹이사슬은 에너지 가설에 따라 짧은 것이 효율적임

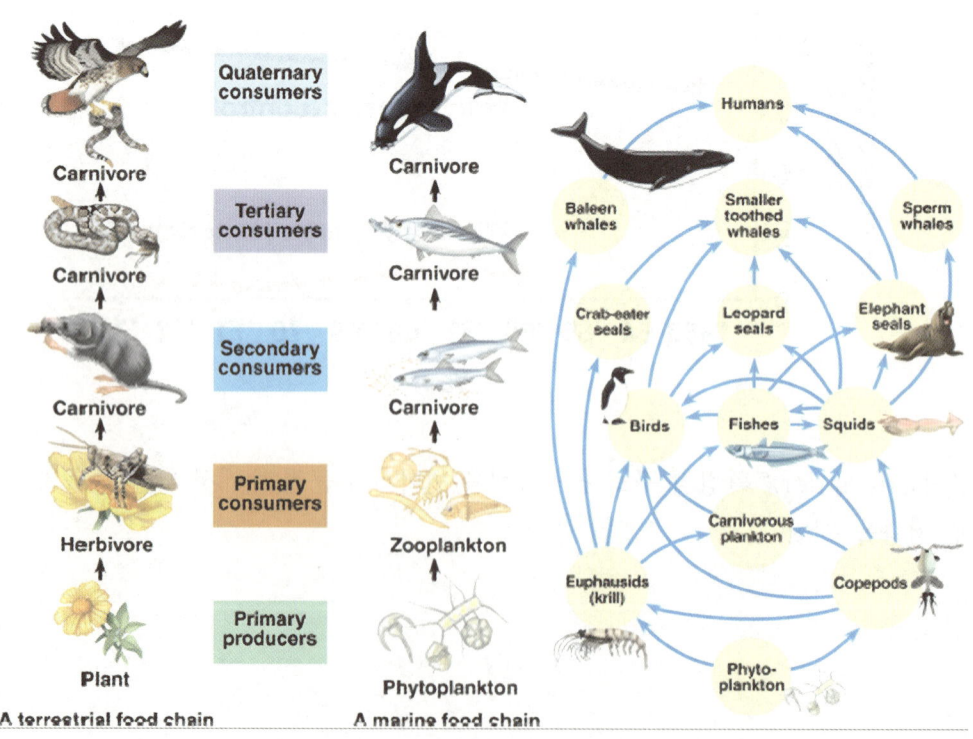

ⓙ 먹이 사슬에서의 각 생물의 역할

　　ⓐ 1차 생산자(primary producer): 빛에너지나 화학에너지를 통해 유기양분을 합성하는 생물

　　ⓑ 1차 소비자(primary consumer): 생산자의 유기양분에 의존하는 생물

　　ⓒ 2차 소비자(secondary consumer): 1차 소비자를 먹이로 하는 생물

　　ⓓ 분해자(decomposer): 죽은 생물을 분해하여 물질순환에 기여하는 생물

ⓛ 먹이 사슬(food chain)과 먹이 그물(food web): 먹이 관계를 표로 나타낸 것을 먹이사슬이라 하며 먹이사슬은 분리된 단위가 아니라 서로 연관된 먹이그물을 형성함

　　ⓐ 먹이 사슬은 에너지 가설이나 동적 안정 가설에 따르면 그 길이에 한계가 있음

　　ⓑ 먹이 그물의 복잡성이 클수록 안정화되는 경향이 존재함

(5) 종다양성(species diversity)

종풍부도(species richness; 군집 안의 모든 종의 수), 상대수도(relative abundance; 군집 내에 출현하는 각 종의 비율)에 모두 의존하는 개념

Community 1
A: 25% B: 25% C: 25% D: 25%

Community 2
A: 80% B: 5% C: 5% D: 10%

「샤논 다양도(Shannon diversity; H)」

ⓐ 샤논 다양도 공식

　　$H = -[(p_A \ln p_A) + (p_B \ln p_B) + (p_0 \ln p_0) + \ldots]$

ⓑ 샤논 다양도 적용

　　군집 1의 경우: $H = -4(0.25 \ln 0.25) = 1.39$

　　군집 2의 경우: $H = -[(0.8 \ln 0.8) + (0.05 \ln 0.05) + (0.05 \ln 0.05) + (0.1 \ln 0.1)] = 0.71$

　　따라서 다양성은 군집 1이 군집 2보다 높다는 결론이 도출됨

(6) 상향식 조절과 하향식 조절

인접하는 영양단계 간의 상관관계에 대한 모형으로서 생물학적 군집 형성 방식에 대해 논의하는데 유용함

ⓙ 상향식 모형(bottom-up model): 낮은 영양단계로부터 높은 영양단계로 영향을 미치는 것을 가리키며 상향식 군집의 군집구조를 바꾸기 위해서는 맨 하위 영양단계의 생물량을

바꿀 필요가 있음

ⓛ 하향식 모형(top-down model): 높은 영양단계로부터 낮은 영양단계로 영향을 미치는 것을 가리키며 하향식 군집의 군집구조를 바꾸기 위해서는 상위 영양단계의 생물량을 바꿀 필요가 있음   ex. 3개 영양단계를 갖는 호수에서 물고기를 제거하여 동물 플랑크톤 수가 증가하고 조류 개체군의 수가 감소하여 수질을 개선하는 경우

「남극의 선충류 군집 분석」

〈실험과정〉
포식선충은 건조한 토양에 덜 풍부하고 피식선충은 건조한 토양에 더 풍부하였는데 토양을 건조시켜 포식선충을 제거토록 함

〈실험결과〉
더워진 조사구에서 대조구에 비해 포식선충은 1/4 개체수가 감소하고 피식선충은 1/6 가량 증가하게 됨

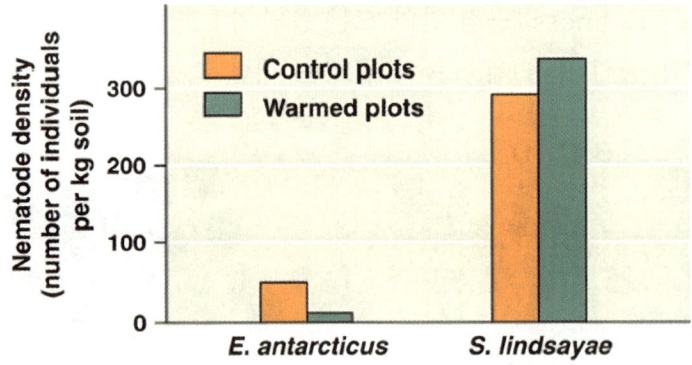

〈결론〉
피식선충은 포식선충이 감소함에 따라 개체수가 증가하였고 이는 토양의 선충군집이 하향식 모형에 의해 조절된다는 것을 나타냄

3 교란과 천이

(1) 교란의 의미와 그 영향

㉠ 극상(climax): 천이에 의한 군집의 조성이 변화하여 안정이 계속되는 군집의 최종상으로 극성상이라고도 하는데 어느 한 지역에 자연상태에서 장기간 안정되어 있는 식물군락에 대해 사용하는 경우가 많음. 이런 관점에서 안정성(stability)이란 군집이 교란과 직면할 때 상대적으로 안정되게 종을 유지하려는 경향이라 생각함

㉡ 교란(disturbance): 태풍, 불, 홍수, 가뭄, 지나친 방목, 인간의 활동 등으로 군집을 변하게 하여 생물을 없애고 자원의 이용 가능성을 바꾸게 하는 사건

「중위 교란설(intermediate disturbance hypothesis」

적정 수군의 교란은 높거나 낮은 교란보다 종다양성을 도와주는 조건을 형성한다는 가설

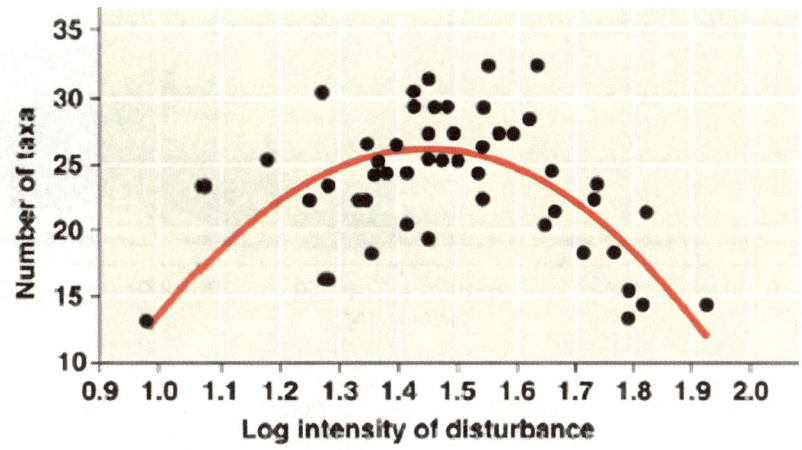

Ⓐ 높은 수준의 교란: 많은 종이 감내할 수 없는 환경스트레스를 형성하여 많은 종들이 군집 내에서 사라지게 함
Ⓑ 낮은 수준의 교란: 우점종이 덜 경쟁적인 종을 제거하게 됨
Ⓒ 중간 정도의 교란: 우점하는 종으로부터 서식지를 열리게 하는 역할을 함

(2) 생태적 천이(ecological successtion)

㉠ 생태적 천이의 구분

ⓐ 1차 천이와 2차 천이

1. 1차 천이(primary succession): 암반노두, 새로 형성된 삼각주, 사구, 새로 형성된 화산섬 등과 같이 이전에 군집이 없었던 곳에서 발생하는 천이

2. 2차 천이(secondary succession): 교란에 의해 이전 군집이 파괴된 곳에서 발생하는 군집의 변화로서 천이속도가 빠름

ⓑ 자생천이와 타생천이

1. 자생천이(autogenic succession): 군집에 서식하는 생물의 직접적인 결과로 발생하는 천이   ex. 나무들의 성장에 따른 삼림 내 광조건의 변화

2. 타생천이(allogenic succession): 물리적 환경의 특징에 따른 천이   ex. 고도에 따른 평균기온의 감소, 수심의 변화에 따른 염도의 변화

ⓒ 건생천이와 습생천이

1. 건성천이: 나지 → 지의류, 이끼류 → 초원 → 양수림 → 음수림

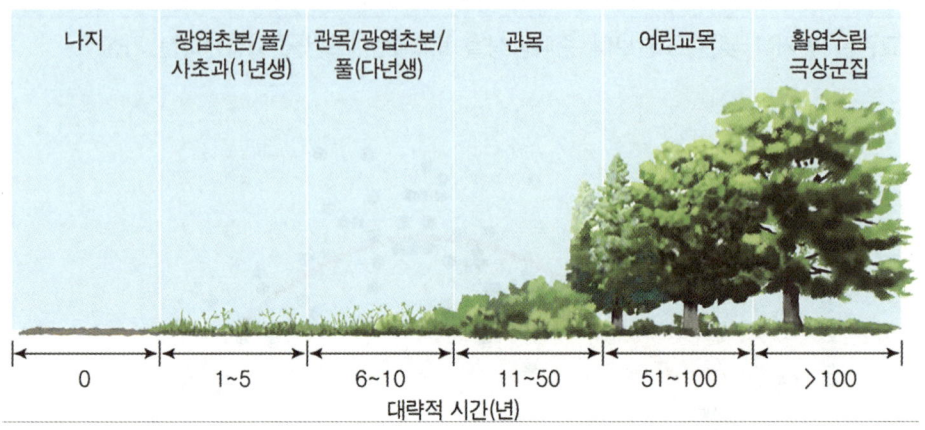

천이 단계

나지	광엽초본/풀/사초과(1년생)	관목/광엽초본/풀(다년생)	관목	어린교목	활엽수림 극상군집
0	1~5	6~10	11~50	51~100	>100

대략적 시간(년)

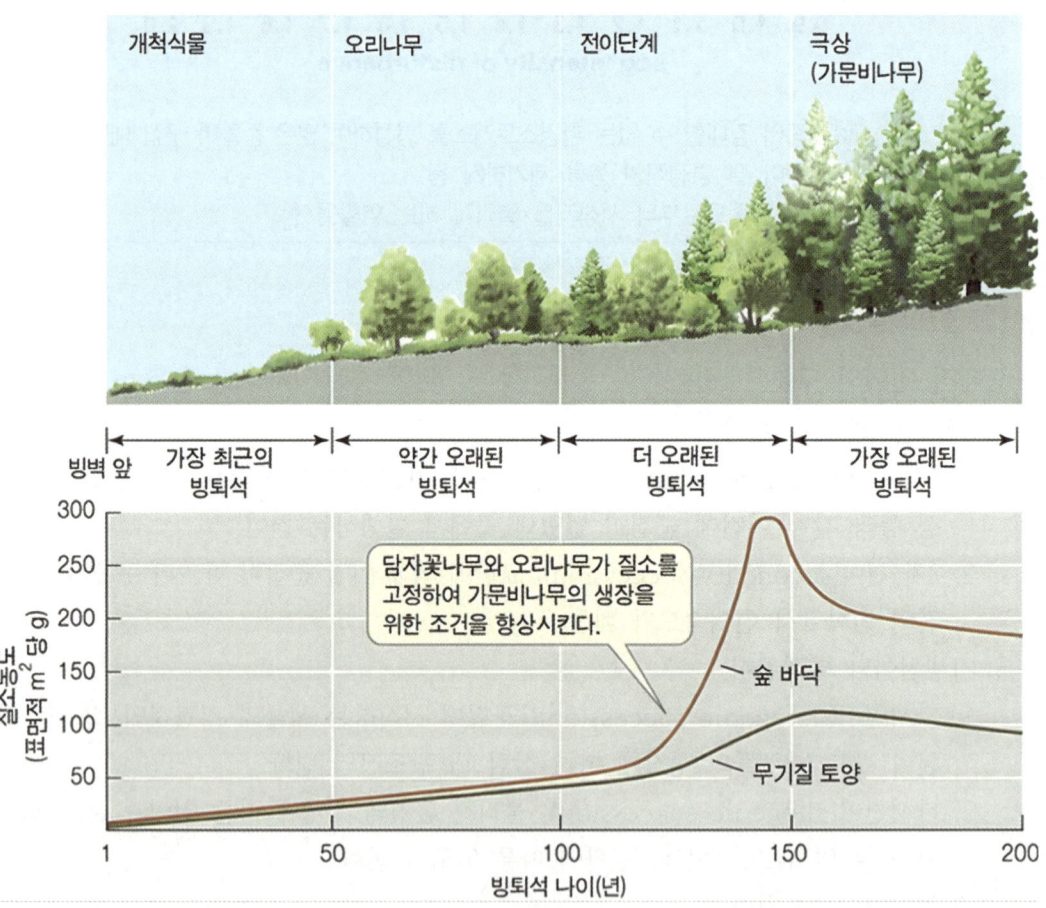

2. 습성천이: 식물성 플랑크톤 → 부영양화 호수 → 수생식물 → 습지 → 초원 → 양수림
 → 음수림

ⓛ 천이 관련 모델

ⓐ 촉진모델: 한 종이 뒤이어 오는 종들의 정착을 수월하게 하는 모델

ⓑ 억제모델: 정착한 식물들이 다른 식물의 침입이나 생장을 방해하는 모델

ⓒ 내성모델: 개척자 종들이 다음에 오는 종들의 침입이나 생장을 돕지도 방해하지도 않는 모델

4 군집의 생물다양성에 영향을 미치는 생물지리적 요인

(1) 적도-극지 기울기

열대 서식지는 온대나 극지방보다 더 많은 종을 지탱함

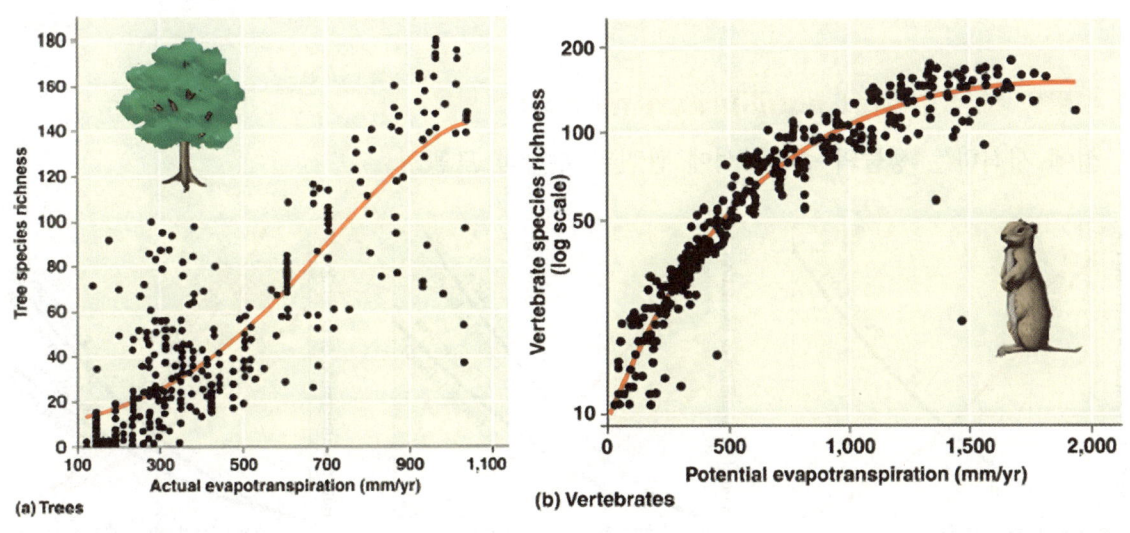

㉠ 진화적인 역사: 종분화 사건이 일어남에 따라 종다양성은 증가하게 되는데, 열대의 생장기 간(종분화 기간)이 고위도 지방의 툰드라보다 5배나 더 길다고 하는 사실을 근간으로 할 때, 열대의 종다양성이 극지의 종다양성보다 높다는 추론이 가능함

㉡ 기후: 위도 구배의 1차적인 요인으로 태양에너지의 투입과 강수량이 주된 요인. 이들 요인 은 증발산량의 비율로 측정 가능함

ⓐ 실증발산량(actual evapotranspiation): 태양광선과 온도, 수분 이용도로 결정

ⓑ 최대증발산량(potential evapotranspiation): 태양광선과 온도로 결정

(2) 지역효과

모든 다른 조건들이 동등할 때, 큰 지리적 구역의 군집이 어 많은 종을 보유하는데 이것은 큰 지역이 작은 지역보다 서식지나 미소서식지의 다양성이 더욱 높기 때문임

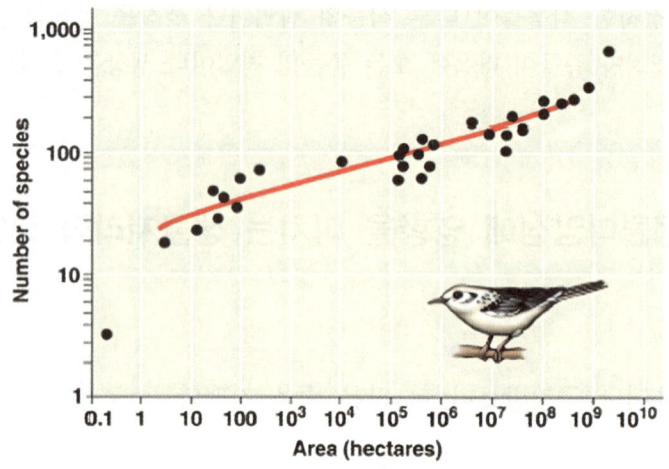

(3) 섬평형 모형(island equilibrium model)

섬에 서식하는 생물의 종다양성에 관련된 수학적 모델

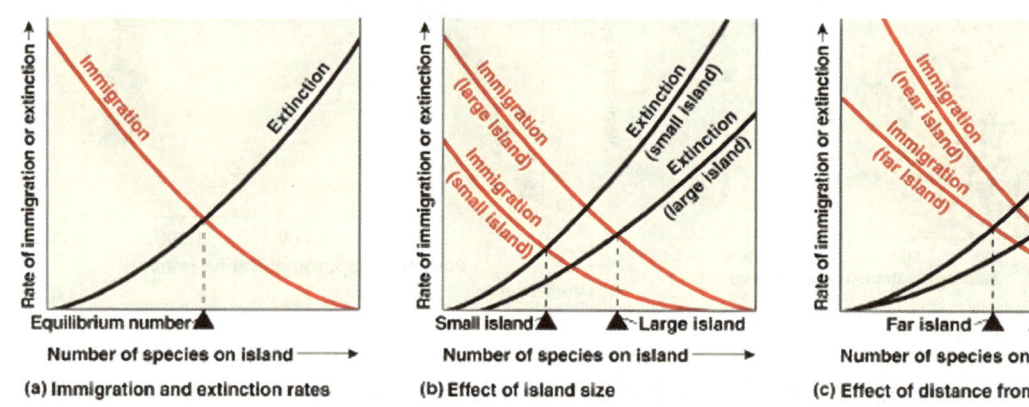

(a) Immigration and extinction rates (b) Effect of island size (c) Effect of distance from mainland

　㉠ 섬에 거하게 될 종의 수를 결정하는 요인: 이입률, 멸종률

　　ⓐ 이입률이 증가하면 종다양성은 증가

　　ⓑ 멸종률이 증가하면 종다양성은 감소

　㉡ 이입률과 멸종률에 영향을 미치는 요인: 섬의 크기와 대륙으로부터의 거리

　　ⓐ 섬의 크기와 이입률은 양의 상관관계, 섬의 크기와 멸종률은 음의 상관관계

　　ⓑ 섬의 대륙으로부터의 거리와 이입률은 음의 상관관계, 섬의 대륙으로부터의 거리와 멸종률은 양의 상관관계

19 생태계 생태학(ecosystem ecology)

물리적 법칙과 영양단계

(1) 생태계의 물리법칙

ㄱ 에너지의 보존 법칙: 에너지의 흐름과 효율에 관한 법칙

ⓐ 제 1 열역학 법칙: 에너지는 만들어질 수도 없으며 사라질 수도 없고 단지 변환됨. 예를 들어 식물이 외부로부터 흡수한 에너지는 식물체 내의 유기물질로 저장된 에너지와 식물에 의해 반사되거나 열로 바뀐 에너지의 합과 같음

ⓑ 제 2 열역학 법칙: 에너지의 일부는 전환 과정에서 열로 사라지게 됨. 생태계를 통한 에너지 흐름은 궁극적으로 열로 전환되므로 지속적인 태양 에너지의 공급이 필요함

ㄴ 질량 보존의 법칙: 에너지와 같이 물질도 만들어지거나 파괴될 수 없음

ⓐ 에너지와는 달리 화학원소들은 연속적으로 재사용됨

ⓑ 전 지구적인 차원에서 원자들은 사라지지 않지만 유입과 방출을 통해 생태계 사이를 이동함. 유입과 방출의 양이 재사용되는 양에 비해서 훨씬 적긴 하지만 유입과 방출의 균형을 유지하는 것은 매우 중요함

(2) 영양단계

양분과 에너지의 주 공급원에 기초하여 종들을 구분함

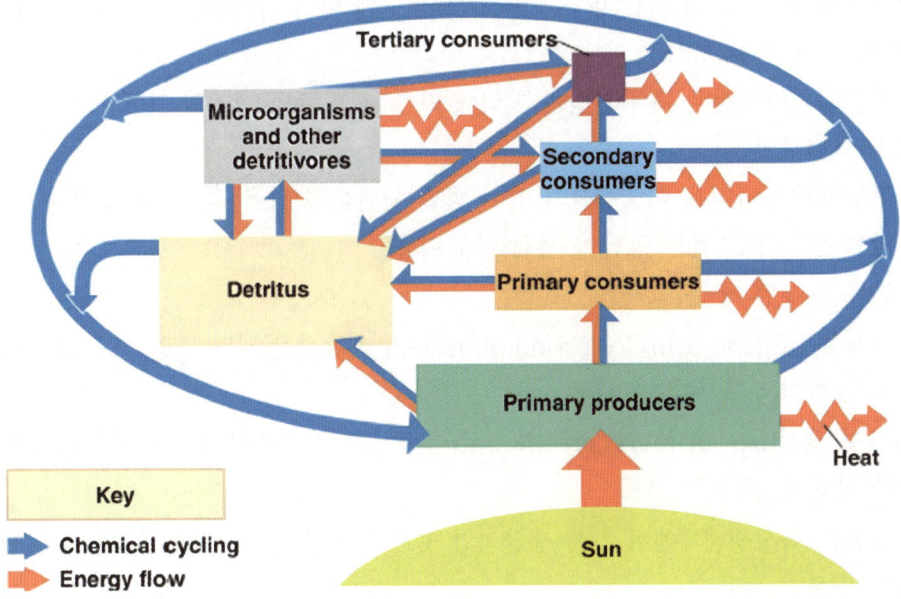

ㄱ 1차 생산자(primary producer): 유기영양분을 합성하는 독립영양생물로 구성되며 궁극적으로 다른 모든 생물체를 부양하는 영양단계임

    ⓐ 광합성 생물: 빛에너지를 이용하여 유기물을 합성하는 생물로 식물, 조류, 광합성 원핵생물 등이 포함됨

    ⓑ 화학합성 생물: 무기물을 산화하여 생성된 에너지를 이용하여 유기물을 합성하며 오직 세균만이 여기에 속함

ㄴ 1차 소비자(primary consumer): 직간접적으로 1차 생산자의 광합성 산물에 의존하는 종속영양생물로 식물체나 1차 산물을 먹이로 하는 초식동물이 여기에 속함

ㄷ 2차 소비자(secondary consumer): 초식동물을 먹고 사는 육식동물

ㄹ 3차 소비자(tertiary consumer): 다른 육식동물을 먹고 사는 육식동물

ㅁ 분해자(decomposer): 죽은 생물체, 분뇨, 낙엽, 목재와 같은 살아있지 않은 유기물로부터 에너지를 얻는 소비자로서 원핵생물과 균류가 주요 분해자에 속함. 분해자는 생태계의 화학적 순화고리를 완성하여 모든 영양단계의 유기물질을 1차 생산자가 이용할 수 있는 무기물로 변환시킴

2 생태계의 1차 생산(primary production; 독립영양생물이 빛에너지를 화학에너지로 바꾼 양)

(1) 생태계의 에너지 수지

ㄱ 전 지구적 에너지 수지

    ⓐ 지구 대기에 진입하는 태양에너지의 양은 위도에 따라 달라지는데 열대지방에 들어오는 태양에너지가 가장 강함

    ⓑ 대부분의 태양광선은 구름의 양과 지역에 따른 대기 중의 먼지의 양에 따라 흡수되거나 산란되거나 반사됨

    ⓒ 지구표면에 도달하는 태양광선의 양이 광합성 산물의 양을 결정하는데 지구 표면에 도달한 태양광선의 아주 적은 양만이 광합성에 이용됨

ㄴ 1차 생산의 개념 구분

    ⓐ 총 1차 생산(gross primary production; GPP): 일정한 시간 동안 광합성에 의해 화학에너지로 전환되는 빛에너지의 양

    ⓑ 순 1차 생산(net primary production): 총 1차 생산(GPP) - 1차 생산자의 호흡(R)

ㄷ 순 1차 생산의 지구적 분포

    ⓐ 열대우림: 육상생태계에서 가장 생산적인 곳으로 지구 전체 순 1차 생산의 상당부분을 차지하고 있음

ⓑ 강하구와 산호초: 매우 높은 순 1차 생산을 보이나 면적이 작아 지구 전체 순 1차 생산에 대한 기여는 낮음

ⓒ 해양: 지구 전체 순 1차 생산에 대한 기여에 있어서 열대우림과 비슷하지만 이것은 면적의 광대함에 있으므로 면적당 순 1차 생산은 열대우림에 비해 훨씬 낮음

(2) 1차 생산의 제한

㉠ 해양 생태계에서의 1차 생산

ⓐ 빛에 의한 제한: 빛이 대양에서 1차 생산을 조절하는 중요한 변수가 됨

    1. 물의 표면으로부터 15m 깊이에서는 빛의 절반 이상이 물에 흡수됨. 즉, 물의 깊은 곳에서는 화학합성을 제외하고는 유기물의 합성이 이루어질 수 없음

    2. 극지방에서 적도로 갈수록 빛에 의한 제한이 점점 작아져 1차 생산이 증가하게 됨

ⓑ 양분에 의한 제한: 특정한 양분이 부족하면 1차 생산을 제한하는데 제한 양분이란 특정 지역의 생산을 증가시키기 위해서 첨가되어야만 하는 원소이며 해양에서의 제한 양분은 질소와 인임

    1. 질소에 의한 양분 제한: 질소가 부족하게 되면 생물체 내의 단백질, 핵산의 합성이 어려워져 식물성 플랑크톤의 양을 제한하게 됨

「식물성 플랑크톤 생산 제산의 예 – 롱아일랜드 해변」

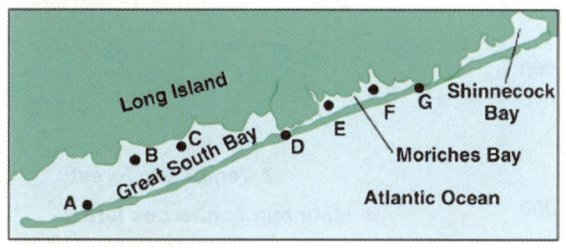

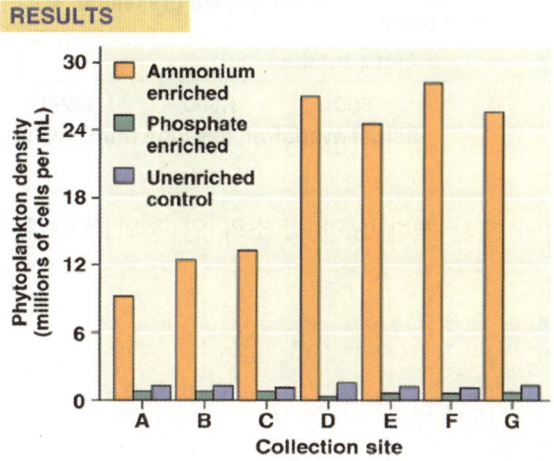

2. 일부 대양 생태계에서는 철이 1차 생산을 제한하게 되는데 이것은 철이 공기중의 질소를 고정하는 남세균의 성장을 촉진하고 남세균으로부터 비롯된 질소가 식물성 플랑크톤의 증식을 촉진하기 때문. 보통 해양에서의 철은 섬에서부터 날아오는 먼지로부터 유입되지만, 그 먼지들은 해양의 중간까지 날라오지는 못함

3. 양분이 풍부하게 함유한 깊은 물이 대양의 표면으로 이동하는 용승류가 발생하는 지역은 예외적으로 높은 1차 생산을 나타냄

4. 양분에 의한 제한은 종종 담수호에서도 일어나는데 농장과 정원에서 흘러나오는 오수와 비료는 호수의 양분 공급을 증가시켜 남세균과 녹조류의 증가를 불러일으키고, 호수의 용존산소량과 투명도를 감소시키는 부영양화(eutrophocation)을 유발함

ⓛ 육상 생태계에서의 1차 생산

ⓐ 거시적 규모의 1차 생산 제한 요인: 온도와 강수량

1. 온도와 강수량이 증가할수록 광합성이 증가하게 됨

2. 실제 증발산량(actual evapotranspiration; 식물에 의해 증산되는 물의 양과 경관에서 증발되는 물의 양을 밀리미터단위로 나타낸 것)은 그 지역에서의 강수량과 증발과 증산에 사용되는 태양에너지의 양에 따라 증가하는데 실제 증발산량은 순 1차 생산과 비례 관계에 있음

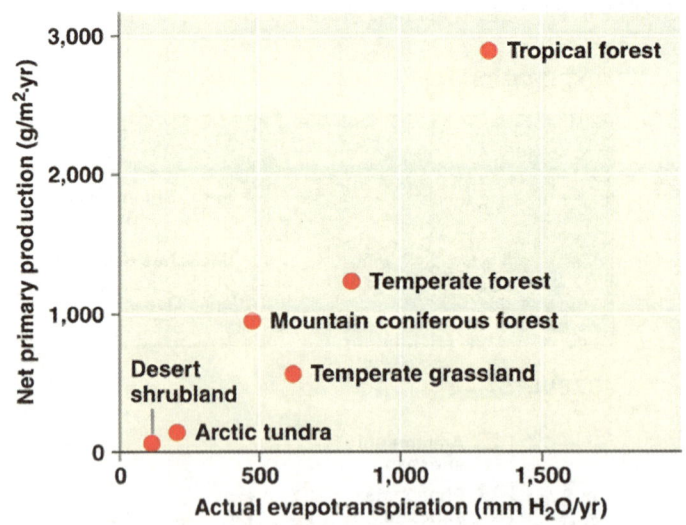

ⓑ 미시적 규모의 1차 생산 제한 요인: 질소와 인 등의 토양 무기양분임

에너지 전달 효율

(1) 생산효율(production efficiency)

호흡으로 사용되지 않고 생체에 저장된 에너지의 비율

㉠ 생산효율 계산

$$생산효율(\%) = \frac{순2차\ 생산량}{흡수된\ 1차\ 생산물의\ 양} \times 100$$

순 2차 생산량(secondary production): 성장과 생식의 형태로 생체량에 저장된 에너지

「생산효율 계산의 예」

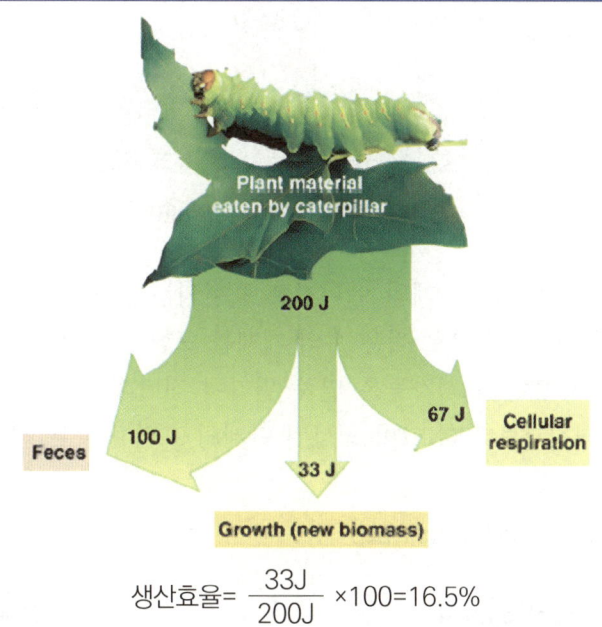

$$생산효율 = \frac{33J}{200J} \times 100 = 16.5\%$$

㉡ 내온동물인 조류와 포유류는 체온 유지에 들어가는 에너지 비율 때문에 전형적으로 1~3% 의 낮은 생산효율을 지니나 외온동물인 어류(약 10%)나 곤충(보통 40%)은 비교적 높은 생산효율을 지님

(2) 영양효율(trophic efficiency)

한 영양단계에서 다음 영양단계로 전달되는 에너지의 효율

㉠ 영양효율 계산: 호흡을 통한 소비와 변에 포함된 에너지 뿐만 아니라 다음 단계의 생물에 의해 소비되지 않은 전 영양단계의 유기물에 포함된 에너지까지 고려하므로 생산 효율보다 항상 낮으며 일반적으로 영양효율은 10% 정도이며 생태계 유형에 따라 5~20% 범위에 있음

$$영양효율(\%) = \frac{주어진영양단계에서의생산력}{하위영양단계에서의생산력} \times 100$$

ⓛ 먹이사슬을 따라 일어나는 에너지의 점진적 소실은 먹이사슬에서 가장 높은 단계를 차지하는 육식동물의 풍부도를 제한함

ⓒ 순생산량 피라미드(pyramid of net production)

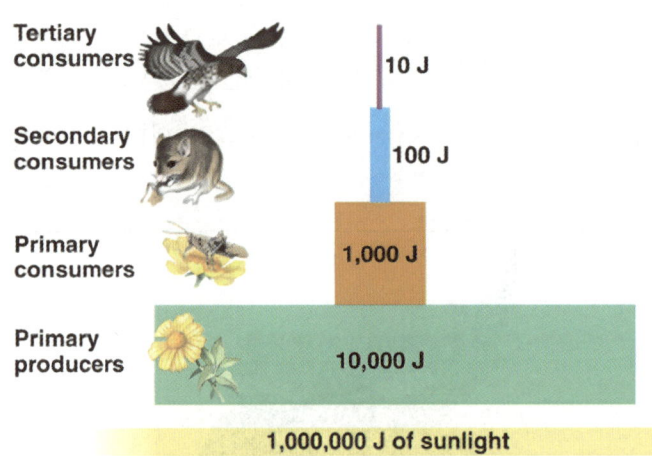

ⓐ 각 막대의 너비는 각 영양단계의 에너지로 표현되는 순생산량에 비례함

ⓑ 단계가 높아질수록 상대적으로 적은 수의 개체를 포함하며 최상위 포식자 개체군은 그 수가 매우 적기 때문에 많은 포식자들은 멸종 위기에 직면해 있음

ⓒ 보통 포식자가 피식자보다 더 크며 최상위 단계의 포식자 수는 적고 상당히 덩치가 큰 동물인 경향이 있음

ⓛ 생물량 피라미드(biomass pyramid)

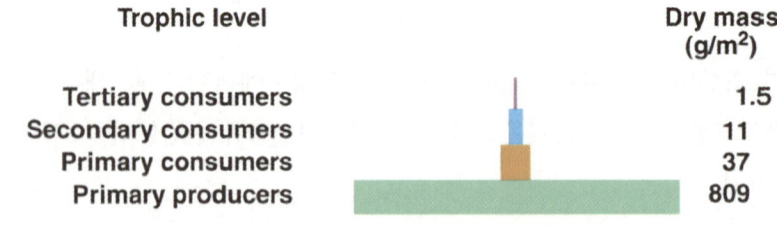

ⓐ 각 단계는 모든 생물의 총 건조량을 나타내는 현존량을 의미함

ⓑ 대부분의 생물량 피라미드는 1차 생산자로부터 고차 소비자에 이르기까지 급격히 감소하는데 이는 영양단계가 극히 비효율적이기 때문

ⓒ 일부 수생태계에서는 역 생체량 피라미드가 나타나는데, 즉 1차 소비자의 양이 1차 생산자의 양보다 많기 때문. 식물성 플랑크톤은 짧은 체류시간(tumover time)을 가지며, 이는 그들의 생산량에 비해 현존 생체량이 적다는 것을 의미함

$$\text{체류시간} = \frac{\text{현존생체량}(mg/㎡)}{\text{생산력}(mg/㎡/day)}$$

4 생지화학적 순환(biogeochemical cycle)

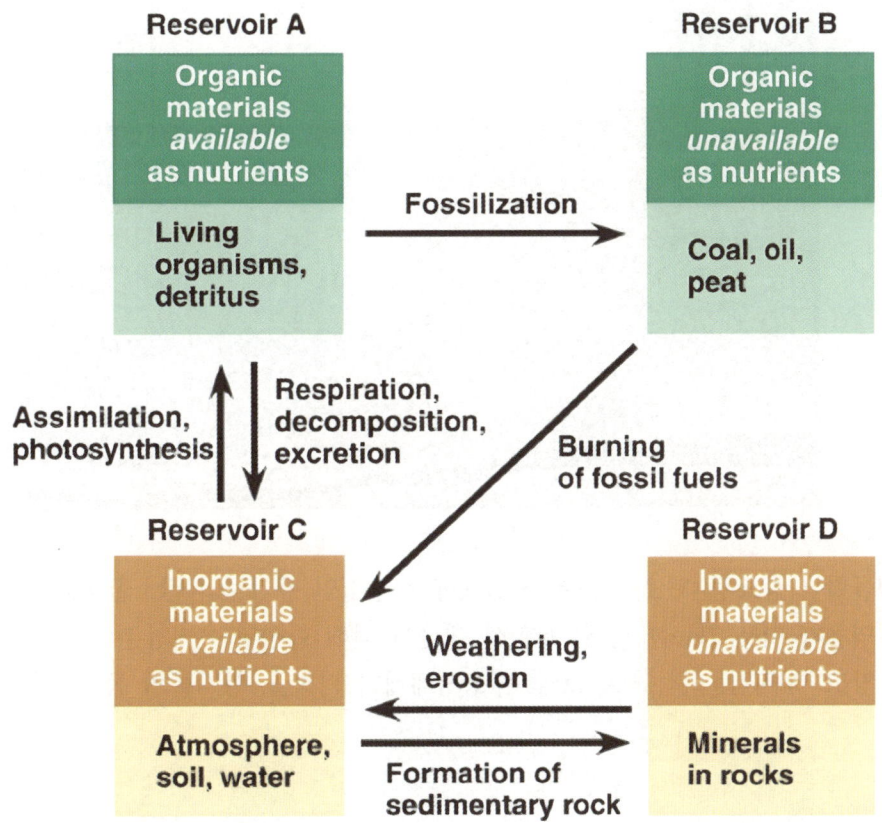

(1) 생지화학적 순환의 범주 구분

㉠ 지구 전체적 순환(탄소, 산소, 황, 질소 등): 기체 형태로 대기 중에 존재하며 이들의 순환은 지구 전체적으로 일어남

ㄴ 지역적 순환(인, 칼륨, 칼슘 등): 무거운 원소로 기체 형태로 존재할 수 없고, 육상생태계에서는 더욱 지역적으로 일어나며, 식물의 뿌리에 의해 땅으로 흡수되며, 분해자에 의해 토양으로 되돌아오는 순환을 하게 되지만, 수상생태계에서는 해류를 따라 이동 가능하므로 순환의 범위가 육상생태계에서보다는 넓음

(2) 각 원소의 개별 생지화학적 순환

ㄱ 탄소순환

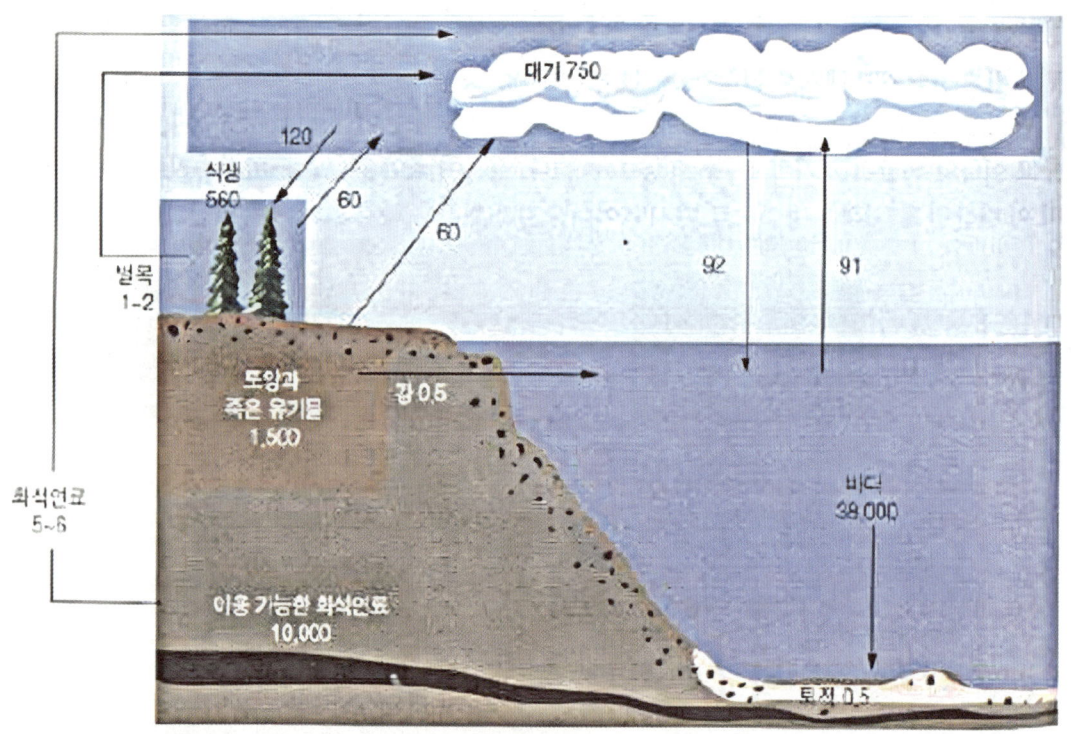

ⓐ 생물학적 중요성: 탄소는 모든 생물체에 필수적인 유기물의 탄소골격을 형성함
ⓑ 생명체가 이용 가능한 형태: 광합성 생물에 의해 합성된 유기양분
ⓒ 저장고: 퇴적암, 화석연료, 토양, 수상생태계의 퇴적물, 동식물의 몸, 대기

ⓛ 질소 순환

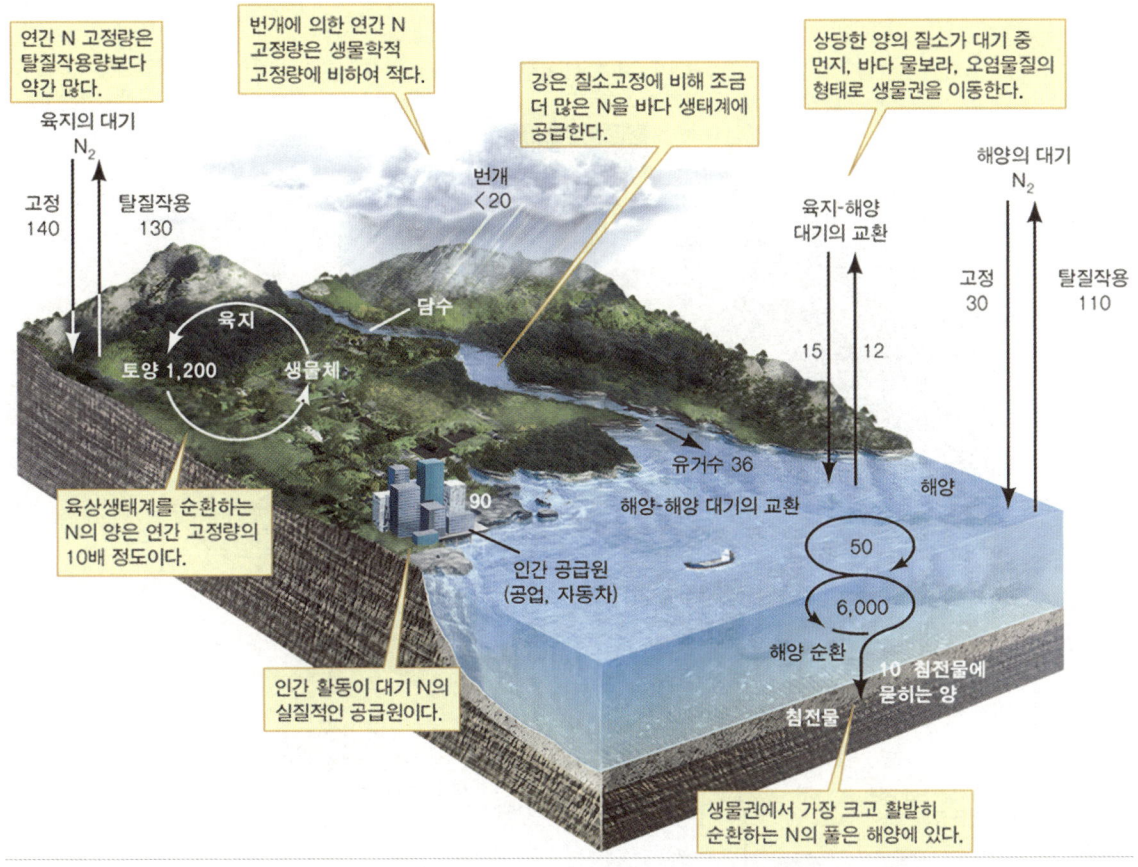

연간 N 고정량은 탈질작용량보다 약간 많다.

번개에 의한 연간 N 고정량은 생물학적 고정량에 비하여 적다.

강은 질소고정에 비해 조금 더 많은 N을 바다 생태계에 공급한다.

상당한 양의 질소가 대기 중 먼지, 바다 물보라, 오염물질의 형태로 생물권을 이동한다.

육지의 대기
N₂

고정 140   탈질작용 130

번개 <20

해양의 대기
N₂

육지-해양 대기의 교환

고정 30   탈질작용 110

담수

육지

토양 1,200   생물체

육상생태계를 순환하는 N의 양은 연간 고정량의 10배 정도이다.

15 12

유거수 36

해양-해양 대기의 교환

해양

90

인간 공급원 (공업, 자동차)

50

6,000

해양 순환

10 침전물에 묻히는 양

인간 활동이 대기 N의 실질적인 공급원이다.

침전물

생물권에서 가장 크고 활발히 순환하는 N의 풀은 해양에 있다.

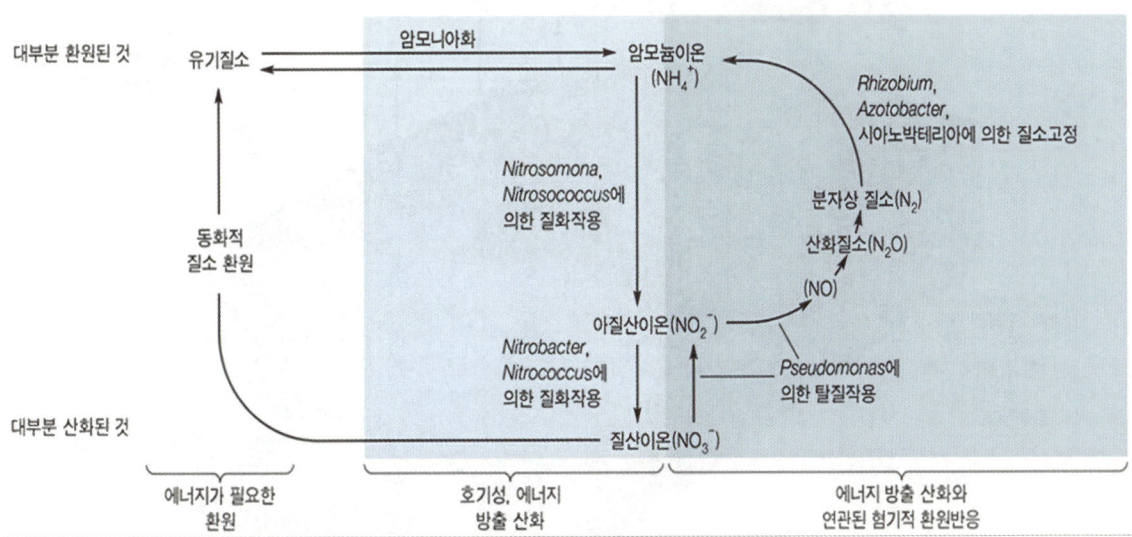

대부분 환원된 것

유기질소   암모니아화   암모늄이온 (NH₄⁺)

Rhizobium, Azotobacter, 시아노박테리아에 의한 질소고정

동화적 질소 환원

Nitrosomona, Nitrosococcus에 의한 질화작용

분자상 질소(N₂)
산화질소(N₂O)
(NO)

아질산이온(NO₂⁻)

Pseudomonas에 의한 탈질작용

대부분 산화된 것

Nitrobacter, Nitrococcus에 의한 질화작용

질산이온(NO₃⁻)

에너지가 필요한 환원   호기성, 에너지 방출 산화   에너지 방출 산화와 연관된 혐기적 환원반응

ⓐ 생물학적 중요성: 아미노산, 단백질, 핵산을 구성하며 식물의 주요 제한요인임
ⓑ 이용가능형태: NH₄⁺, NO₂⁻, NO₃⁻

ⓒ 저장고: 질소가스(N_2), 퇴적물, 지표수와 지하수, 생물체

ⓛ 인 순환

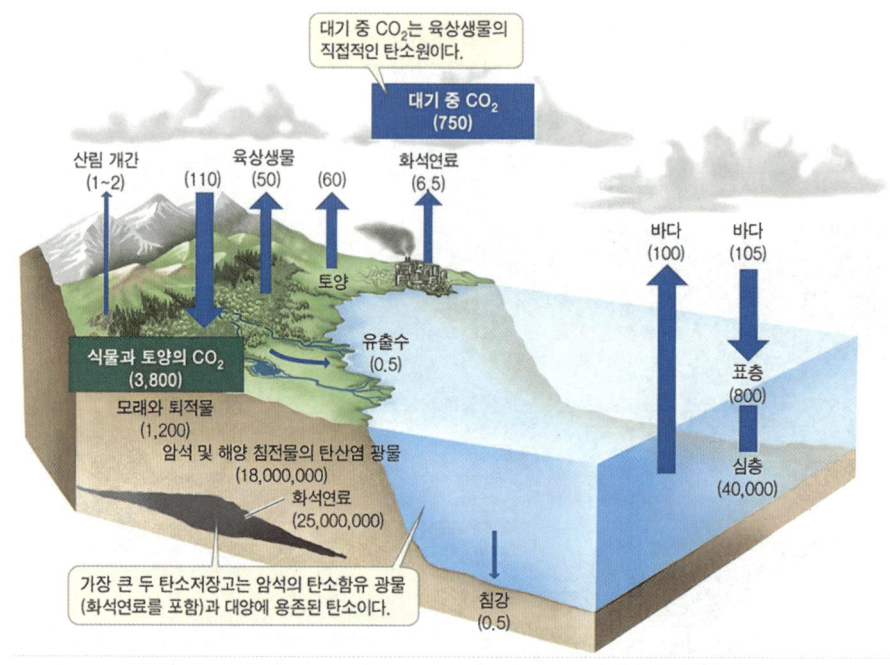

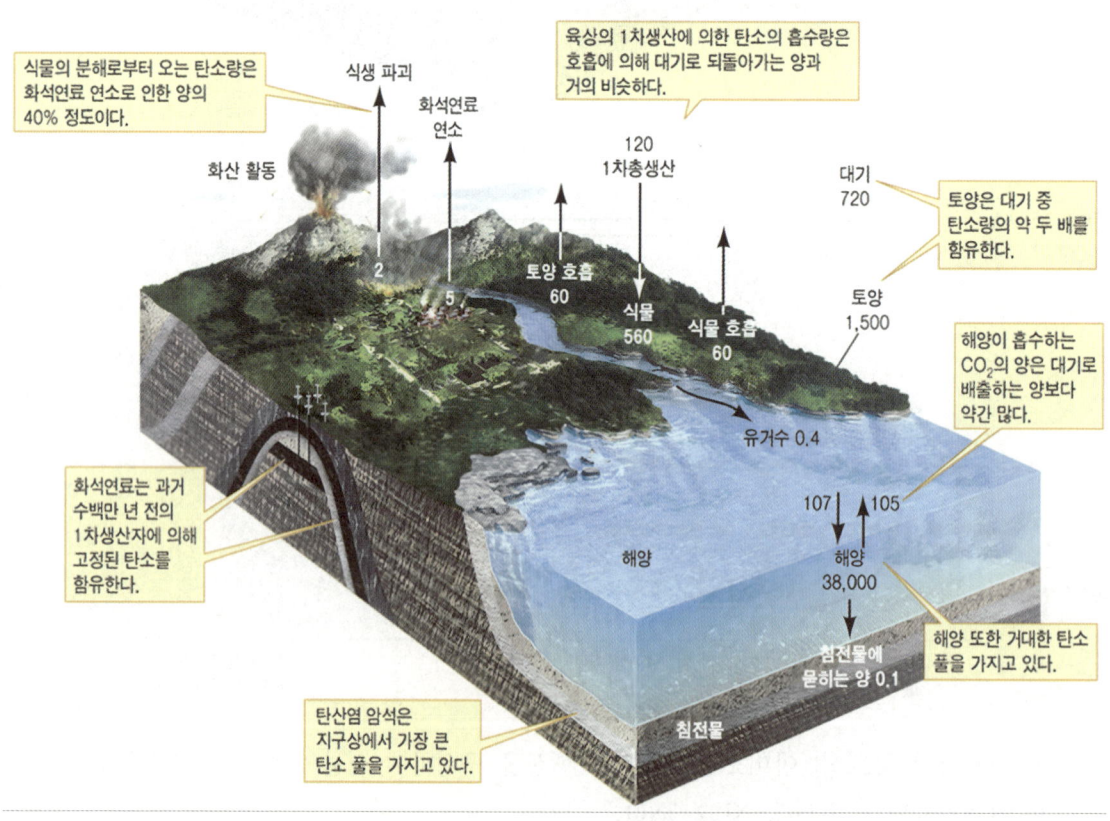

ⓐ 생물학적 중요성: 핵산, 인지질, ATP 등을 구성

ⓑ 이용가능형태: PO_4^{3-}

ⓒ 저장고: 바다에서 기원한 퇴적암, 토양, 대양, 생물의 몸체

(3) 분해와 양분순환율: 양분 순환율은 대부분 분해율의 차이에 기인함

㉠ 분해속도의 제한 요인: 온도와 수분, 가용한 영양분에 의해 제한되는데 따뜻한 생태계에서 더 빨리 자라고 물질을 더욱 빠르게 분해하게 됨

「연평균 기온과 낙엽 분해량과의 관계」

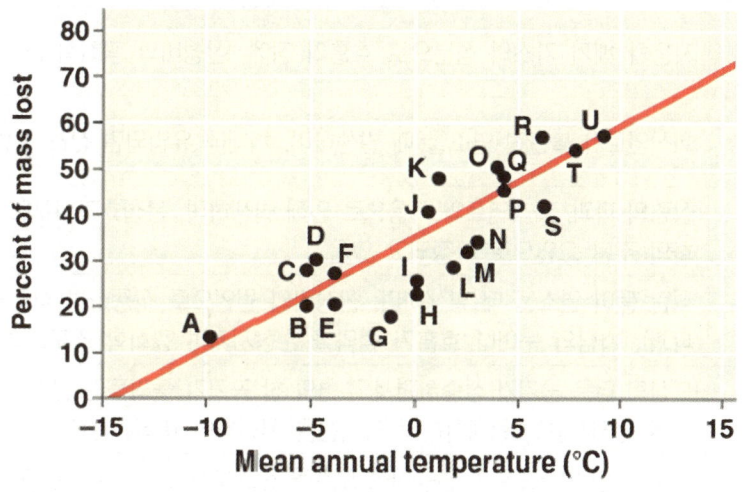

㉡ 각 생태계에서의 분해속도

ⓐ 열대우림: 분해속도가 빠르기 때문에 임상에 상대적으로 적은 양의 유기물이 낙엽으로 존재하는데 열대우림 토양에 양분이 적은 이유는 생태계의 양분이 적어서가 아니라 빠른 순환주기 때문임

ⓑ 온대림: 분해속도가 느리기 때문에 임상에 상대적으로 많은 양의 유기물이 토양에 존재함

20 보전 생태학(conservation ecology)

1 환경오염

(1) 대기오염

㉠ 대기 오염원 및 발생원인과 그 영향

오염원	발생원인 및 영향
질소 산화물 (NO, NO$_2$)	자동차 배기 가스의 성분으로 호흡기 장애, 산성비와 광화학 스모그를 발생시킴
일산화탄소 (CO)	화석연료가 불완전 연소할 때 발생하며, 체내에 유입되면 산소 운반률이 현저히 떨어짐
이산화탄소 (CO$_2$)	삼림의 파괴, 화석연료의 사용으로 인해 발생하며, 온실효과 기체로 작용하여 지구 온난화의 주된 요인으로 가정되고 있음
이산화황 (SO$_2$)	석탄 등이 연소될 때 발생하며, 산성비의 원인으로 작용하여 식물을 고사시키고(엽록소 파괴), 사람의 눈이나 호흡기 점막을 손상시키며 광화학 스모그의 원인이기도 함
먼지	도심의 더운 공기가 상승하면서 주변의 찬 공기가 몰려들어 먼지가 도시 상공에 떠 있게 되어 먼지지붕을 형성하는데 자외선을 차단하여 비타민 D의 결핍을 유발함
염화불화탄소 (CFC)	CFC의 염소는 오존과 반응하여 오존을 산소분자로 전환시키는데 오존이 파괴되면 지구 표면에 도달하는 자외선의 강도가 증가하여 각종 생물들에게 치명적인 영향을 끼치게 됨

㉡ 인간의 활동으로 인한 부정적 현상

ⓐ 온실가스와 지구온난화: CO$_2$의 농도 변화와 기온의 변화 추이가 유사한 양상을 보임

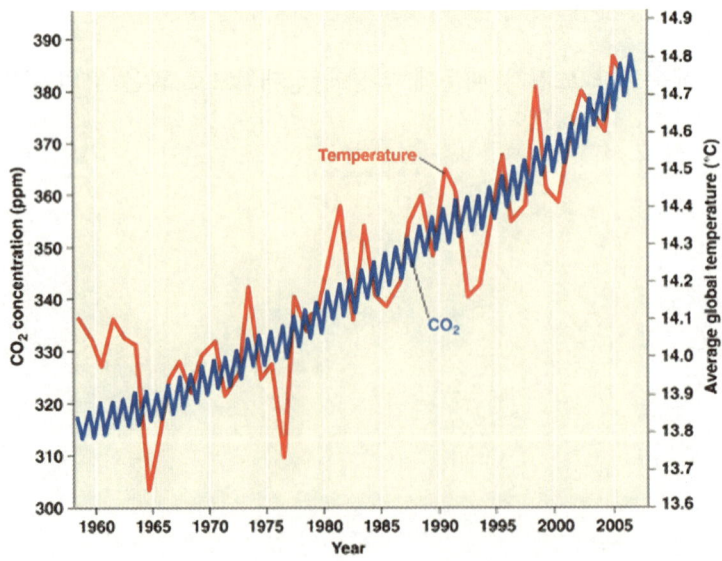

ⓑ 오존층의 파괴: CFC의 염소가 오존과 반응하여 오존을 산소로 전환시킴

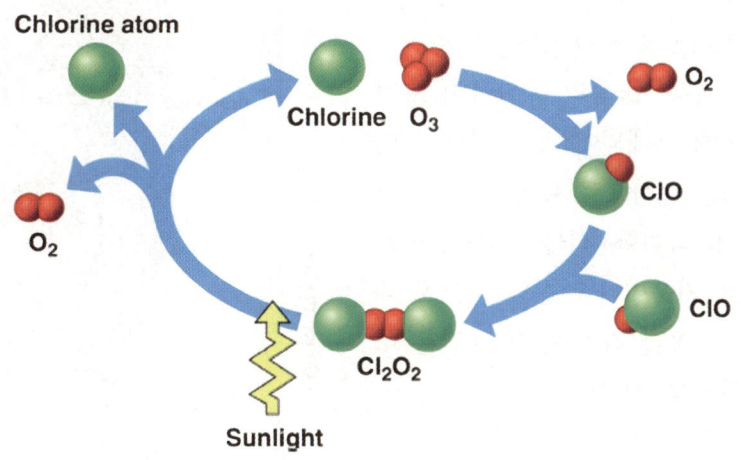

(2) 수질 오염

㉠ 수질오염의 기준과 현상

구분		설명
수질 오염 기준	DO (용존산소량)	물 속에 존재하는 산소의 양으로 DO가 높을수록 깨끗한 물임
	생물학적 산소 요구량	호기성 세균이 물 속의 유기물을 분해할 때 소모하는 산소의 양으로 BOD가 낮을 수록 깨끗한 물임 BOD=물을 채취한 즉시 측정한 DO-밀봉하여 20℃ 암실에서 5일동안 방치한 후의 DO
	COD(화학적 산소 요구량)	산화제가 물 속의 유기물을 분해할 때 소모하는 산소의 양으로 COD가 낮을 수록 깨끗한 물임
수질 오염 현상	부영양화	수질 오염으로 인해 질산염이나 인산염의 농도가 급격히 올라가는 현상. 부영양화로 인해 적조 현상(바다)이나 녹조 현상(하천, 호수)이 발생
	적조 현상	오염물질의 유입으로 인해 와편모류에 대량 번식하여 바닷물이 붉게 물들게 됨
	녹조 현상	부영양화로 인해 하천이나 호수에서의 녹조류, 남세균이 대량 번식하여 녹색빛을 띠게 됨
	생물 농축	DDT, PCB, 납, 수은, 카드뮴 등 생체 내에서 잘 분해되지 않는 물질 등이 생체내에 농축되는데 영양단계가 높을수록 생체 내에 더 높은 농도로 농축되는 것이 특징임

㉡ 인간의 활동으로 인한 부정적 영향

ⓐ 환경 속의 독성물질을 통한 생물농축 - 오대호에서의 PCB 생물농축

ⓑ 산성비: 산성도를 나타내는 pH가 5.6 미만인 비로서 자동차에서 배출되는 질소산화물과 공장이나 발전소, 가정에서 사용하는 석탄, 석유 등의 연료가 연소되면서 나오는 황산화물이

대기 중에 축적되어 수증기와 만나면 황산이나 질산으로 바뀐다. 이러한 물질들은 강산성이므로 비의 pH를 낮춤

ⓒ 하천의 자정작용: 물속의 유기물이 호기성세균에 의해 분해되어 정상 상태로 다시 깨끗해지는 현상으로 유속의 감소, 하천의 복개 및 직선화, 식물의 감소, 산소 감소, 세제의 거품이나 기름막 등으로 대기 중의 산소 공급 감소 등의 요인은 하천의 자정작용을 제한함

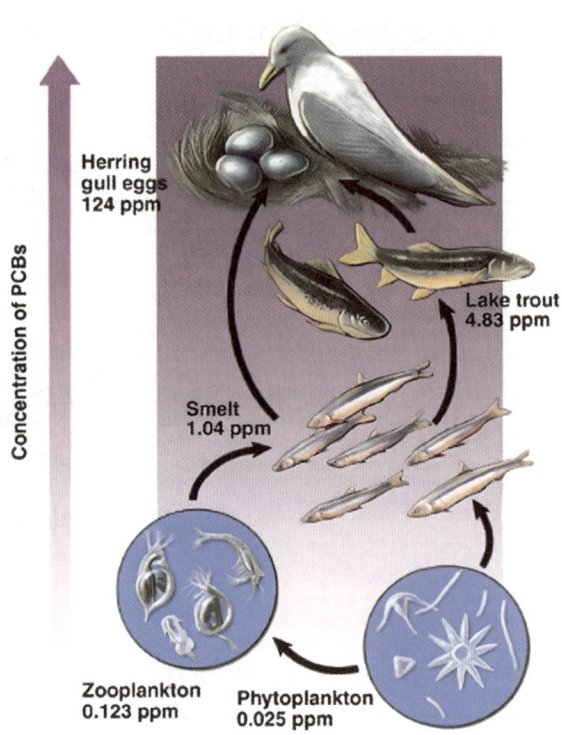

▶ 하천의 자정작용

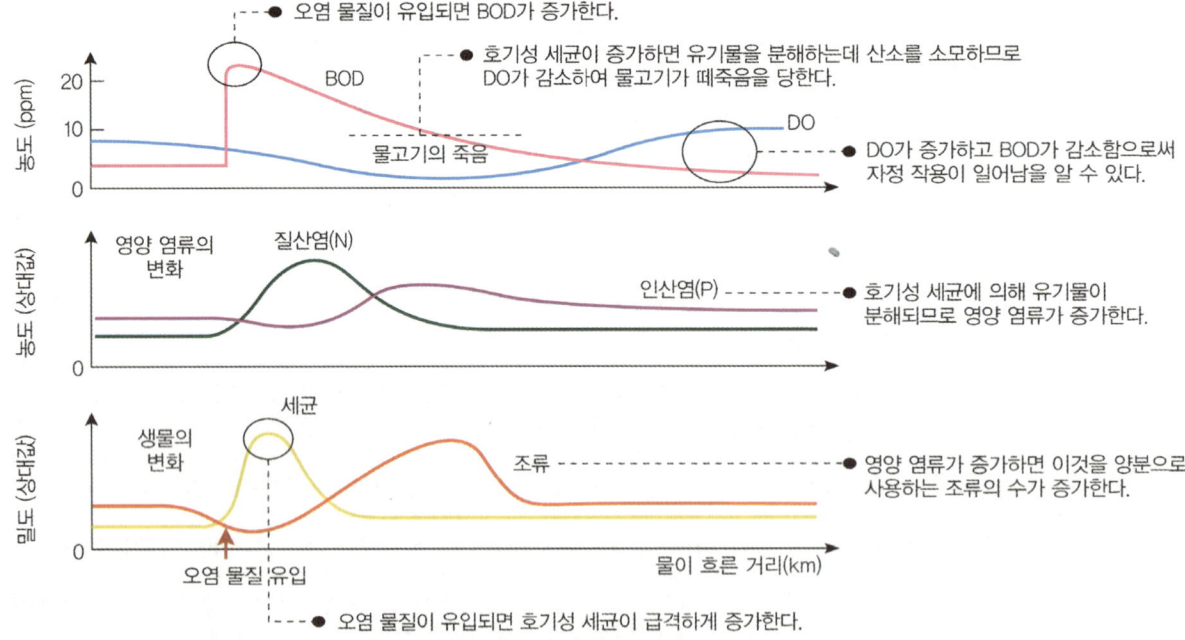

ㄹ 수질의 등급 기준

등급	이용	기준				
		DO(ppm)	BOD(ppm)	COD(ppm)	pH	지표생물
I	간단한 정수처리 후 식수로 사용 가능	7.5 이상	1 이하	1 이하	6.5~8.5	플라나리아
II	일반적 정수처리 후 수돗물로 사용 가능	5 이상	3 이하	3 이하	6.5~8.5	선충류
III	고도의 정수처리 후 생활용수, 공업 용수로 사용	5 이상	6 이하	6 이하	6.0~8,5	거머리
IV	공업 용수로 사용	2 이상	8 이하	8 이하	6.0~8.5	물벌레
V	사용할 수 없는 물	2 이상	10 이하	10 이하	6.0~8.5	실지렁이

2 보전 생태학(conservation ecology)

(1) 생물 다양성을 위협하는 요인

ㄱ 서식지 파괴: 작은 구역은 넓은 영역을 필요로 하는 종 개체군을 유지할 수 없는데 구역 크기가 작을 수록 인접한 서식지 상태에 영향을 많이 받는데 이것을 주변효과(edge effect)라고 함

「서식지의 단편화」

 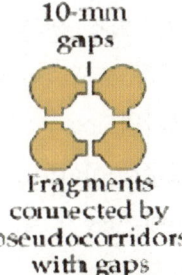

Fragments connected by 7-cm corridors

10-mm gaps

Fragments connected by pseudocorridors with gaps

14% of the species went extinct after 6 months.

41% of the species went extinct after 6 months.

ⓛ 외래종의 도입: 외래종의 도입으로 많은 토착종이 절멸될 가능성이 높아짐

ⓒ 남획: 인간의 무차별 사냥으로 인한 개체군 감소가 일어남

(2) 개체군의 보존

㉠ 소개체군 접근법: 개체군의 멸종 과정에 대한 연구를 통해 개체군 보존 방법을 강구함

ⓐ 절멸의 소용돌이: 작은 개체군은 유전적 부동이나 근친교배의 양성 되먹임 회로를 통해 점점 더 작은 개체군이 되는 소용돌이로 들어가기 쉬움

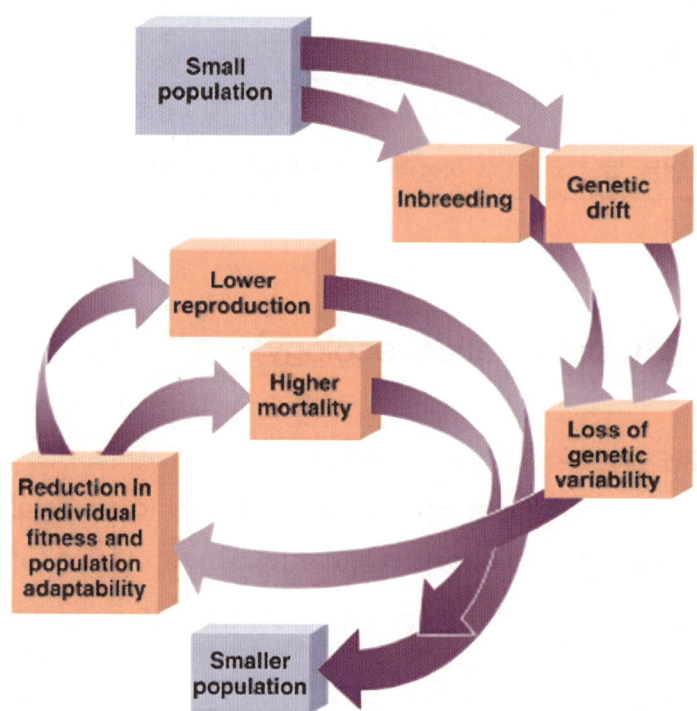

ⓑ 최소 생존 개체군 크기: 최소 생존 개체군(minimum viable population; MVP)이란 한 종이 그들의 수를 유지하고 생존할 수 있는 최소한의 개체군의 크기로 절멸의 소용돌이가 시작되는 개체군의 크기임

ⓒ 유효 개체군(effective population) 크기: 번식 개체군 성비를 고려한 개체군 크기로 의미 있는 MVP를 추정하는데 이용이 됨. 예를 들어 어떤 개체군에 수컷만 존재한다면 유효 개체군은 0이 됨

$$N_e = \frac{4N_fN_m}{N_f+N_m}$$

예를 들어 개체군의 크기가 1000이고 수컷이 600마리, 암컷이 400마리인 경우 유효개체군의 크기는 다음과 같음

$$N_e = \frac{4 \times 400 \times 600}{N_f+N_m} = 960$$

ⓛ 감소 개체군 접근법: 개체군이 최소 생존 크기보다 훨씬 많을지라도 개체수가 줄어드는 경향을 보이는 멸종 위협, 멸종 위기 개체군을 주 대상으로 함. 소개체군 접근법이 개체군의 크기 자체에 주목하는 방법이라면 감소 개체군 접근법은 개체군을 감소하게 만드는 환경요소에 주목하는 것이 특징임

「감소 개체군 분석 단계」

① 종이 현재 감소하고 있거나, 이전에는 더욱 널리 분포하였거나 풍부하였다는 것을 확인하기 위하여 개체군의 변화양상과 분포를 확인함
② 종이 요구하는 환경조건을 결정하기 위하여 연구 문헌 조사를 포함하여 이 종과 관련된 종들의 자연사를 연구함
③ 인간의 활동과 자연적 사건을 포함하여 감소의 원인이 될 수 있는 모든 가정을 도출하고 목록으로 작성함
④ 많은 요소들이 감소와 관련되었을 수 있으므로 우선 가능성이 가장 높은 것부터 확인함
⑤ 진단 결과를 멸종 위협종의 관리에 적용하고 회복되는 것을 점검함

(3) 경관과 지역 보존: 생물 다양성 유지를 목적으로 함

㉠ 단편화된 서식지를 연결하는 연결통로 만들기
㉡ 보호지역을 지정함

21 생물지리 생태학

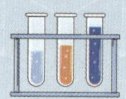

1 수생물군계

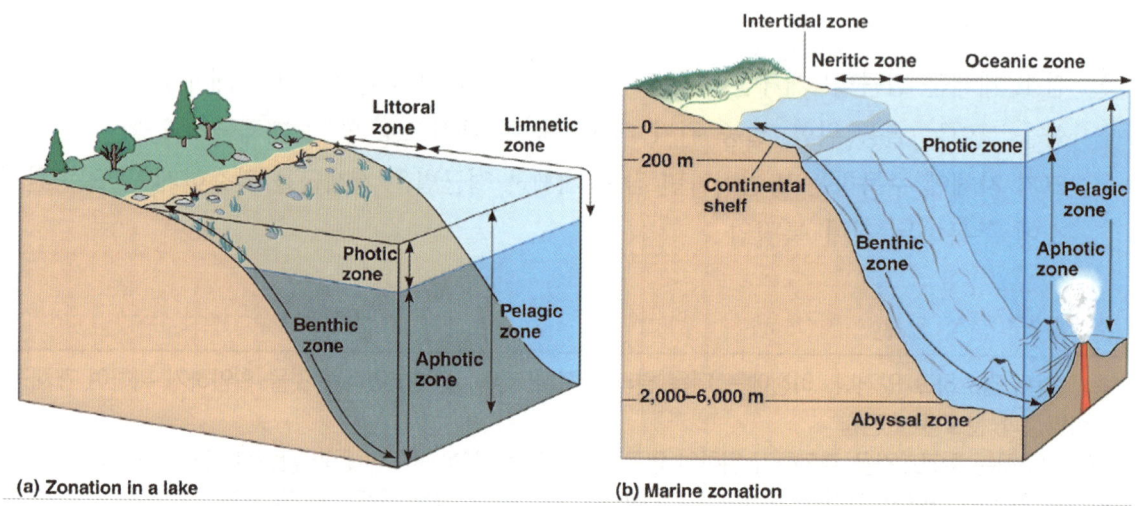

(a) Zonation in a lake   (b) Marine zonation

(1) 수생물군계의 층화현상

호수와 해양에서는 물 자체와 광합성 식물들이 빛을 흡수하기 때문에 빛의 세기는 수심이 깊어짐에 따라 감소하는데 이에 따라 호수와 해양은 물리적, 화학적 층화 현상을 보이게 됨

ㄱ 투광대(photic zone): 광합성을 하는 생물들이 이용할 수 있는 충분한 빛이 도달하는 상층부

ㄴ 무광대(aphotic zone): 투광대 아래층에 위치하여 빛이 도달하지 못하는 하층부

ㄷ 저생대(benthic zone): 수생물군계의 가장 아랫부분으로 모래와 유기 및 무기 퇴적물로 이루어져 있으며 저생동물이라 불리는 생물군집이 서식함. 저생동물의 주된 먹이원은 투광대의 표층수에 살다가 죽은 생물들이 가라앉은 잔재물임

ㄹ 심해(abyssal zone): 해저의 가장 깊은 지역

ㅁ 수온약층(thermocline): 급격한 온도변화가 일어나는 얇은 층

(2) 수생물군계의 종류

ㄱ 호수: 다양한 규모의 정체된 수괴

ⓐ 물리적 환경: 깊어질수록 빛이 들어오지 않으며 온도 차이를 보이는 층을 형성하마. 온대 지역의 호수들은 계절적인 수온약층을 형성하기도 하며 열대 저지대의 호수에서는 수온약층이 연중 유지됨

「호수의 계절적 층화와 전도 현상」

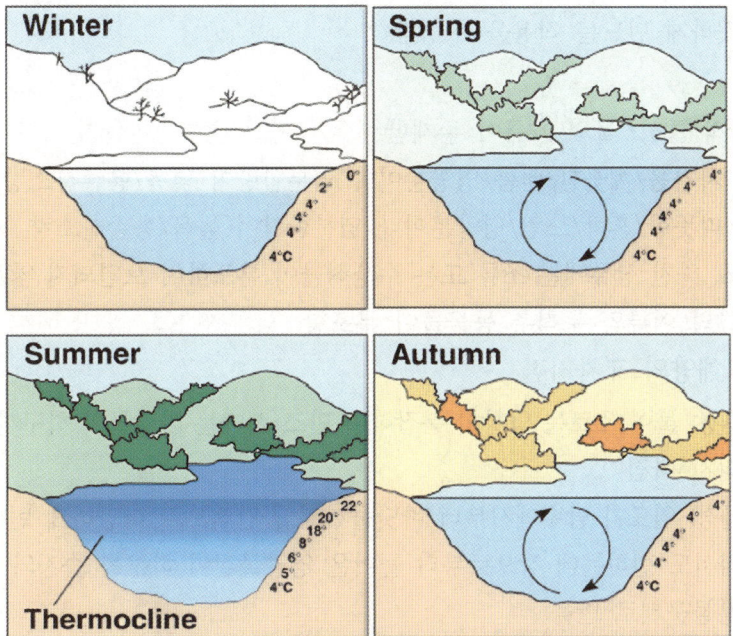

ⓑ 화학적 환경: 염도, 산소농도, 영양물질의 함유량에 따른 구분

　　1. 빈영양호수(oligotrophic lake): 영양염류량이 낮으며, 산소함량이 높고, 호수바닥 침전
　　　물 중 분해가능 유기물량이 많으며, 광합성률이 낮음

　　2. 부영양호수(eutrophic lake): 영양염류량이 높으며, 산소함량이 낮고, 호수바닥 침전물
　　　중 분해가능 유기물량이 적으며, 광합성률이 높음

ⓒ 생물 분포

　　1. 연안대(littoral zone): 수생식물이 분포함

　　2. 준조광대(limnetic zone): 뿌리를 내리고 사는 수생식물이 존재하지 않으며 식물성 플랑
　　　크톤 및 남세균, 동물성 플랑크톤 등이 서식함

　　3. 저생대(benthic zone): 다양한 무척추동물이 서식함

ⓛ 습지: 수생식물이 살 수 있을 만큼 충분히 오랜기간 동안 물에 잠겨있는 지역으로 지구상에
　　서 가장 생산적인 생물군계 중 하나임

ⓐ 물리적 환경: 항상 침수되어 있는 곳에서부터 가끔 물에 잠기는 지역까지 다양함

ⓑ 화학적 환경: 식물에 의해 유기물이 생성되고 미생물 등에 의한 분해율이 높아서 용존산소량
　　이 주기적 변동을 보이며 용해된 영양물질과 화학오염 물질을 걸러내는 생물정화능력이 탁
　　월함

ⓒ 생물 분포: 육지와 물을 이어주는 중간단계의 생태적 환경특성은 높은 종 다양성을 보임.
　　습지는 오랜 세월동안 많은 양의 퇴적물이 쌓이고 쌓여 대규모 수생식물들이 자랄 수 있는

여건을 만들며, 이들 식물을 시작으로 절지동물, 양서류, 파충류 등 먹이사슬이 잘 형성되어 있으며 습지에 사는 많은 식물들은 물에 포함된 질소, 인 등 여러 가지의 영양물질을 흡수해 물을 깨끗하게 만드는 작용을 수행함

ⓒ 하천과 강

ⓐ 물리화학적 특성: 물의 흐름이 존재함

1. 상류: 차가움/깨끗함/빠름/영양분이나 염분함량이 낮음/용존산소량 많음/좁음

2. 하류: 따뜻함/혼탁/느림/영양분이나 염분함량이 높음/용존산소량 적음/넓음

ⓑ 생물 분포: 하천 상류에는 조류 또는 수생식물이 분포하며 오염되지 않은 강과 하천에는 다양한 종류의 어류와 무척추 동물들이 분포함

ⓔ 하구: 강과 해양의 교차지점

ⓐ 물리적 환경: 물이 흐르는 양상이 복잡하며 만조 시에는 바닷물이 하구까지 올라왔다가 간조 시에는 다시 빠짐

ⓑ 화학적 환경: 염도가 담수에서부터 바닷물까지 공간적으로 다양하게 변하며 조수 간만의 차이에 따라서도 변하는데 강으로부터 들어온 영양물질이 하구를 습지와 마찬가지로 가장 생산적인 생물군계로 만듦

ⓒ 생물 분포: 염성습지의 풀과 식물성 플랑크톤을 포함하는 조류가 하구의 주요 생산자이며 강의 하구는 지렁이, 굴, 게 등 많은 종류의 어류가 서식함

ⓜ 조간대

ⓐ 물리적 환경: 높이에 따라 물리적 환경이 변하므로 생물들의 분포가 특정 층에 제한되어 있음

ⓑ 화학적 환경: 산소와 영양물질의 수준이 일반적으로 높으며 매번 조수가 들어올 때마다 새로 공급됨

ⓒ 생물 분포: 다양한 종류의 해조류들은 주로 조간대의 아래쪽 지역의 암반에 부착해 서식하는데 모래로 이루어진 조간대는 기질의 불안정성으로 인해 부착식물이나 조류가 번식할 수 없으나, 사방이 둘러싸인 만이나 석호는 해초와 조류 번식 가능성이 있음. 암석으로 이루어진 조간대에는 많은 동물들이 단단한 기질에 부착해서 살 수 있도록 적응이 되어 있음

ⓗ 대양생물군계: 지속적으로 바람에 의해 해류가 섞이는 넓고 푸른 해양을 가리키며 지구표면의 70%를 차지함

ⓐ 물리적 환경: 물이 매우 깨끗하기 때문에 해안가의 해양보다 빛이 더 깊숙한 곳까지 투과됨

ⓑ 화학적 환경: 용존산소량이 일반적으로 높으며 영양물질 농도는 해안가보다 낮음. 봄, 가을의 물의 전도현상을 통해 온대나 고위도 해양 투광대에 영양물질을 재공급함

ⓒ 생물 분포: 식물성 플랑크톤이 해류를 따라 흘러다니며 봄에 일어나는 온대 해양에서의 물의 전도현상과 영양물질의 재공급은 식물성 플랑크톤의 개체수를 큰 폭으로 증가시킴. 동물성 플랑크톤도 풍부하며 오징어, 물고기, 바다거북, 해양 포유류 등의 많은 동물들도 서식함

ⓐ 산호초: 주로 산호의 탄산칼슘 골격으로 형성됨

　ⓐ 물리적 환경: 산호는 물의 투명도가 높고 상대적으로 안정한 열대 해양의 얕은 투광대에서만 서식하는데 8~20℃ 이하의 온도와 30℃ 이상의 온도에 민감한 것이 특징임

　ⓑ 화학적 환경: 높은 산소농도를 요구하여 담수나 영양물질 유입량이 높은 곳에서는 살지 않음

　ⓒ 생물 분포: 산호조직 내의 단세포 조류(와편모류)는 산호충류와 상리공생 관계를 형성하며 다세포 홍조류와 녹조류도 상당량의 광합성을 수행함. 산호가 우점종이며 다양한 물고기와 무척추동물 등도 많이 서식함. 산호초의 동물 다양성은 열대우림의 동물 다양성이 버금감

◎ 해양저생대: 해안 근처의 천해대와 원양대의 해저로 구성됨

　ⓐ 물리적 환경: 깊이가 깊어짐에 따라 빛의 양과 물의 온도는 감소하며 압력은 상승하는데 매우 깊은 해저나 심해대에 사는 생물들은 계속되는 추위와 커다란 압력에 적응되어 있음

　ⓑ 화학적 환경: 산소량이 충분함

　ⓒ 생물 분포: 광합성 조류는 햇빛이 들어오는 얕은 저생대에서만 제한적으로 서식하며 심해 열수구에는 H_2S를 산화시켜 유기물을 합성하는 화학독립영양군집이 존재함. 얕은 연안대의 저생대에는 많은 무척추동물과 물고기들이 서식하며 빛이 들어오지 않는 지역의 종속영양생물은 위로부터 내려오는 유기물이나 화학독립영생물이 합성한 유기물에 의존함

(2) 육상 생물군계

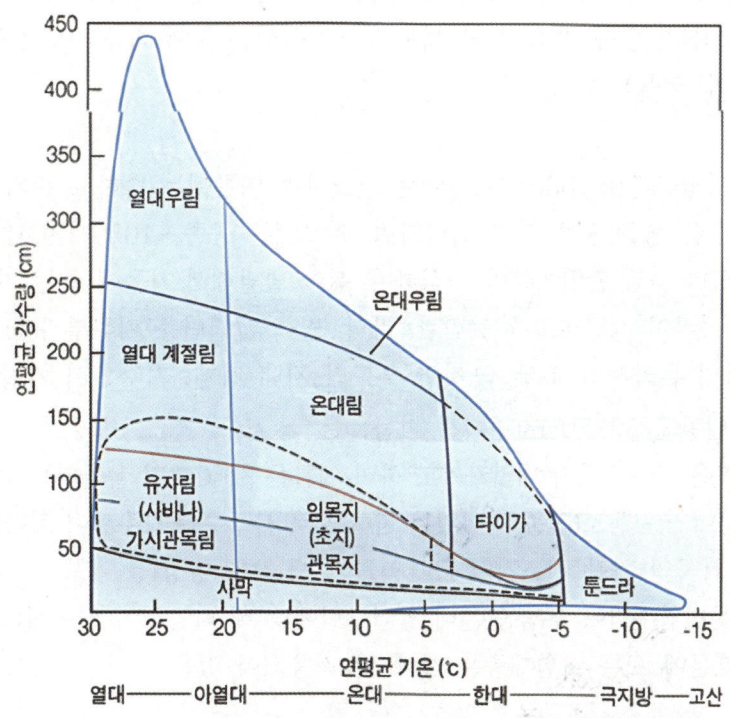

㉠ 열대림(적도대나 아적도대 지역)

  ⓐ 강수량: 열대우림은 연간 200~400cm 정도로 매년 일정하며 식물과 동물의 생활형이 다양하고, 열대건조림은 연중 150~200cm로 계절에 따라 집중적임

  ⓑ 온도: 연중 25~29°C로 계절적 변화가 거의 없음

  ⓒ 식물: 열대우림은 활엽 상록수가 우점하나 열대건조림은 건조 낙엽성 교목, 관목이 우점함. 열대림에는 착생식물이 분포하는 것이 특징임

㉡ 사막(남북으로 위도 30°C 부근지역, 대륙의 안쪽)

  ⓐ 강수량: 연중 30cm 이하로 변이가 심함

  ⓑ 온도: 계절에 따라, 하루 중 시간에 따라 변이가 심함(50~30°C)

  ⓒ 사막식물: 열과 건조에 대한 내성이 있으며, 수분 저장조직이 발달되어 있고 잎 표면적 감소가 특징임. 가뭄기간을 종자 형태로 보내는 단명식물과 C4, CAM 식물이 많음

㉢ 사바나(적도와 아적도대 지역): 초본과 산재한 관목 또는 교목으로 이루어진 지면 피복이 특징(개방초지~목본식생피복에 이르기까지 다양한 식생 유형 포함) ex. 북미 프레리, 유라시아 대륙 중앙의 스텝, 아르헨티나의 팜파스

  ⓐ 강수량: 연간 30~50cm(계절적; 건기가 8~9개월 가량 지속), 뚜렷한 계절적 강우가 있고 총 강수량이 연간 크게 변하는 온난한 대륙성 기후를 지님

  ⓑ 온도: 연평균 24~29°C 정도(열대우림보다 계절적 차이가 큼)

  ⓒ 식물: 목본은 드문드문 분포하며 가시지닌 나무(잎 표면적이 감소되어 있어 건기 동안의 적응력이 있음)가 많음. 빈발한 불 때문에 우점식생은 불에 적용되어 있으며 2층의 수직구조(초본/관목, 교목)

㉣ 온대초원

  ⓐ 강수량: 연평균 30~100cm(겨울에는 건조하며 여름에는 습하고 주기적 가뭄이 발생함)

  ⓑ 온도: 여름은 종종 30°C까지 올라가며, 겨울에는 종종 -10°C까지 내려감

  ⓒ 식물: 다양한 풀과 활엽초본이 서식하며, 봄에 발달해서 가을에 죽는 키가 크고 초록색이며 1년생인 초본이 생장하고 3층(임관, 마디, 방석잎/지면층/지하뿌리층)으로 구성

㉤ 침엽수림(북미 유라시아 북부~극지방 툰드라 지대 경계; 지구에서 가장 큰 육상 생물군계)

  ⓐ 강수량: 연평균 30~70cm(주기적 가뭄)

  ⓑ 온도: 겨울은 -70°C까지 내려가기도 하며 여름은 30°C까지 올라가는 등 온도변화가 심하며 많은 부분이 영구동토(연중 얼어있는 지하부)로 불투수층(강수량이 적더라도 지면은 물에 젖어 있어 북극의 가장 건조지역에도 식물이 생존)을 형성

  ⓒ 식물: 상록침엽수림이 우점종(온대 활엽수림에 비해 다양성이 떨어짐). 불이 반복적으로 일어나기 때문에 모든 아한대종은 불에 잘 적응되어 있음

ⓗ 온대활엽수림(북반구 중위도 지역)

    ⓐ 강수량: 연평균 70~120cm

    ⓑ 온도: 겨울에는 평균 0℃ 정도이며 여름에는 최대 30℃정도까지 올라감

    ⓒ 식물: 뚜렷하고 매우 다양한 수직층(상부수관층, 하부수관층, 관목층, 지표층)을 형성하며 낙엽성 목본이 우점함. 겨울철 잎이 없는 시기로 들어가기 전 생육기 말의 단풍이 특징임

ⓢ 툰드라(북극지방; 지구표면의 20% 덮음): 영구동토와 식생, 열의 전달이 특징임

    ⓐ 강수량: 연평균 20~60cm

    ⓑ 온도: 겨울철에는 평균 -30℃이며 기간이 길고, 여름철에는 일반적으로 10℃ 이하이며 시원함

    ⓒ 식물: 대체로 초본류, 지의류와 이끼, 활엽초본, 관목이 서식함. 구조적으로 식생은 단순하며 종 수는 적고 매우 느리게 생장하는 경향이 있으며 부단한 교란에 견딜 수 있는 종만이 생존함. 북극식물은 거의 전적으로 무성생식으로 번식하며 여름에 24시간 낮동안 광합성을 수행함(약 3개월 정도). 지상부의 비율보다 지하부의 비율이 더욱 큰 것도 특징임

22 동물의 행동과 행동 생태학

1 동물의 행동 유형

(1) 유전적 행동

선천적 행동이라고도 하며 본능적 행동이라고도 하는데 즉 유전적으로 프로그래밍 되어 처음부터 완벽하고 그 기능을 수행할 수 있는 형태로 나타나는 행동임

「유전적 행동의 예 – 제갈매기 새끼의 먹이요구반응」

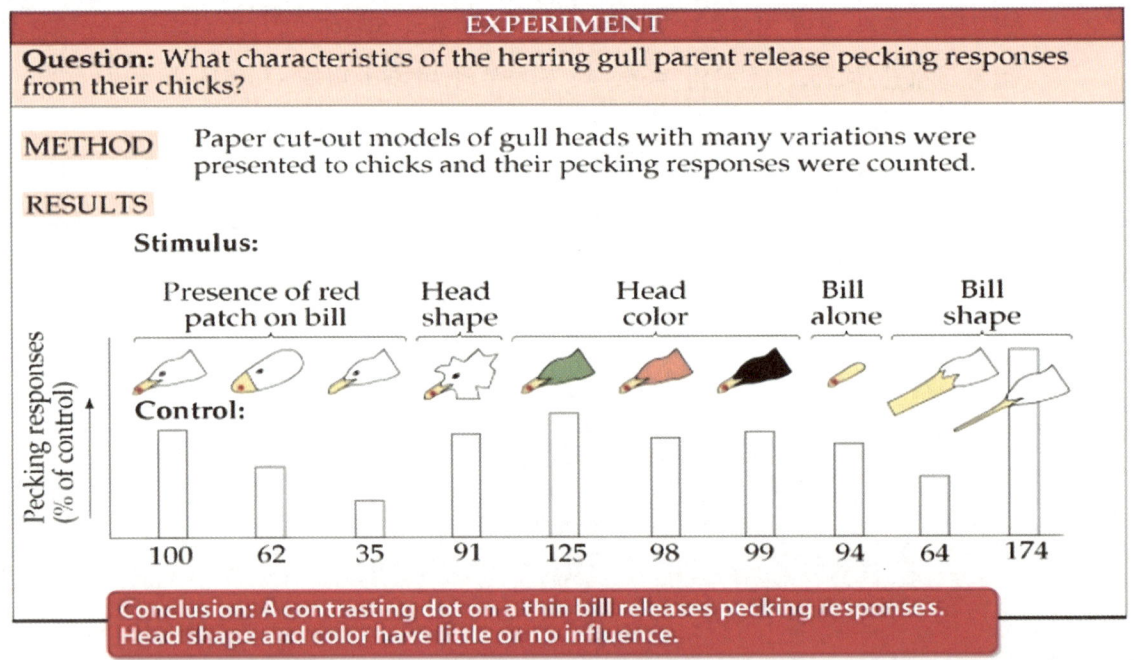

제갈매기 새끼의 먹이요구반응은 부모의 아랫부리에 있는 빨간 점에 의해 유발되는데 이 신호자극은 배고픈 새끼 갈매기로 하여금 부모의 부리에 있는 점을 쪼도록 함. 부모 부리에 있는 빨간 점이 새끼의 먹이요구반응을 유발한다는 것은 제갈매기 부리와 유사하게 생긴 인공부리에 대해서도 동일한 반응이 나타난다는 사실을 통해 확인할 수 있음

ⓐ 특징: 매우 정형화되어 있는 고정행동양식(fixed action pattern)을 보이는데 즉 특정 신호에 의해 유발될 때 거의 매번 행동이 똑같은 양상으로 나타나게 됨

ⓑ 자극유도체(releasers): 신호 자극(sign stimulus)이라고도 하며 유전적 행동을 유발할 수 있는 특정 자극으로서 일반적으로 동물이 이용할 수 있는 감각정보의 간단한 부분집합체(subset)임

(2) 학습(learning): 경험을 통해 행동반응이 변화하는 과정

⊙ 각인(imprinting): 생애 초기의 결정적 시기(critical period)에 일어나는 학습으로서 각인을 통해 자기를 돌보는 사람을 알아보는 법이나 적당한 짝을 고르는 법을 배우게 됨 ex. 거위의 어미인식, 염소의 새끼 인식

ⓛ 조건화(conditioning): 연상학습이라고도 하며 동물의 행동이나 반응을 어떤 조건과 결부시키는 실험적 수법 또는 그와 같은 과정을 가리킴

　　ⓐ 고전적 조건화(classical conditioning): 파블로프형 조건화라고도 하며 동물이 전혀 연관성이 없는 두 현상을 연관지어 생각하게 되는 과정임 ex. 종소리와 개의 침흘림

　　ⓑ 작동적 조건화(operant conditioning): 동물이 자발적인 행동과 바람직한 결과를 연결 짓는 것을 학습하는 과정으로서 보상을 받기 위해 특정한 행동을 수행하게 됨

ⓒ 습관화(habituation): 보상이 즉각적으로 이루어지지 않는 자극이 빈번하게 주어질 때 그에 대한 반응성이 떨어지는 경향이 있는데 이러한 반응성이 떨어지는 학습 행동을 가리킴 ex. 군소(*Aplysia*)의 움츠림 행동

ⓔ 통찰학습(insight learning): 시행착오적인 반응의 반복이 아니라 환경의 자극 요소들을 유의미한 전체로 관련짓고 의미있는 인지 구조를 형성하는 통찰에 의해 학습하는 것

2 호르몬과 행동

(1) 호르몬의 신경 네트워크 발달 조절

명금류 금화조의 예: 금화조는 수컷만이 구애 노래를 부름. 어린 수컷의 뇌는 그의 아비 새의 소리를 들음으로써 소리의 유형에 대해 배우게 되며, 다음 해 봄 동안 테스토스테론의 영향 하에서 소리를 표현하는 것을 배우고 신경계에 확실히 인식되면서 종 특유의 노래 행동을 하게 됨. 명금류 수컷에서 테스토스테론은 학습과 표현된 소리에 필요한 뇌의 일부분을 자라게 하는데 봄마다 수컷 뇌의 특정 부분이 자라는 것을 볼 수 있음

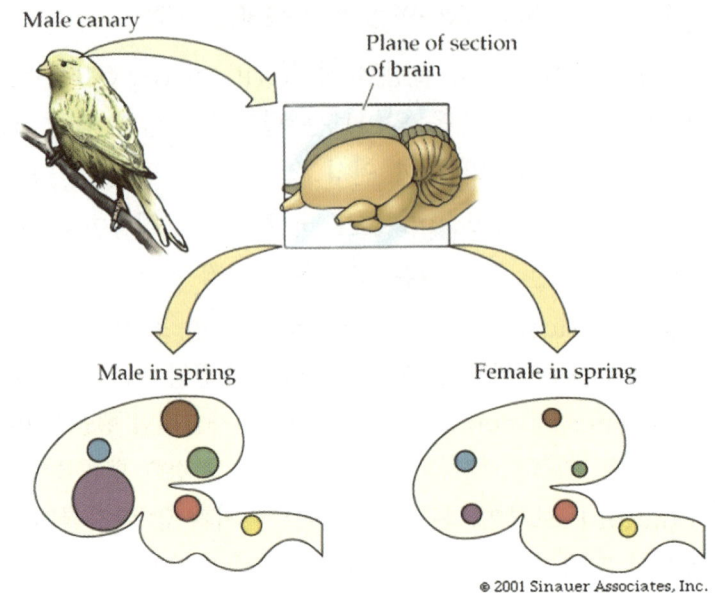

(2) 호르몬 농도 변화에 의한 행동 변화

꿀벌의 예: 일벌은 나이가 들어감에 따라 다른 종류의 일을 하게 되는데 15일이 되지 않은 일벌은 애벌레를 돌보고 벌집을 수리하는 한편, 15일이 지난 일벌은 밖에 나가 다른 벌이 먹을 수 있는 꽃꿀과 꽃가루를 가지고 옴. 이러한 행동변화는 유충호르몬의 농도가 높아져 생기게 되는데 유충호르몬은 꿀벌이 나이가 들면서 증가하며 특정 뇌세포의 유전자를 자극하여 신경계 기능에 영향을 주는 단백질을 만들도록 함으로써 꿀벌의 행동에 영향을 주게 됨

3 동물의 이동

(1) 이주 행동의 유발

일조시간 등의 환경 변화에 의해 동물의 호르몬 농도가 변화하여 이주 행동이 유발되는데 특히 계절적인 먹이량 변동에 의해 이주행동이 진화를 설명하는 관점이 가장 타당성 있음

(2) 동물이 길을 찾는 방식

이동하는 동물은 길 찾기 메커니즘을 이용하여 목적지를 찾는데 크게 진로 찾기, 나침반 정위, 항로 결정의 세 가지로 분류됨

㉠ 진로 찾기(piloting): 가장 간단한 메커니즘으로서 동물들이 친숙한 지표를 이용하여 길을 찾는 방식임대부분의 동물들은 주변 구조를 익히고 기억함으로써 길을 찾음. 예를 들어 나

나니벌 암컷은 먹이를 찾아 나선 뒤 시각지표를 이용하여 둥지로 돌아오는 것이 증명된 바 있음

- ⓒ 나침반 정위(compass orientation): 거리-방향 항법으로서 동물이 특정 거리를, 특정 시간동안 특정 방향으로 움직일 수 있게 하는 길찾기 방식임. 예를 들어 낮에 이주하는 새들은 몸에 내재된 생물학적 시계와 함께 하늘에 있는 태양의 위치나 밤하늘의 별의 위치를 이용하여 방향을 잡음
- ⓒ 항로 결정(navigation): 이중좌표 항법으로서 동물이 방향을 잡게 해주는 나침반 뿐 아니라 자신이 목적지의 위치를 기준으로 어디에 있는지를 알려주는 '머리속 지도'를 이용하여 특정 목적지를 찾는 메커니즘임

4 정보 교환

(1) 정보 교환을 위한 신호의 종류

- ㉠ 시각신호(visual signal): 많은 동물들은 시각 채널을 통해 신호전달을 하는데 신호자의 위치를 명확하게 지시할 수 있다는 장점이 있으나 복잡한 환경에서는 시각적 정보교환이 제한될 수 있다는 단점이 존재함
- ㉡ 청각 신호(acoustical signal): 많은 동물들은 청각 채널을 사용하는데 청각 신호는 시각신호가 효과적이지 못한 밤이나 복잡한 환경에서도 멀리 떨어진 수신자에게 신호가 전달될 수 있다는 장점이 있으나 포식자에 쉽게 노출될 수 있다는 단점이 존재함
- ㉢ 화학적 신호(chemical signal): 많은 동물들은 후각 채널을 통해 수신자에게 화학적 신호를 전달하는 방법을 이용하는데 특히 포유류와 곤충은 페로몬을 분비함. 페로몬은 극소량이 분비되지만 동종 다른 개체들의 행동에 영향을 주는 물질임
- ㉣ 촉각 신호(tactile signal): 아주 단거리에서는 유용한 정보 교환 신호임
- ㉤ 전기적 신호(dlectrical signal): 몇몇 담수어류, 특히 진흙이 가득 차 시각 신호가 이용될 수 없는 열대의 강 속에 사는 어류들은 전기적 신호를 통해 정보 교환을 수행하는데 이들은 전기적 신호의 강도, 기간, 빈도를 조절할 수 있는 기관이 있음

(2) 꿀벌의 정보 교환

꿀벌은 꽃가루나 꿀벌을 찾는데 필요한 복잡한 메시지를 전달하기 위해 촉각, 청각, 화학적 신호를 이용함

- ㉠ 먹이가 75m 이내의 근거리에 있는 경우: 일벌은 둥근 춤(round dance)을 추는데 작은

원을 그리면서 배를 앞뒤로 흔듦. 춤을 추는 일벌을 둘러싼 일벌들은 짧은 소리를 내는데 이는 춤을 추는 일벌로 하여금 가져온 먹이를 조금 토해내도록 하는 것이며 이렇게 토해낸 먹이는 다른 일벌에게 화학적 신호로 작용하여 이 신호를 받은 일벌들은 똑같은 종류의 먹이를 찾으러 밖으로 나가게 됨

ⓛ 먹이가 원거리에 있는 경우: 일벌은 한쪽으로 반원을 그리고 배를 흔들며 직진한 뒤 다른 쪽으로 반원을 그리는 흔들 춤(waggle dance)를 추는데 배를 흔들 때 일벌은 '즈즈즈'하는 소리를 짧게 냄. 일벌이 직진하는 방향과 벌집이 이루는 각도는 태양의 위치에 상대적으로 먹이가 있는 위치를 가리키며 배를 흔들며 소리를 내는 기간은 먹이까지의 거리를 나타내는 것임

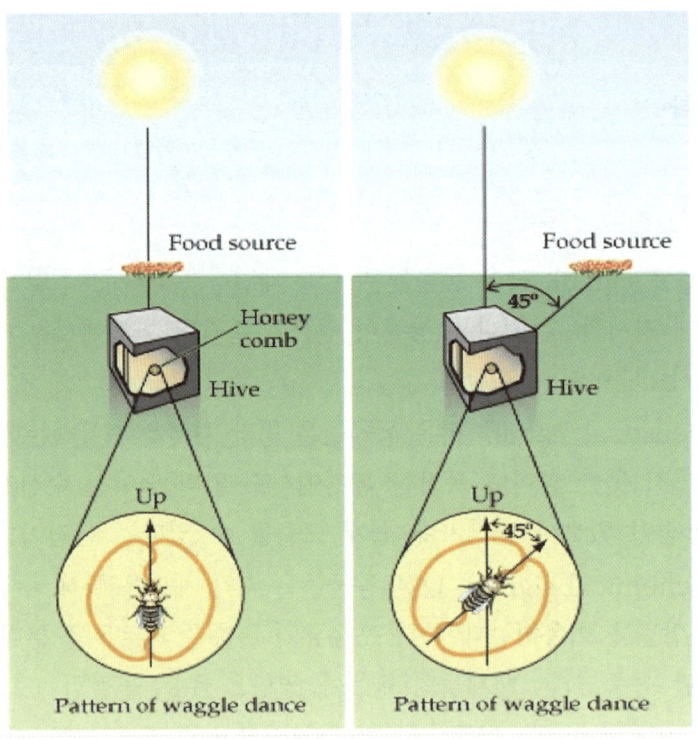

5 서식지의 선택과 먹이 찾기

(1) 서식지의 선택과 영역성

㉠ 서식지의 선택: 선택되는 서식처는 생존과 생식에 적합한 조건을 지니고 있어야 하는데 일반적으로 많은 동물의 서식지 선택은 적응적이며 자연선택의 영향을 받게 됨

유럽에 서식하는 근연종인 청박새와 진박새의 경우 청박새 성조는 주로 참나무에서 애벌레를 잡아 먹고 진박새는 소나무에서 애벌레를 잡아먹는데 새끼들을 데려다가 나무가 없는 사육장에서 키우면서 참나무 가지와 소나무 가지를 넣어주었더니 진박새는 즉각적으로 소나무에 청박새는 참나무에 모여들었음. 이는 이들 조류의 서식지 선호도가 유전적이라는 것을 제시하는 결과임

　　ⓒ 서식지의 방어: 특수한 상황 예를 들어 어떤 중요한 자원이 부족한 상황에서 동물은 자신의 영역을 방어하는데 이러한 경우 제한적인 지원에 대해서만 방어를 수행함. 또한 영역 방어에는 늘 비용이 따르게 마련인데 영역 경계를 순찰하고 과시행동을 하며 침입자를 쫓아내는 데에 시간과 에너지가 소비될 뿐만 아니라 다치거나 포식자에게 발각될 위험을 증가시키기도 함

「영역 방어에 비용이 지불되는 경우」

가시도마뱀 수컷은 가을 교미기에만 영역을 방어하는데 이 때에는 혈중 테스토스테론의 농도가 증가하여 공격적인 행동이 나타났음. 교미기간이 아닌 6월과 7월에 가시도마뱀의 피하에 테스토스테론을 소량 주입하였더니 그 결과 테스토스테론이 증가한 수컷들은 대조군의 수컷보다 더 활동적이었으나 먹이를 잘 먹지 않게 되었고 7주동안 테스토스테론이 투여된 수컷 중 상당수가 죽게 됨

(2) 먹이 찾기 행동

최적 먹이찾기 모델(optimal foraging model)은 자연선택이 먹이찾기의 비용을 최소화하고 이익을 최대화하는 먹이찾기 행동을 하는 개체를 선호할 것이라는 점을 제시함

　　㉠ 블루길(blugill)의 먹이찾기: 블루길은 먹이인 물벼룩이 풍부할 때에는 물벼룩의 크기를 가리지 않고 섭식하는 경향이 있지만 물벼룩의 밀도가 낮아지게 되면 크기가 큰 물벼룩을 섭식하는 경향이 있음

　　㉡ 초파리의 실험실 개체군의 먹이 찾기: 74세대 동안 낮은 개체군 밀도에서 자란 초파리유충(R1~R3)은 높은 개체군 밀도에서 자란 초파리유충(K1~K3)보다 먹이 찾기 경로의 길이가 현저하게 짧음

　　㉢ 까마귀의 먹이 찾기: 까마귀는 쇠고둥의 패각을 깨기 위해 쇠고둥을

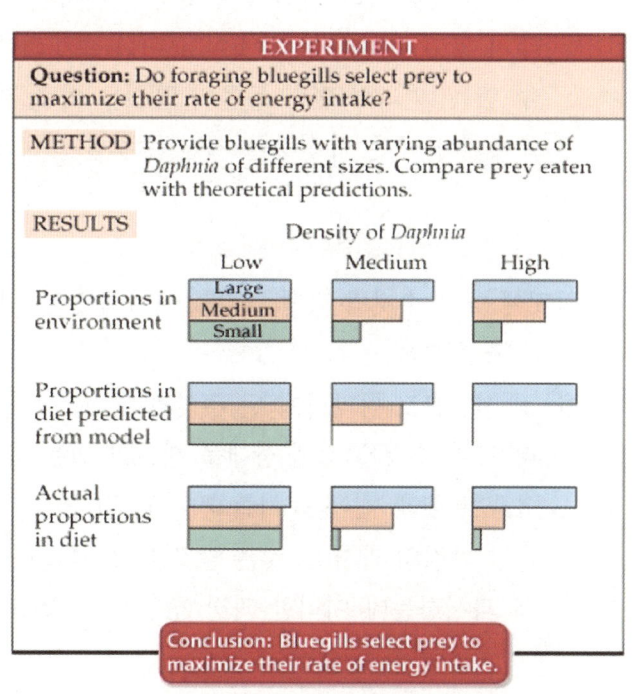

부리로 잡아 높이 날아올라간 다음 돌무더기 위로 떨어뜨려 패각을 깨서 내부의 부드러운 부분을 섭식하는데 패각을 깨기 위해 얼마나 날아올라야 하는지는 최적 먹이찾기 모델에 의해 설명됨. 즉, 까마귀가 실제 쇠고둥을 떨어뜨리는 선호 높이는 껍질을 깨기 위해 날아오르는 전체 높이를 최소화시키는 높이와 거의 일치함

6 번식행동과 교미 체계의 진화

(1) 수컷과 암컷의 번식 전략의 차이

암컷과 수컷의 번식 전략 차이는 부분적으로 자손을 낳아 기르는 데 투자되는 시간과 에너지의 차이에 기인함. 난자는 정자보다 훨씬 크기 때문에 생식세포를 만듦에 있어서 암컷은 수컷보다 훨씬 더 많은 에너지를 투자함

ㄱ 수컷의 번식 전략: 여러 암컷과 교미함으로써 자신의 유전자를 갖고 있는 자손의 수를 늘릴 수 있으며 특히 수컷이 자손을 양육하는 데에 시간과 에너지를 투자하지 않는다면 이 전략은 더욱 효과적이 됨. 따라서 많은 동물에서 수컷은 암컷을 차지하기 위해 치열하게 경쟁하며 수컷의 매력이나 경쟁우위를 증가시키는 형질은 어떤 것이라도 수컷의 번식성공에 도움이 됨

ㄴ 암컷의 번식 전략: 암컷의 번식 결과물은 일반적으로 암컷이 만들어낼 수 있는 난자의 수에 제한되는데 여러 마리의 수컷과 교미하는 것은 난자의 수가 늘어나는 것에 하등 영향을 주지 않고 오히려 그 암컷이 교미한 수컷의 형질이나 그가 소유한 영역이 중요하게 작용할 수 있음. 따라서 여러 동물의 암컷은 아주 까다롭게 짝을 고르는데 풍부한 영역을 소유한 수컷이나 좋은 유전자를 지닌 수컷을 고르게 됨

(2) 성 선택(sexual selection)

암컷에 대한 수컷의 경쟁 그리고 이와 연관된 암컷의 선택을 성 선택이라고 하며 이는 자연선택의 한 형태임

ㄱ 성 선택으로 나타나게 된 수컷의 특징: 성 선택 결과 수컷은 종에서 수컷의 몸집이 암컷보다 크며 수컷은 경쟁 상대를 찌르고 받는 데에 쓰일 뿐만 아니라 암컷을 유인하는 데에도 유용한 뿔과 같은 무기를 가지고 있음

ㄴ 과장 형질의 과시: 수컷은 암컷을 유인하기 위해 과장된 구조물을 구애행동 중에 암컷 앞에서 과시하는데 이러한 과장 형질은 수컷을 좋은 형질로 드러낸다고 간주됨

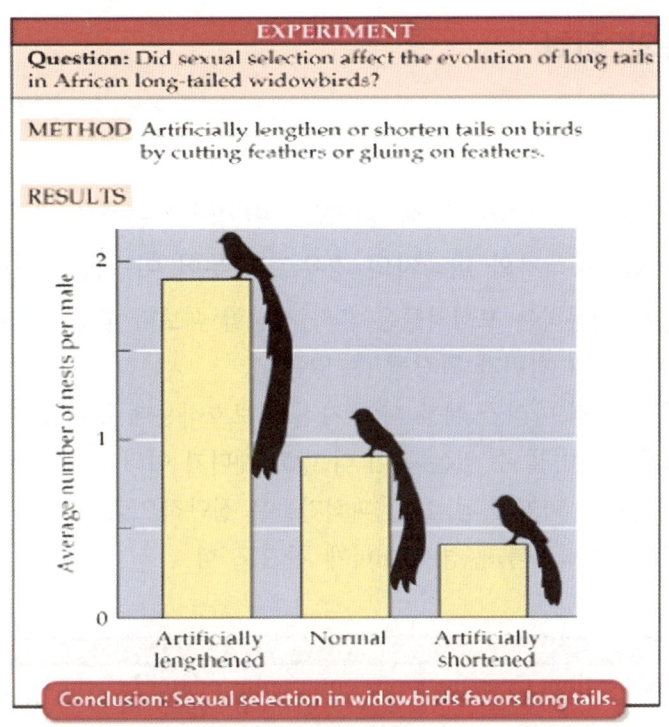

(3) 교미체계의 종류

자손의 양육 방식과 영역의 형태가 교미체계를 결정지음

- ㉠ 난교(promiscuouscuity): 개체들은 번식 쌍을 형성하지 않으며 암수 모두 여러 마리와 짝짓기를 함

- ㉡ 일부일처(monogamy): 한 마리의 수컷과 한 마리의 암컷이 오랜 기간 번식 쌍을 형성함. 예를 들어 흰관참새를 포함한 명금류 대부분의 경우 새끼들에게 엄청난 양육 노력이 필요하며 암수 모두가 먹이를 가져다 주어야 자식이 살아남을 수 있는데 이러한 경우에는 일부일처제인 경우가 많음. 일부일처제 종들 중에는 수컷과 암컷이 형태적으로 분간하기 어렵거나 불가능한 경우도 종종 있음

- ㉢ 다배우자(polygamy): 한 마리의 암컷 또는 수컷이 여러 마리의 배우자와 짝을 지음
  - ⓐ 일부다처(polygyny): 한 마리의 수컷이 여러 마리 암컷과 짝을 지음. 수컷이 넓은 영역을 갖고 있고 암컷은 그 수컷이 가진 영역의 질을 보고 수컷을 선택하는 경우에 해당함
  - ⓑ 일처다부(polyandry): 한 마리의 암컷이 여러 마리 수컷과 짝을 지음. 이러한 경우 암컷이 더욱 장식이 많고 화려하며 수컷보다 큰 경향이 있으며 여러 마리의 수컷은 한 마리의 암컷을 차지하기 위해 치열한 경쟁을 하게 됨

7 사회 행동의 진화

(1) 사회 행동의 득실

사회생활을 함으로써 얻을 수 있는 번식 성공도의 이익이나 손실은 생태적 요인에 따라 달라짐

㉠ 사회 행동의 이득: 포식자와 피식자의 경우로 나누어 이득을 정리할 수 있음

ⓐ 포식자의 경우: 협동하는 포식자들은 혼자 사냥할 때보다 훨씬 더 효율적으로 먹이를 잡을 수 있으며 피식자의 범위가 확장될 수 있음

ⓑ 피식자의 경우: 여러 마리가 떼를 지어 자신을 보호하는데 무리를 지어 사는 피식자들은 다가오는 포식자를 알아챌 수 있는 눈이 더 많고 게다가 여러 먹이가 눈 앞에 이리저리 흩어지면 포식자는 혼란에 빠지게 됨. 또한 피식자들은 집단적으로 독성 물질을 분비한다던지 열을 발생시킴으로써 포식자를 곤경에 처하게 하기도 함

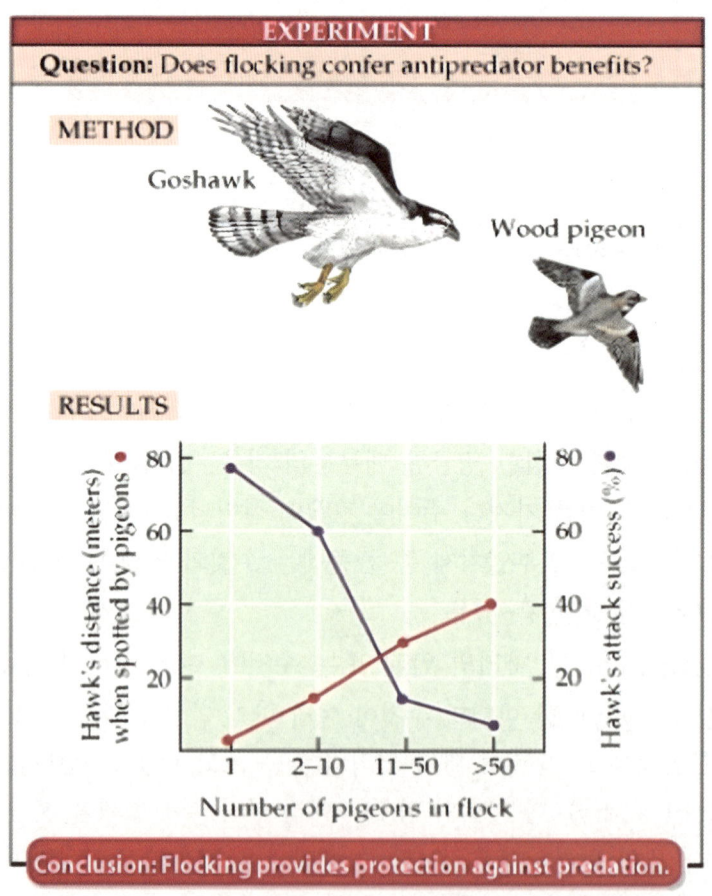

EXPERIMENT

Question: Does flocking confer antipredator benefits?

METHOD

Goshawk

Wood pigeon

RESULTS

Hawk's distance (meters) when spotted by pigeons / Hawk's attack success (%)

Number of pigeons in flock

Conclusion: Flocking provides protection against predation.

㉡ 사회 행동의 손실: 어떤 환경에서는 무리를 짓는 것이 더 해로울 수 있음

ⓐ 먹이를 위한 경쟁: 예를 들어 수천 마리의 로열펭귄이 엄청나게 큰 군집을 형성할 때 그 개체

들이 필요로 하는 먹이의 양 또한 엄청나기 때문에 굶어죽을 위험이 높아짐
- ⓑ 전염병이나 기생동물에 의한 손실: 큰 무리를 지어 사는 삼색제비의 새끼들 중에는 성장이 멈추는 개체들이 있는데 이는 그 둥지에 피를 빨아먹고 사는 기생동물이 떼를 지어 살기 때문임

(2) 이타주의 진화

무리의 일원이 자신의 번식 성공을 포기하고 자신의 직계 자손이 아닌 개체들을 돕는 행동을 보이는데 이러한 행동을 이타주의라고 함
- ㉠ 포괄 적응도와 혈연선택
  - ⓐ 포괄 적응도(inclusive fitness): 한 개체가 직접 새끼를 낳거나 많은 유전자를 공유하고 있는 가까운 친척들이 새끼를 낳도록 도움으로써 자신의 유전자를 증식하는 데 미치는 모든 영향의 합을 말함
  - ⓑ 혈연선택(kin selection): 혈연관계가 있는 개체의 번식 성공률을 높이는 이태 행동을 선호하는 자연선택을 혈연선택이라 하는데 혈연선택은 헤밀턴의 법칙을 통해 설명됨

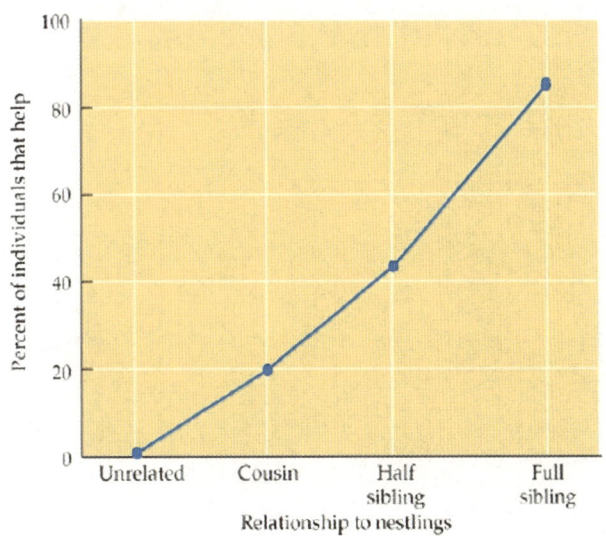

  1. 해밀턴의 법칙(Hamilton's rule): 자연선택은 수혜자가 얻는 이익(B)에 혈연계수(r)를 곱한 값이 이타주의자 비용(C)을 초과할 때 이타행동을 선호하게 됨. 즉, rB>C일 때 이타행동이 선택됨
  2. 혈연계수(coefficient of relatedness; r): 공유된 평균적인 유전자의 비율로서 배수성 사회에서는 형제자매 사이의 r=0.5이며 이모와 조카 간의 r=0.25이고 사촌들 간의 r=0.125임. 하지만 벌과 같은 반수배수성인 무리에서는 일벌 간의 r=0.75가 된다는 점을 주목해야 함

편입생물 비밀병기 **심화편 4권**

2024년 9월 2일 초판 발행

저   자   노용관
발 행 인   김은영
발 행 처   오스틴북스
주   소   경기도 고양시 일산동구 백석동 1351번지
전   화   070)4123-5716
팩   스   031)902-5716
등 록 번 호   제396-2010-000009호
e - m a i l   ssung7805@hanmail.net
홈 페 이 지   www.austinbooks.co.kr

ISBN   979-11-93806-25-8(13470)
정   가   30,000원